数智创新设计

刘　芳　崔盛兰　著

科 学 出 版 社
北　京

内 容 简 介

中国正在经历从“中国制造”到“中国智造”的重大转变，智能设计正成为推动产业升级和创新的关键力量。数智创新设计是一种在创意设计过程中，强调数据在设计流程中的核心作用，利用人工智能等新兴技术驱动和增强的设计模式。

本书分别从数智创新设计的意义与发展、大数据驱动设计创新、数据赋能可视化设计、机器学习启发创意灵感、智能技术提升交互体验、人工智能技术支持版权保护和智能设计助力隐私保护等多个方面对数智创意设计进行了阐述。

本书可作为高等院校设计学、数字媒体技术、数字媒体艺术、数字文化创新、信息设计、艺术与科技等相关专业的教学参考书，也可作为相关领域设计人员和科研人员的参考资料。

图书在版编目（CIP）数据

数智创新设计 / 刘芳, 崔盛兰著. — 北京 : 科学出版社, 2025. 3.

ISBN 978-7-03-080276-7

Ⅰ. TB21-39

中国国家版本馆 CIP 数据核字第 20241200WK 号

责任编辑：赵丽欣　王会明 / 责任校对：赵丽杰

责任印制：吕春珉 / 封面设计：东方人华平面设计部

科学出版社 出版

北京东黄城根北街 16 号

邮政编码：100717

http://www.sciencep.com

三河市中晟雅豪印务有限公司印刷

科学出版社发行　各地新华书店经销

*

2025 年 3 月第　一　版　开本：787×1092　1/16

2025 年 3 月第一次印刷　印张：14

字数：329 000

定价：140.00 元

（如有印装质量问题，我社负责调换）

销售部电话 010-62136230　编辑部电话 010-62134021

序　言

在这个日新月异的时代，设计不仅是艺术与科技的融合，更是推动社会进步与产业升级的重要力量。随着大数据、人工智能等新兴技术的迅猛发展，设计领域正经历着一场前所未有的变革。在这场变革中，“数智创新设计”应运而生，正以其独特的魅力和无限的潜力，为设计行业开辟了新的天地。

《数智创新设计》一书的出现，恰逢其时，它为我们深入理解和探索这一新兴领域提供了宝贵的视角和思路。作为一位在工业设计领域深耕多年的从业者和教育工作者，我深知创新设计与人工智能的融合对于推动设计领域的进步、培养未来设计人才的重要性。这本书的出版，无疑是对当前设计界的一次有力回应和深刻洞察。

在《数智创新设计》一书中，作者以丰富的案例和深入的分析，为我们展示了数智创新设计在多个领域的广泛应用和显著成效。从产品设计到用户体验，从文化传播到智慧教育，数智创新设计正以其独特的魅力，改变着我们的生活方式和工作模式。这些案例不仅让我们看到了数智创新设计的巨大潜力，更激发了我们对于未来设计的无限遐想。

更可贵的是，这本书还深入探讨了数智创新设计背后的技术原理和实现路径。通过阅读这本书，我们可以更好地理解数智创新设计的本质和内涵，掌握其核心技术和方法，从而在设计实践中更好地运用这一理念。

此外，《数智创新设计》还以其独特的视角和深刻的洞察，为设计教育与人才培养提供了新的思路与方向。希望该书能够为推动设计教育与时代同步发展、培养经世致用的设计领军人才做出积极的贡献。未来的设计人才不仅需要具备扎实的专业技能和敏锐的设计思维，也需要掌握人工智能等前沿技术，以应对日益复杂多变的设计挑战。

我衷心推荐这本书给所有对设计创新感兴趣的朋友。现在，就让我们翻开《数智创新设计》这本书，一起开启这段创新之旅吧！

国家级教学名师

教育部高等学校工业设计专业教学指导分委会主任委员

何人可

前　言

在我国第一部有关设计的理论著作《周礼·考工记》中，有这样一句话："天有时，地有气，材有美，工有巧，合此四者，然后可以为良。"这句话提出了一种系统论的造物观，即造物应该顺应天时、适应地气、材料上佳、工艺精巧，只有满足这四项条件，才能制造出精良的器物。数智创新设计的发展也是如此。

"天有时"强调设计应从自然与时代的需求出发。在大数据的浩瀚海洋中，提升设计大数据应用能力，利用大数据精准感知用户需求，促进基于数据和知识的创新设计，已成为当务之急。"地有气"指的是自然界的客观条件，人工智能技术经过近70年的研究与发展，已成为全球数字化发展的核心赋能技术。"材有美""工有巧"则强调主体方面的主观因素。设计学以大数据和人工智能为双翼，与其他学科交叉融合，设计学研究的新视角和新方法已获得成功应用。

数智创新设计是一种在设计过程中利用人工智能等新兴技术驱动和增强的设计模式，强调数据和人工智能技术在设计流程中的核心作用。尽管其表达形式丰富多样、方法各异，但目前市场上尚未有对数智创新设计进行全面、深入剖析的出版物。本书作者在大数据和智能设计领域开展了长期研究，集中力量编写了本书，希望能帮助有兴趣了解和研究数智创新设计的读者缩短学习过程，推进该领域的发展。

本书共分7章。第1章介绍数智创新设计的概念、发展、机遇、代表性技术等；第2章探讨大数据对设计创新的影响、介绍设计领域典型的大数据（文化大数据、设计大数据、人因大数据）；第3章介绍数据如何赋能可视化设计、通过典型案例展望数据可视化在未来的研究机遇和更加广泛的应用前景；第4章通过创造力支持工具和智能设计启发式工具包等多个案例，阐述机器学习如何启发创意灵感；第5章介绍智能算法和智能设备引入创意设计，对交互体验的提升；第6章概述艺术设计作品的版权保护需求和现状、非AI生成与AI生成作品的侵权行为分析，给出多个人工智能技术支持版权保护的案例；第7章介绍隐私保护问题与需求，以用户为中心，从隐私感知设计和隐私保护提升两方面给出多个设计案例。结束语部分探讨生成式技术对设计的影响，以及数智设计的未来。

本书可作为高等院校设计学、数字媒体技术、数字媒体艺术、数字文化创新、信息设计、艺术与科技等相关专业的教学参考书，也可作为从事数智创意设计人员和科研人员的参考资料。对于不同需求的读者，可以直奔感兴趣的内容而去。希望了解数智创新设计的概念、本质和发展趋势的读者，可以重点阅读第1、2章；希望学习人工智能技术赋能设计创新的读者，可以将重点放在第4～7章；希望从事数智设计作品研发的读者，可重点阅读第3、5、7章，关心数智时代对设计师的创造力支持和版权保护问题的读者，可重点阅读第4、6章。

本书的顺利完成离不开团队的协同工作和辛勤付出。书中许多设计实例来自团队近三年的工作成果，团队成员为本书的顺利完成花费了大量的时间和精力，也为本书提供了许多宝贵的原材料，在此一并表示感谢，他们是：湖南大学的王遵富博士、汪琳琪硕士、宁斌硕士、郑宝莹硕士、梁晓婷硕士、吕君妍硕士、张默涵博士、杨柏蔼博士、冉长娟博士、刘志雄硕士、李碧瑶硕士，国防科技大学的郭烨婷博士、罗媛婧博士，中山大学的梁丰洲硕士。感谢湖南大学设计艺术学院的何人可教授、季铁教授、袁翔教授、王海宁副教授，他们在文化大数据、设计大数据和人因大数据方面开展了大量研究工作。

由于数智创新设计正在发展中，加之时间仓促，很多内容无法面面俱到，同时书中难免存在不足之处，恳请广大读者批评指正。意见和建议请发到 fangl@hnu.edu.cn，欢迎和我们探讨数智创新设计相关的任何问题。

目 录

第 1 章 绪　论

1.1 引　言

在技术、信息和知识爆炸式发展的当下，“改变”成了不变的常态。国务院学位委员会、教育部于 2022 年印发了《研究生教育学科专业目录（2022 年）》，并从 2023 年起正式实施。新版目录新增了第 14 个学科门类——交叉学科，该门类下设智能科学与技术、设计学等 7 个一级学科。

设计学作为新增的交叉学科门类中的一部分，一直在积极拥抱新技术、新材料和新方法。在人工智能技术不断发展、逐步迈向“强人工智能”和“通用人工智能”的背景下，设计实践及设计研究面临新的挑战。如何调整和变化设计，成为一个重要的课题。

设计学的发展，贯穿了工业化和现代化的各个阶段，并与当时社会的前沿技术深度绑定。我们结合艺术、工业和技术的发展，将其分成了四个阶段，包括“手工复制时代”、“机械复制时代”、“信息生产时代”和“人智共创时代”，如图 1.1 所示。从 18 世纪末期英国的工业革命 1.0 时代开始，人类社会从手工制造过渡到机械生产，大量的工业产品涌入市场。在此之前，生产精美手工制品的工匠在设计和生产中占据主导地位。然而，初期的工业化生产追求效率，产品的美观性和实用性被忽略。慢慢地，为了提高产品的竞争力，设计逐渐成为被关注的重点。本雅明在《机械复制的艺术作品》中提到，复制技术一方面使艺术品的独一无二性丧失了，但由于它能将原作的复制品带到不同场景当中，让接受者在其自身的环境中加以观赏，赋予了所复制对象以现实的活力。复制技术也代表技术介入下的全新艺术创作手法。正是在这个时期，设计开始逐渐展现出标准化与规范化的特点，用于提升产品的一致性和可靠性。

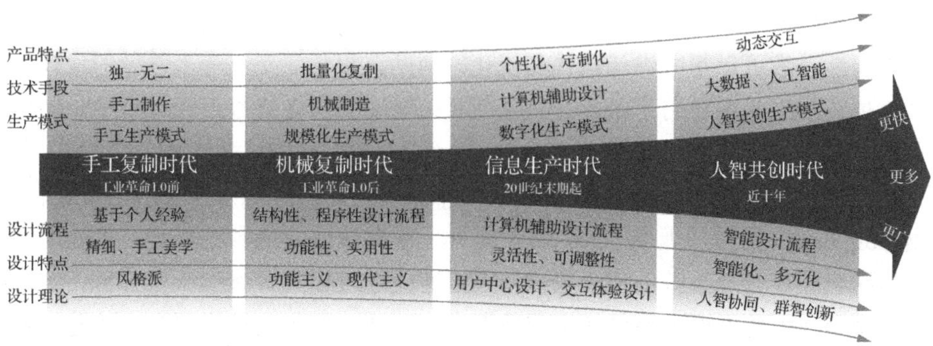

图 1.1　设计学发展的四个阶段

20 世纪初，随着工业技术的发展和大规模生产的普及，现代工业设计逐步成型。德国包豪斯设计学院强调功能至上、形式服从功能原则，致力于将艺术、设计与工业生产相结合，其设计理念为工业设计（industrial design）成为一门独立的学科奠定了基础。20 世纪中期，多样化的电器、汽车等产品进入市场，消费者倾心于兼具功能和美观的产品，工业设计进入快速发展阶段，成为推动产品创新和市场竞争力的重要手段。

到 20 世纪末至 21 世纪初，随着计算机辅助设计和计算机辅助制造等数字化技术的广泛应用，设计师们从手工设计和机械生产转向利用数字技术进行设计、制造和生产。这使设计过程更加灵活、高效，并推动了定制化和个性化设计的发展。

随着人工智能技术的快速发展，基于计算机的设计迎来了新一轮的革新。尽管没有明确的起始时间，我们将近十年来的工业设计发展称为“人智共创时代”。早期的人工智能系统在特定领域展现出惊人的能力，例如 IBM 公司开发的深蓝计算机在标准国际象棋比赛中打败世界冠军。由于此类人工智能系统通常只能专注于单一任务，被称为弱人工智能。近年来，随着深度学习、大数据分析、生成式人工智能技术等领域的快速突破，人们开始思考通用人工智能时代的可能。辅助设计师进行设计的人工智能技术在商业环境中崭露头角，这标志着设计进入人智共创时代。在人类生产方式逐步演进的过程中，我们从手工生产、机械化生产、数字化生产，最终走向了人智协同生产的时代。生产方式不断向着更高效、更智能的方向发展，也进一步影响了社会经济发展和人类生活方式。

当前，全球化、数字化、智能化等趋势正在重新定义设计的范畴和方法。人工智能技术和大数据技术作为信息时代的重要组成部分，正不断拓展设计领域的可能性。人工智能（artificial intelligence，AI）指的是计算机系统模拟和执行人类智能活动的技术和方法，涉及模仿人类思维和行为，进行学习、推理、规划和感知等。相比传统算法，人工智能技术赋予了计算机更高维度的感知能力，可以处理更复杂的问题，为其在设计领域中的应用提供了诸多可能。

例如，生成式人工智能技术可以快速、批量生成图像、文本、音乐等内容，有效提升创意生成的效率。在传统的设计流程中，需要绘制大量草图来表达想法和创意，而生成式人工智能技术可以帮助设计迭代和优化，辅助在视觉、交互等多领域的设计。人工智能技术也逐渐深入用户需求研究、交互创新、辅助创意支持等设计环节中，助力创意的构思和实现。

大数据技术与人工智能技术密切相关、相辅相成，共同推动信息技术的发展和创新。大数据（big data）指的是规模巨大、复杂多样、更新速度快的数据集合，其处理和分析超出了传统数据库管理系统的能力范围。人工智能通过模拟并增强人类智能，实现自动化与智能决策。大数据提供海量信息和数据资源，使决策更为精准科学。随着技术的发展和应用的拓展，人工智能与大数据的关系将更加紧密，为未来的信息化发展带来更多机遇与挑战。因此，“数”与“智”密不可分，将共同推动设计领域的发展。本书将人工智能与大数据技术融合，简称为“数智技术”。

数智技术对设计带来的影响是多方面的。设计流程、设计对象、设计方法和设计研究等均会受到影响。具体来说，可以分为五个方面：优化设计过程、激发设计灵感、驱动设计决策、改善用户体验和挑战设计伦理，如图1.2所示。

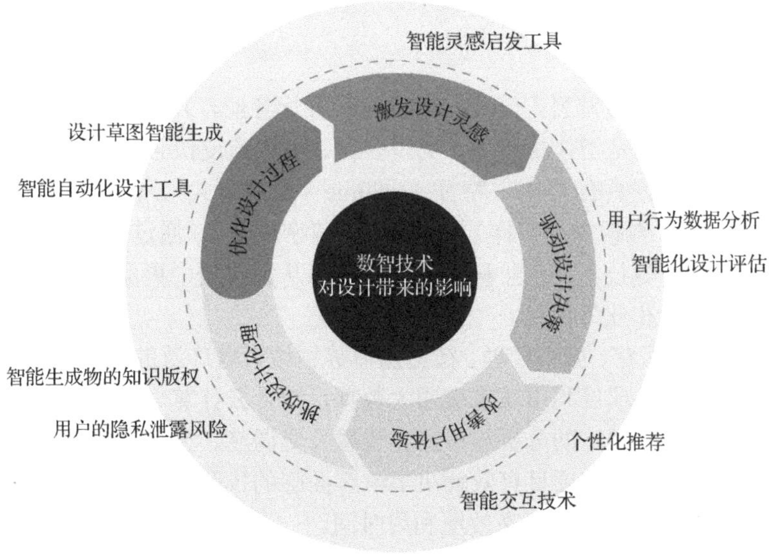

图1.2 数智技术对设计带来的影响

（1）优化设计过程：基于人工智能技术的辅助工具将极大地提升设计效率。例如，智能设计工具可以通过智能生成草图和自动化设计，加速设计过程，帮助设计师快速生成内容。

（2）激发设计灵感：创意辅助工具可以帮助设计师生成新的设计概念，探索更广阔的设计空间，激发创意。例如，生成式人工智能技术能够根据设计目标和约束条件自动生成多样化的设计方案，促进灵感和启发。

（3）驱动设计决策：大数据和人工智能技术可以帮助设计师理解用户行为和市场趋势，为设计决策提供数据支持。基于历史数据和模型预测，这些技术还可以帮助设计师评估和预测设计方案的效果和影响，指导设计决策。

（4）改善用户体验：人工智能可以根据用户的喜好和需求实现个性化设计，提升用户体验。多模态技术则拓宽了交互模式，如语音、手势和视觉等，为用户提供更自然、更智能的交互体验。

（5）挑战设计伦理：基于数据学习和训练的人工智能技术为设计带来了新的伦理挑战。如何在推动智能化发展的同时保护版权和隐私，已成为重要的研究议题。

虽然关于技术如何介入设计的讨论存在争议，但数智技术确实为设计研究打开了一扇新的大门。作为设计专业的学生、从业者和研究人员，我们需要以开放的态度探索人与技术的协同合作，并以谨慎的态度关注技术对社会、文化和伦理的影响。

1.2 大数据与人工智能技术概述

1.2.1 大数据技术

大数据相关技术迅猛发展，已被广泛应用于各行各业，并成为学界、企业界甚至政界关注的热点。大数据是指体量巨大、类型多样、生成速度快且具有较高潜在价值的数据集合，通常被描述为具有“4V”特征：volume（数据量大）、velocity（处理速度快、时效性高）、variety（数据类型多样）、value（价值密度低）。通过使用先进的数据挖掘、机器学习和统计分析等技术，企业和研究机构能够从大数据中提取有价值的信息，以实现更好的决策、创新和业务优化。

大数据在金融、医疗、城市管理、社交媒体等领域有着广泛的应用。以杭州市的“城市大脑项目”为例，该项目利用城市交通大数据，结合云计算、区块链、人工智能等技术，实现了对城市道路拥堵的分析与检测、智慧公交调度、智慧停车和智慧旅游等多个场景的应用落地。城市大脑项目有效解决了游客面临的排队和等候问题，使游客在杭州市停留时间不变的情况下，能更高效地利用时间。

在教育领域，科大讯飞旗下的讯飞智慧教育推出的“个性化学习手册”，基于校内日常学业数据的记录与分析，精准定位学生的薄弱知识点和最优学习区域，为每位学生量身定制专属的个性化学习方案。这实现了从千人一面到千人千面的转变，从知识补偿到素养提升，帮助学生减轻学业负担、提高学习效率、提升学科能力。

除了上述两个具体案例外，大数据技术还在多个领域中有典型应用。在商业领域，大数据预测助力企业洞悉市场趋势和消费者需求，从而精准制定营销策略。在金融领域，用于风险评估与欺诈检测；在医疗领域，用于辅助疾病诊断与预测；在舆情分析上，用于快速解析社交媒体数据以把握社会动态。此外，大数据在能源环境管理中，通过监测污染情况，能够推动可持续发展。

大数据的研究主要涉及数据和信息科学相关领域，包括数据挖掘、数据存储、隐私保护和数据可视化等方面。其中，数据挖掘、数据存储和隐私保护主要是基于技术方法对大数据进行有效管理和利用，而数据可视化更偏向于交叉学科，旨在通过多元展示揭示数据特性与深层含义。

1.2.2 人工智能技术

1936 年，艾伦·图灵（Alan Turing）提出了图灵机的概念，奠定了现代计算机理论的基础。随后，在 20 世纪 70 年代，人工智能研究逐渐转向知识表示与推理；80 年代末到 90 年代初，专家系统成为热门，通过规则推理解决特定问题。然而，由于计算能力的不足和期望的落空，人工智能经历了“AI 寒冬”。

进入 21 世纪，随着数据量的增加和计算能力的提升，统计学习在机器学习中扮演了重要角色。在这个框架下，基于神经网络的深度学习从 2010 年后引领了新的潮流。

深度学习模型通过多层次的神经网络结构，实现了对复杂数据的高效学习和表征，在图像识别、自然语言处理、语音识别等领域取得了重大突破。如今，人工智能技术被广泛应用于各行各业，对社会经济发展和人类生活产生了深远的影响。

人工智能技术在实际任务中的应用可以划分为四个维度：感知、推理、决策和生成，如图 1.3 所示。感知技术中具有代表性的有边缘检测和目标检测，这些技术被广泛应用于图像与视频处理任务，包括人脸识别、智能监控、医学图像分析和自动驾驶等领域。决策技术主要包括智能决策和自动布局技术。智能决策结合机器学习、优化算法和决策理论，通过分析大量数据和知识，模拟人类的决策行为。自动布局技术则应用于网页和界面设计，实现美观、统一和功能性的设计。智能语音助手（如天猫精灵、Siri、华为小艺）、在线客服机器人都是应用了智能会话技术的案例。

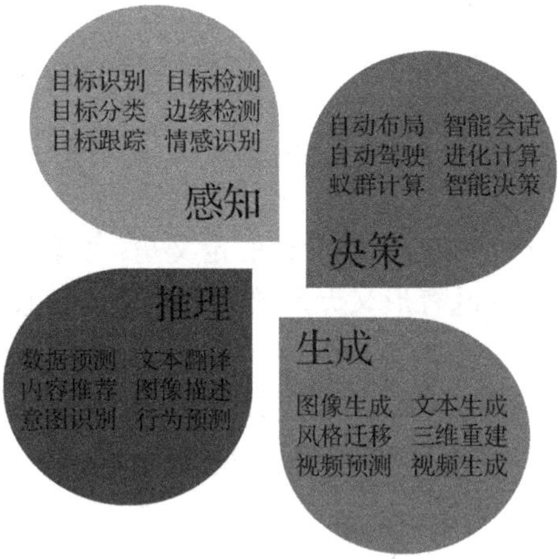

图 1.3　人工智能技术的四个维度

推理技术涵盖广泛，包括数据预测和文本翻译等应用。数据预测使用历史数据和模型来预测未来事件、趋势或结果，常见应用包括金融市场预测和天气预测。文本翻译通过自然语言处理和机器翻译技术分析文本的语义和语法结构，实现跨语言的信息传递。生成技术被广泛应用于设计、艺术及其他创意领域，常见技术包括风格迁移、图像生成和三维重建。风格迁移是将一幅图像的风格应用于另一幅图像，以生成具有预期风格的新图像。图像生成通过学习大量图像数据的特征和模式，生成逼真的新图像。三维重建通过分析二维图像或视频，推测物体的三维形状、表面纹理和运动状态，实现对目标物体三维结构的重建。

对于希望学习和应用人工智能技术的设计师而言，理解人工智能应用的开发工作流程是至关重要的。该流程通常包括六个步骤："问题梳理"、"数据采集与处理"、"模型训练"、"模型评估与优化"、"模型部署"和"跟踪迭代"。

首先，明确要解决问题的用户群体和用户需求，以解决期望的应用效果。其次，确定何种数据可以用于训练，以及如何能获得此类数据。收集相关数据，并进行数据清洗和预处理，保证数据的质量。随后，对收集到的数据进行概览分析，了解数据的分布、特征和相关性，发现数据中的规律和趋势。在模型训练阶段，需要根据问题的性质和数据的特点，选择合适的模型进行训练。模型的评估和优化也是必不可少的。通常使用验证集或交叉验证方法评估模型的性能和泛化能力，分析模型的准确率、召回率、精确率等指标。根据评估结果再进一步对模型进行调优，提高模型的效率和稳定性。在模型部署阶段，通常采用容器化技术或服务器部署等方式。同时还需要开发与模型集成的应用程序或服务，实现模型与用户的交互和数据传输。最后，通过收集用户的行为数据或评价反馈和模型输出内容，根据监测结果对模型进行持续的更新和优化，以适应变化的环境和需求。

1.3　设计与设计研究

1.3.1　设计

“设计”一词的含义十分广泛，其可以是动词、名词，可以是指代一种实践成果，指代“设计”动作行为本身，指代设计行业，还可以指代“设计思维”。世界设计组织（World Design Organization，WDO）对设计的定义是：“设计作为以人为中心的活动，通过培育创造力和创新，创造既有形又无形的产品、系统和服务，从而提升人们的生活质量并推动商业的成功。”

从此概念中可以看出，作为动词的“设计”，其主要围绕人的需求，以人为中心创造有形或无形的产品、系统和服务，其研究的对象可以是系统，也可以是服务，还可以是有形或无形的产品。

设计作为一种动作，具有实践性、整合性、主动性三个特点。设计的实践性指设计活动与实际生产和应用密切相关，设计师需要考虑产品的功能性、可行性、成本效益等因素，确保设计方案能够被实际制造、使用和维护。设计的整合性指的是设计活动需要整合各种不同的要素、资源和技术，以达到综合性的效果。在设计过程中，设计师需要考虑产品的功能、形式、技术、材料、市场需求等诸多因素，并将它们有机地整合在一起，形成一个完整的设计方案。设计的主动性指的是设计师在设计过程中的主动态度和行为。设计师不仅要考虑用户的需求，还应具有自主思考和创造能力，提出独特的设计解决方案。设计师应该关注市场和技术领域的新动态，及时更新迭代设计策略和方法。设计师不仅是问题的解决者，更是问题的发现者和引领者。

1.3.2　设计研究

设计作为一门交叉学科，同时具有实践性与整合性，这决定了设计研究涵盖史论、理论、实验、实践等多个方向。设计研究本质上是一个不断增加设计知识的过程，其通常以探索问题为起点，可以是对某个问题的好奇、质疑或者单纯的求知，通过实践性的过程（思考、实践、交流），最终总结出可传递的知识和经验。

理查德·布坎南（Richard Buchanan）在《设计思维中的抗解问题》中提到，设计没有固定的主题，设计问题具有“非确定性”和“抗解性”。设计思维具有普遍性，因为它能应用于人类经验的任何领域。然而，在实际应用中，设计师必须跳出具体问题和情境，去发现和创造新的主题。这种特点与自然科学形成了鲜明对比，后者有固定的原则、定律、规则与结构。

设计研究通常被划分为三种模式，由克里斯托弗·弗拉林（Christopher Frayling）提出，包括“对设计的研究”(research into design)、“为了设计的研究”(research for design)和“通过设计的研究”（research through design）三类。其中，“对设计的研究”指对设计的本质、原理、方法论、历史和理论基础等方面进行系统性研究，涉及哲学、社会学、心理学、文化学等多个学科，以理解设计的本质和影响。“为了设计的研究”旨在为特定设计问题或目标提供解决方案，通过收集、分析和应用相关知识支持设计决策和创新。“通过设计的研究”使用设计实践探索和发现新知识、新方法和新理论，将设计视为研究工具，通过实验、创新和反思拓展对设计领域的认识。

设计研究通常包括几个主要阶段。首先是确定研究主题和目标；其次，对主题进行背景调查，可以通过文献梳理和分析或在实践中研究用户需求、市场趋势等；随后，根据研究内容选择合适的方法，包括研究方法、数据收集和分析方法等，对数据进行定量或定性分析以提取关键信息和结论；最后，将研究结果整理和呈现，方式可以是论文、报告或具体设计作品。

设计研究不仅具有理论和实践的价值，对社会、文化和科技等领域也会带来积极影响，对于推动设计行业的发展和社会进步具有重要作用。同时，设计研究可以促进设计与其他学科的交叉融合，促进设计思维的发展和学科交叉创新。

1.4　数智时代的设计研究

1.4.1　人与智能系统的差异

随着人工智能的快速发展，人类劳动是否最终会被人工智能取代这一问题被多次提出。每一次重大技术突破，如摄影术对画家的影响和汽车对马车的替代，都会引发关于人与技术共存的社会讨论。目前，一些重复性和低技能的工作已经被自动化系统接管。然而，当前人工智能技术的发展尚不足以完全取代人类的价值。

“人类能力地形图”（landscape of human competence）这一概念最早由汉斯·莫拉维克（Hans Moravec）提出，如图 1.4 所示。图中的能力海拔高度对应了人工智能实现该任务的难易程度：海拔越低，人工智能越易于实现该能力，意味着对应技术更为成熟。位于海平面以下的技能是可能被成熟技术取代的。随着新技术的不断革新，海平面持续上升，而艺术与科学则处于顶峰，代表较难完成的任务，比如电影艺术和写作等，这些任务具有共同的特点——需要创造力。近年来，随着大语言模型和生成图像技术的发展，人工智能在写作、绘画等领域展现出惊人的能力。一些人认为人工智能已经具备了一定程度的“创造力”。关于“机器创造力”的讨论仍存在争议，但不可否认的是，人工智能技术已经迅速介入创造力领域，辅助艺术家、作家和设计师进行创作。

图 1.4（彩图）

图 1.4 人类能力地形图

尽管人工智能在诸多方面取得了显著进步，但在问题理解、知识背景、思维方式和方案能力上仍旧与人具有显著差异。人的社会性导致了人类在进行思考或创作时受到情感、文化、社会等多方面的影响。我们以当前普遍的智能系统为例，分析了其和人类智能系统之间的侧重点的不同，如图 1.5 所示。人类智能固有的特点使得人类在社会交往、创新思维和文化传承等方面具有独特的价值和重要性。

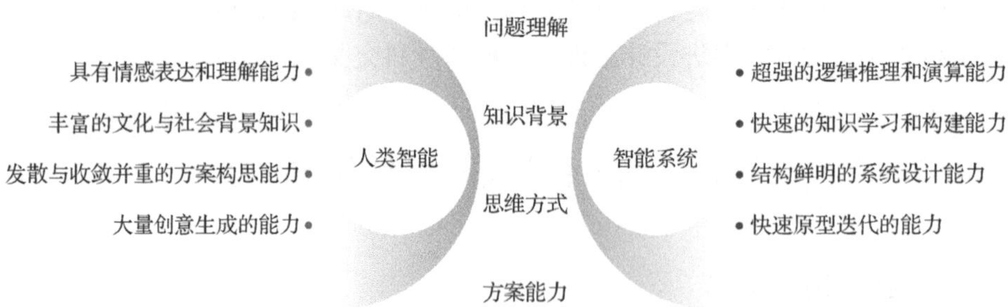

图 1.5 人类智能和智能系统之间的差异

人类擅长于接收和解读多维度、多模态的信息，这包括通过肢体互动、面部表情和语言特征来分析对方在当前语境下表达的情感。这种能力是人类社会活动的重要基础。智能系统则具备强大的模式识别和数据处理能力，能够从海量数据中提取信息、发现规律，并提供决策支持和解决方案。

在人类的知识背景方面，个体的具身经验和生活背景构成了其丰富的文化和社会背景知识。这些知识庞大，并因个人经验的不同而具有不同的深入程度。当前的大语言模型拥有丰富的知识储备，它们是通过海量数据训练来进行预测和模拟的，因此在某些专家领域仍缺乏深入的经验。然而，智能系统在快速学习和建构新知识方面表现出色，能够在短时间内掌握某种知识背景或技能。

在思维方面，以设计思维为例，人类擅长于发散与收敛并重的构思模式，这使得人们在处理复杂问题时能够探索多种可能的解决方案，并从中选出最优方案。当前的智能系统主要依赖预设的算法和模型来解决问题。在创造力方面，智能系统已展示出惊人的能力，并且人智协同创造领域的研究正在积极发展。普遍观点认为，人类更擅长综合的创造能力，而智能体在快速原型迭代等方面能为人类设计师提供更多帮助。人智协同的未来前景已经逐渐展开。

1.4.2 人智共创的设计机遇

英国设计委员会（Design Council）于 2005 年首次提出“双钻设计模型”（double diamond design model）后，被广泛应用在设计实践过程中。该模型分为四个阶段：“调研-整合-构思-实现”（research-synthesis-ideation-implementation），这四个阶段又分别对应一个行动，组成了“发现-定义-发展-交付”（discover-define-develop-deliver）。我们在这里讨论数智技术可能的设计介入点，如图 1.6 所示。

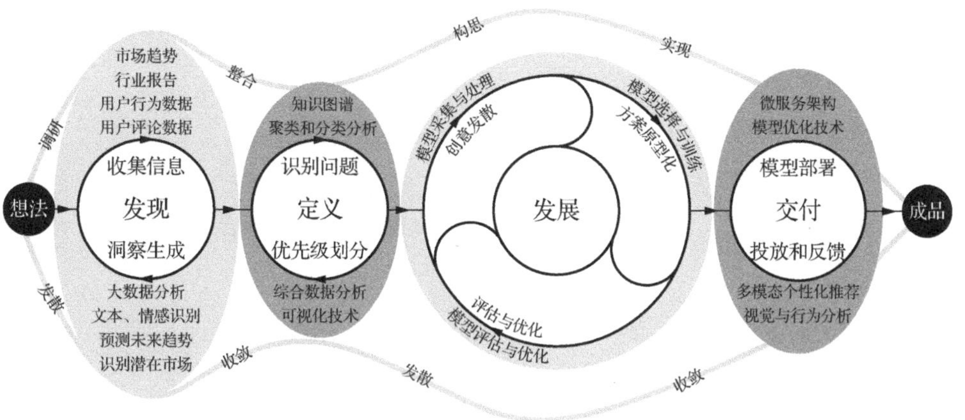

图 1.6 设计流程的数智技术介入点

在整个设计过程中，涉及多种类型的大数据，包括用户数据、行为数据、产品数据和市场数据。在发现和定义阶段，设计师可以通过分析用户数据和行为数据，深入了解用户的行为模式、偏好和需求，从而识别用户体验的关键点、痛点和机会。这个过程可以借助数智技术对数据进行收集、筛选和分析，以提供更多设计洞察。

在发展和交付阶段，数智技术为设计师提供了更多的设计可能性。在发展阶段，数智技术可以提供设计辅助工具，帮助设计师快速生成和迭代原型，提供美学指导和迭代建议，基于历史数据和用户偏好推荐个性化方案，并评估设计方案的整体可靠性和成本等指标。同时，多种人工智能技术支持多感官沉浸式交互体验，新型智能材料赋予产品更多功能和交互性，为最终效果实现提供更大的设计空间。

总体而言，数智技术对当前和未来的设计研究产生了积极影响，我们将其总结为三个方面：新活力、新灵感与新表达。

（1）数智技术为设计带来新活力。它帮助挖掘用户需求和市场趋势，为设计提供数据支持和指导。设计问题的挖掘不再仅依赖于定性研究，定量数据同样可以揭示用户行为和偏好，帮助发现新的设计点。定量和定性数据同时服务于创意设计，为其带来新活力。

（2）数智技术为创新带来新灵感。它提供了多样化的数据采集和表达手段，如多样化的互动模式和数据展现模式，增强了用户体验。体验形式的拓宽促进了创意工作者产生新的设计灵感。

（3）数智技术为美学带来新表达。它为创意工作者提供了多样化的数字化媒介和创作工具，例如数字绘画软件、音乐制作工具和虚拟现实平台，使美学表达不再局限于传统的艺术形式和媒介，创作者能以全新的方式表达自己的想法和创意。

人工智能为设计工作开辟了前所未有的广阔天地，同时也带来了一系列挑战。设计师需要善用这些技术，勇迎挑战，不断提升自身的专业能力和创造力，以适应未来设计行业的发展趋势。

第 2 章　大数据驱动设计创新

2.1　文化大数据

文化大数据通常指在文化实践过程中，由文化生产者、经营者和消费者产生的，与文化产品或服务的创作生产、推广传播、市场运营及最终消费相关的数据。这些数据以原生和次生数据形式存储，包括图片、文本（文字、数字和图表）、影像和声音等文件资料。从应用的角度来看，文化大数据是为满足文化行业海量数据计算处理需求而生的一套新的数据架构理论、方法和技术的统称。文化资源是人类智慧的结晶，代表着历史发展。“文化”与“大数据”的结合，是文化生产与科学技术的深度融合。这种结合能够重塑文化生产的新动力，并将文化自信转化为文化创新发展的优势和底气[1]。

文化大数据是一个随着文化实践的多元发展而不断变化的动态开放的数据生态系统，具有大数据的共性特征[2]。与一般数据相比，文化大数据具有数据来源多元化和数据类型多样化的特点。文化大数据的保存时间长，数据寿命跨度大，例如关于遗产、文物、艺术品的数据会一直保存，不会被清除或消失。文化大数据的存储形式也较为多样化。从不同的数据结构来看，所有的数据格式可以分为结构化数据（如数据表）、半结构化数据和非结构化数据（如文本手稿、拓片、壁画、三维模型等）。同时，不同的文化数字化系统通常相互独立、彼此隔离，标准不一，这导致文化系统内的数据难以共享和交流。数据不仅存在物理上的数据孤岛问题，由于不同文化知识背景的差异，还存在逻辑上的数据孤岛问题。

在针对文化大数据的研究中，文化大数据平台的建设和应用是核心研究内容。可以通过元数据整合打破物理上和逻辑上的数据孤岛，构建集成化、融合化的大数据平台。同时，还能将分散的、异构的多维数据加以整合，在大数据分析的基础上，为文化消费者的文化创意活动提供精准的智能推荐服务，推进文化生产的创新与发展。本节将概述目前国内外知名文化大数据平台现状，并以中国设计风格数据库为实例对文化大数据的内容和未来应用进行详细介绍。

2.1.1　文化大数据平台

文化大数据平台是指专注于文化领域数据集成、处理与分析的数字化平台。它通过整合各类文化资源数据，为文化研究者、创作者及公众提供高效、便捷的数据服务与应用支持。

1. 典型的文化大数据平台

文化大数据平台可以通过提供单一接口，链接不同地区的图书馆、博物馆、档案馆等机构。通常，文化大数据平台选择已经成熟的大数据和云计算技术作为数字化的技术支撑。此类平台可分为非跨域型平台和跨域型平台，具体区分依据是数据的存储位置是否跨越不同地区或数据库。非跨域型平台主要考虑如何将文化对象转换为数字化对象进行存储。

美国记忆（American Memory）[3]是美国国家数字图书馆的第一阶段项目，该项目在 1994～2000 年间对国会图书馆的大量历史原始资料进行了数字化处理。在欧洲，欧盟主持建设了多个项目，包括：①i-Treasures[4]项目，专注于唱歌、跳舞、传统手工艺和音乐的数字化保存和创作；②Terpsichore Project[5]项目，专注于对欧洲民间舞蹈在数字化的基础上设计全新的交互方式，为舞蹈专业人士提供现代化媒体应用方案；③WhoLoDancE[6]项目，专注于舞蹈动作的捕捉，通过在不同舞蹈之间进行相似性搜索，记录了多种专业舞蹈动作的实践和学习方法。

国内典型的文化数字化平台主要有“中国非物质文化遗产网”[7]，是由中华人民共和国文化和旅游部及中国艺术研究院（中国非物质文化遗产保护中心）主办的公益性非物质文化遗产保护专业网站。数字敦煌[8]，以文物保护理念为指导，利用先进的科学技术对敦煌石窟及相关文物进行收集、加工和存储，包括照片、视频、三维数据和文学数据等，集成到洞穴文物的数字存储库中。中国国家博物馆，通过“智慧国博”建设工程，实现了藏品的大规模数字化采集，利用虚拟现实等前沿技术，将文物数字化呈现，打造在线展览与教育资源。

世界数字图书馆（World Digital Library，WDL）[9]是由美国国会图书馆开发的跨域型项目，通过连接不同国家的国家图书馆，形成一站式检索平台，以缩小国家内部和国家之间的数字鸿沟。类似项目包括美国数字公共图书馆（Digital Public Library of America，DPLA）项目、欧盟支持建设的 Europeana Collections[10]和澳大利亚国家图书馆的 Trove[11]平台。在国内，典型的跨域平台包括由中国国家数字图书馆建设的“文津搜索”[12]。该系统有效整合了国家图书馆自建数据库和部分已购买服务的数字资源，实现了资源的一站式发现与获取，使图书馆内的封闭资源能够对网络用户开放。

接下来以 Europeana 平台为案例，介绍其系统架构和跨机构汇聚流程。Europeana 于 2008 年由欧盟发起，旨在建立一个对欧洲文化遗产机构所藏数字资源的关联集成服务平台，作为欧盟加强整个欧洲大陆历史文化遗产获取和利用的重要组成部分。Europeana 在 2008 年 11 月 20 日上线，整合了欧洲 27 个成员国的国家图书馆和文化机构等的图书、期刊、地图、图片、绘画、档案、音频资料等数字资源，成为全世界公众了解欧洲文化遗产的新渠道[13]。通过 Europeana Collections 网站，可以在线获得来自欧洲 2000 多个机构的超过 5000 万件文化遗产资源，包括有关艺术的作品、书籍、音乐和视频，以及报纸、考古、时尚、科学、运动等类别的文化数据。在资源载体上，Europeana 提供了文本、图片、声音、视频和 3D 等多种数字资源。该网站基于 Europeana Cloud（云）建构，使用私有云和公有云混合的部署方案来存储和共享数据。Europeana Cloud 由面向客户端的分布式前端服务和后端系统组成，部署在两种类型的云上：计算云用于为前端和后端服务提供计算能力；存储云（NoSQL 数据库和分布式文件系统）用于为计算云中部署的服务提供存储能力。

Europeana Cloud 提供多个功能，其中最核心的是元数据和唯一标识符服务。元数据服务可以提供多种数据表达形式，并对内容对象进行增删改查操作。唯一标识符用于唯一地标识每个元数据项。为了方便其他机构的访问，系统设置了内部服务与外部客户端之间的通信机制，提供用户和系统的身份验证与授权功能，以及异步消息服务功能，用于系统服务之间的数据交换。

图 2.1 展示了不同文化机构数字资源汇聚到 Europeana 平台的流程。Europeana 通过将来自不同文化机构的文化资源元数据，映射转换为统一的数据模型 EDM（Europeana data model）格式来实现互联互通。

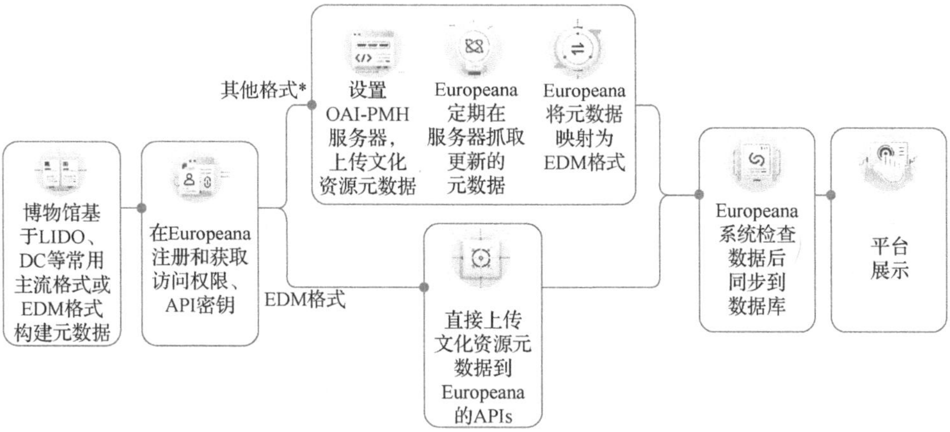

图 2.1 不同文化机构数字资源汇聚到 Europeana 平台的流程

注：1. *其他支持格式为 DC（Dublin Core）、LIDO、MODS、METS、DM2E、TEI、DPLA、VRA Core、EAD、MARC 等格式。
2. OAI-PMH 是 OA 组织开发的一种支持获取和共享数字资源元数据的协议。

首先，博物馆等文化机构基于 LIDO、DC 等常用主流格式或 EDM 格式构建文化资源元数据；然后，在 Europeana 平台注册并获取访问权限和 API 密钥。如果文化机构采用的是 EDM 格式，可直接将文化资源元数据上传到 Europeana 的 APIs；如果采用的是其他格式，则需设置 OAI-PMH 服务器并上传元数据，然后由 Europeana 定期在服务器抓取更新的元数据并映射为 EDM 格式。经过上述步骤，Europeana 可以得到不同文化机构数字资源元数据的 EDM 格式，系统检查数据后会同步到数据库并在平台展示，从而实现了将不同机构的文化资源集成到大型数据网络中，并提供公共访问服务的目标。

2. 多源异构融合的文化大数据平台

1）平台架构与关键技术

针对多源异构文化领域数据所呈现的容量庞大、类型多样、冗余度高、非结构化特征显著等特点，以及实际业务中对高时效大数据分析处理的应用需求，刘盼雨等提出支持横向扩展，具有分布、并行、高效等特点，且面向服务支持的多源异构文化数据融合的文化大数据一般平台体系架构，如图 2.2 所示[14]。总体架构主要由计算云和存储云云服务组成。在数据流向上主要分为数据生产层、数据存储层、数据计算层和数据应用层。

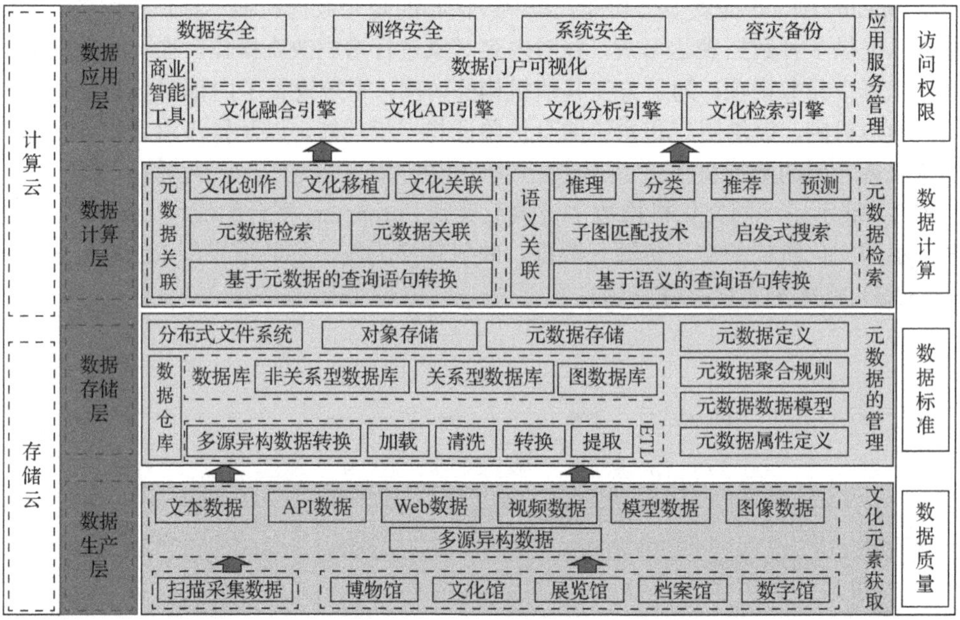

图 2.2　多源异构融合的文化大数据平台一般整体架构图

（1）数据生产层。主要通过不同途径和渠道获取多源异构文化数据或元数据。文化数据的获取可以通过数据采集系统和扫描设备、博物馆数据库、文化馆数据库等多种途径实现。扫描采集数据是指通过专业扫描设备对历史文物进行扫描建模，生成数字化数据；也可以通过数据输入端进行手工输入数据。此外，还可以通过网络爬虫技术获取互联网上公开的文化数据和元数据。

由于不同的文化数据来自不同的数据库，针对不同类型和结构的数据选择不同的导入方式。本地已有的关系型数据库可以通过 Sqoop（SQL-to-Hadoop）工具导入 Hadoop 中；非关系型数据库的数据则可以通过 ETL [xtract（提取），transform（转换），load（加载）] 工具导入 HBase 中。其他机构或平台的数据则通过 Kafka 消息队列进行数据相关业务处理，包括数据清洗、转换、入库等操作。如有特殊需求，比如离线数据、珍贵数据和产权数据等，可以通过 FTP 将数据导入平台库中。交易过程中产生的采购记录、订单记录和数据更新等过程数据可以通过 Flume 工具入库；互联网中的文化数据则可以使用通用采集手段收集并入库。

（2）数据存储层。数据存储层的主要功能不仅包括上述的数据导入功能，元数据模型的处理也是数据存储层的重要部分。通过不同方式和渠道获取的多源异构文化数据由 ETL 模块处理，完成相关的数据清洗工作。元数据的定义和聚合是数据清洗过程后的重要工作，关键技术包含元数据属性定义、数据模型选择和聚合规则的定义。元数据属性定义是指文化数据包含哪些属性和关系，数据模型通常有 RDF、LOD、DCAT、Schema.org 等常用模型；元数据聚合规则则主要用于定义数据模型转换和元数据合并的空间规则。

（3）数据计算层。数据计算层主要包括元数据关联模块和语义关联模块，为元数据的语义匹配和智能检索推荐等应用提供技术支撑。元数据关联模块包括元数据检索和元数据关联技术，为文化创作、文化移植和文化关联提供技术支撑。语义关联模块采用子图匹配技术和启发式搜索，可以在此基础上最大化地实现搜索功能的推荐、分类、推理和预测。

（4）数据应用层。数据应用层是实现商业价值的应用层，由 BI（business intelligence，商业智能）工具和不同的数据处理引擎组成。数据处理引擎主要包括文化融合引擎、文化 API 引擎、文化分析引擎和文化检索引擎。同时负责数据门户可视化模块，还提供数据安全、网络安全、系统安全和容灾备份等安全应用。

多源异构文化大数据平台的数据流图如图 2.3 所示。

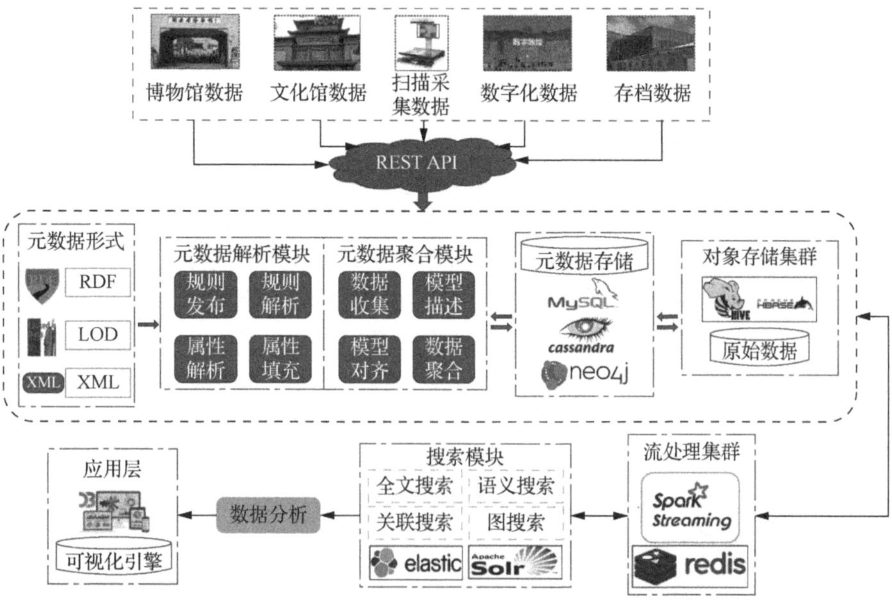

图 2.3 多源异构文化大数据平台的数据流图

在数据获取模块中，通过使用 REST API 将不同来源的多源异构文化数据或元数据收集到平台中。原始数据经过预处理后存储到 HBase 数据库，与此同时，需要对元数据进行相应解析和聚合处理，主要由元数据解析模块和元数据聚合模块共同完成。元数据解析模块通过规则发布、规则解析、属性解析和属性填充完成元数据的预处理，为元数据聚合提供支持。元数据聚合模块将之前预处理的元数据进行汇聚和融合，该过程主要包括数据收集、模型描述、模型对齐和数据聚合。最后将聚合后的数据导入到关系型数据库、非关系型数据库或图数据库中。如果文化对象的元数据采用 RDF 格式，则关系型数据库、非关系型数据库和图数据库三者之间可以进行数据转换。Spark 相关模块主要完成数据检索和计算，检索工具选择 ElasticSearch 或 Apache Solr。

2）多源异构文化大数据平台面临的挑战

在文化资源大数据平台的生命周期内，数字资源的采集、管理、存储、计算以及安全性都面临着前所未有的挑战，具体如下。

（1）自动标注。在文化大数据中，文化对象的元数据包含的属性越多，无论是对检索还是上层应用都会提供更多准确和有价值的信息。然而，依靠人工方法进行大量文化资源元数据的属性标注是不切实际的，尤其在文化大数据领域，急需自动标注的方法。目前相关研究和应用仍然不足，现有方法难以有效融入文化数字化研究体系。因此，需要开发合适的技术方法来实现文化大数据领域中的自动标注。

（2）数据检索。当用户输入一个条目时，如果文化大数据平台未能在数据仓库中检索出所有匹配的内容，这些未检索到的内容可以被定义为“检索死角”。一个文化大数据平台的首要目标就是减少“检索死角”，尽可能多且准确地为用户提供检索的内容和元数据。同时，文化资源数据的最显著特点是跨地域、跨领域、跨系统和跨不同类型数据库。对于结构化数据，需要保证查询、统计和更新的效率；对于半结构化数据，存储和分析需要转换为结构化或非结构化数据，这较为困难；对于非结构化数据，如图片、音视频等文件的存储和检索，目前仍处于较困难的阶段。终端用户有时无法用语言精确地描述要检索的内容。

（3）实时更新。由于文化资源及其元数据不断更新，平台需通过聚合器定期更新以保持数据的“新鲜”。在这种情况下，数据共享的需求可视作跨领域的数据同步问题[15]。更新过程中需要考虑数据模型选择、更新频率及负载平衡等因素。

（4）版权保护。从文化数据源头看，文化数据的版权问题类似于大数据出版的版权问题。与传统出版相比，大数据出版指的是将大量出版物转化为数字资源形式，并通过建立数据库使信息产生相关关系的过程。在大数据出版中，元数据是出版内容可靠性和合法性的基础，被视为大数据出版的根基[16]。元数据除了具有描述功能，还具有管理功能，记录了数据各阶段的信息，包括数据来源、版本信息、著作权人、每次使用和阅读的记录等与版权相关的信息。为保证文化对象数据的真实性、准确性和可靠性，需要确保每个文化对象元数据的管理信息不可篡改或删除。

（5）数据溯源。在融合多源异构文化数据以形成文化大数据平台的过程中，会涉及海量数据的频繁交互和共享。这会导致数据安全性和溯源问题的不断涌现，如非法用户窃取数据、数据的非法使用和泄露等。目前，对文化数据的保护和溯源主要关注保密性和完整性，常用方法包括加密、签名、权限控制等。然而，在实际应用中，针对文化数据可追踪性的研究仍然非常有限。当数据泄露后，如何通过有效方法追查数据的流向和相关源头，仍是需要解决的核心问题。

（6）文化知识的融合。文化数字资源具有多源异构的特点。从来源角度来看，文化资源来自不同的知识库和数据库，并且这些数据物理上存放在不同的系统中。这些分散的多源异构数据造成了各种数据孤岛，给大数据分析处理带来了巨大的挑战，因此需要将这些多源异构数据整合到一个统一的系统中。具体来说，不同种类的文化机构保存了不同的文化资源，如博物馆、图书馆和档案馆保存的数据差异较大。在进行数据融合的过程中，需要考虑所有种类的文化资源，并制定统一的文化资源数据模型标准。此外，同一文化对象可能在不同机构中保存，且保存形式差异很大，如何将这些数据链接为该文化对象的综合数据也是一个难题。

2.1.2　实例：中国设计风格的经典文化元素及原型数据库

中国设计风格的经典文化元素及原型数据库的开发，是促进文化和科技深度融合，构建国家文化大数据体系的重要工作之一。通过数字化方式解析中国传统造物思想的智慧与内涵，以形成服务于当代设计的智能化设计基础。这些数据呈现异质性、多元性和碎片化的特点，其内容体系庞大且分布广泛。为了探索“中国设计风格”基因并应对推动国家文化大数据体系建设的迫切需求和挑战，湖南大学数字文化创意与智能设计技术文化和旅游部重点实验室从以下四个方面开展了数据库构建。

1）数据采集与融合

数据库构建过程中采集的数据主要包括以下四类：①文化原型数据，涵盖从中国传统文化中采集的历时性、地域性的数据，以及物质和非物质文化的数据；②创新产品数据，包括当代中国设计风格产品的数据；③应用场景数据，包括与五个行业相关的应用场景的空间数据；④交互体验数据，涵盖基于动态捕捉的人体动态数据、人机交互反馈数据、人机交互体验数据、人机互动场景数据等。这四类数据支持产品设计从创意、开发到呈现的全过程，并通过主动采集、激励用户生成内容、爬取网络开放资源、共享文化机构数据等机制和方法进行数据采集。

为了获取文化资源的第一手数据，团队采用数据采集技术来制作文化原始数据。针对古代艺术品中的陶瓷、青铜器、家具、服饰、刺绣、金银器等分别进行数据的采集处理。根据不同文物的表面材质及尺度，将其分类进行采集，分类标准如图 2.4 所示。根据文物自身的特点，以及在设计及其他应用场景下的数据再加工和利用，团队为不同的文物类型制定了不同的采样标准。针对不同表面材质、不同尺度的采集对象，总结出不同的采集方法，最终输出完整的中国设计风格的经典文化元素数据采集技术体系，如表 2.1 所示。

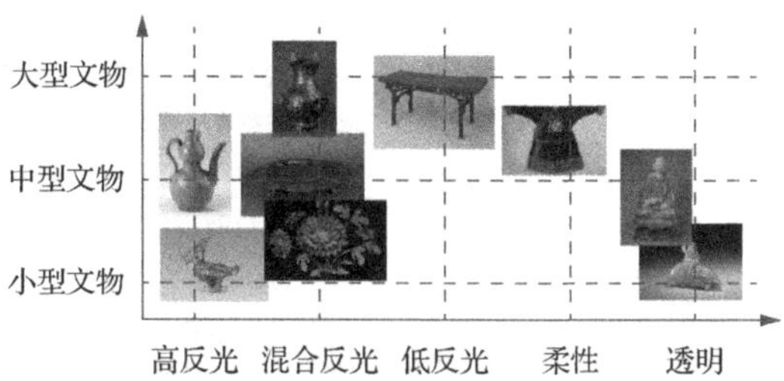

图 2.4　根据表面材质及尺度分类采集对象

表 2.1　文物数据采集标准

<table>
<tr><th colspan="2">级别</th><th>数据类型</th><th>采集方法</th><th>采集结果</th><th>数据格式</th><th>具体要求</th></tr>
<tr><td rowspan="3">存档级</td><td rowspan="3">一级</td><td rowspan="3">采集</td><td rowspan="2">扫描点云</td><td>点云</td><td>asc、ply</td><td>三维模型空间精度优于 0.03mm；尺寸误差≤0.05mm；平均点间距≤0.05mm；最大点间距≤0.20mm；完整度≥98%</td></tr>
<tr><td>网格模型</td><td>obj、stl</td><td>无重叠、交叉、尖锐凹凸的网格面</td></tr>
<tr><td>拍摄纹理</td><td>照片</td><td>raw、tiff、jpg/jpeg</td><td>有效采样分辨率不低于 1000dpi；CIEDE2000 色差平均值≤2.0</td></tr>
</table>

续表

级别		数据类型	采集方法	采集结果	数据格式	具体要求
存档级	一级	输出	纹理模型	网格模型	obj	尺寸误差≤0.10；表达的最小起伏变化≥尺寸误差
				纹理贴图	png、jpg	像素分辨率≤0.04mm；CIEDE2000 色差平均值≤2.0；与网格模型映射的位置误差≤0.10mm；完整度≥98%
	二级	采集	扫描点云	点云	asc、ply	三维模型空间精度优于 0.1mm；尺寸误差≤0.20mm；平均点间距≤0.20mm；最大点间距≤0.80mm；完整度≥98%
				网格模型	obj、stl	无重叠、交叉、尖锐凹凸的网格面
			拍摄纹理	照片	raw、tiff、jpg/jpeg	有效采样分辨率不低于 300dpi；CIEDE2000 色差平均值≤2.0
		输出	纹理模型	网格模型	obj	尺寸误差≤0.20；表达的最小起伏变化≥尺寸误差
				纹理贴图	png、jpg	像素分辨率≤0.08mm；CIEDE2000 色差平均值≤3.0；与网格模型映射的位置误差≤0.20mm；完整度≥98%
	三级	采集	扫描点云	点云	asc、ply	三维模型空间精度优于 0.5mm；尺寸误差≤0.30mm；平均点间距≤1.00mm；最大点间距≤4.00mm；完整度≥94%
				网格模型	obj、stl	无重叠、交叉、尖锐凹凸的网格面
			拍摄纹理	照片	raw、tiff、jpg/jpeg	有效采样分辨率不低于 100dpi；CIEDE2000 色差平均值≤2.0
		输出	纹理模型	网格模型	obj	尺寸误差≤0.30；表达的最小起伏变化≥尺寸误差
				纹理贴图	png、jpg	像素分辨率≤0.12mm；CIEDE2000 色差平均值≤4.0；与网格模型映射的位置误差≤0.30mm；完整度≥94%
应用级	线下	应用	纹理模型	网格模型	obj	三角面数为存档级的 50%，原则上≤1000 万；表达的最小起伏变化≥2 倍存档级尺寸误差
				纹理贴图	png、jpg	像素分辨率≤2 倍存档级像素分辨率；与网格模型映射的位置误差≤2 倍存档级网格模型映射的位置误差；完整度为 100%
	线上	应用	纹理模型	网格模型	obj	三角面数原则≤30 万；表达的最小表面起伏变化≥2mm
				纹理贴图	png、jpg	单个器物≥8192×8192 像素；最小表面起伏变化≤2mm；完整度为 100%

2）数据建模与索引

数据建模、索引、组织和关联是使文化大数据可访问且易于使用的重要步骤。数据建模是创建所收集数据表示的过程，其目标是创建一个既准确又高效的模型，能够捕获不同数据之间的关系及不同类型的数据。索引是设计搜索和检索数据的过程，可以通过创建关键字数据库或数据分类法来实现。索引应便于查找所需要的数据。组织则是以易于理解和使用的方式排列数据的过程，可以通过创建数据字典（列出所有正在收集的数据元素的列表）或数据仓库（集中的数据存储库）来完成。文化大数据的关联是将不同数据块链接在一起的过程，通过创建数据元素之间的关系或数据网络来实现，帮助识别数据中的模式和趋势，使数据分析更有用。文化大数据的数据建模、索引、组织和关联是确保数据可访问且有用的关键步骤。通过这些步骤，能够更好地理解文化遗产，并利用这些数据改进决策，创造新的产品和服务。

为了使数据库更好地服务于中国风格的创意设计，对文化元数据进行了以下规范：

（1）将“材质”与“技法”进行了拆分，以符合当代材质和技法不断创新、组合方式多样化的趋势。

（2）加入了“颜色”作为标注文化原型的重要元素。

（3）不仅关注表面呈现的“元素”特征，还对其历史文化背景进行深入挖掘。

（4）“类型”表明具体品类，“功能场景”更关注对象的功能，例如“杯、碗、壶”都属于“容器”。具体的文化数据元数据规范如表 2.2 所示。

表 2.2　文化数据元数据规范

编号	元素	英文	释义
1	标题	Title	描述对象/作品的名称
2	创作者	Creator	参与作品的创作、生产、制造或其他相关活动的个人、集团、企业或文化群体的信息
3	创作时间	Period	作品的创作、设计或制造的时期
4	风格	Styles	对于显现在艺术作品里的特征描述，包括隶属于何种风格、时期、团体画派或运动
5	计量	Measurement	作品尺寸的测量数值
6	材质	Materials	作品的材质、材料
7	技法	Techniques	作品制成过程中采用的工艺、技法
8	地点	Location	作品的创作、设计或制造地点，或作品原生的地点
9	外观描述	Physical Description	描述作品的外观特征，包括造型特征、色彩特征、图案纹样特征等
10	文化背景	Cultural Context	与作品相关的历史、文化、宗教、故事、传说、社会背景等
11	来源	Source	作品相关资料信息的来源
12	颜色	Color	作品的颜色
13	功能场景	Scenario	描述对象的用途
14	元素	Cultural Elements	作品的可辨认的图案、装饰、纹理或其质地
15	文化内涵	Connotation	描述对象的主题，说明文化元素的寓意
16	类型	Type	描述对象/作品所归属的功能类别

为了提升数据的关联度和自动化加工水平，团队利用深度学习方法对古代艺术品进行自动标引和特征识别，以实现数据之间的关联和数据内容的扩充。通过深度学习技术，实现对古代艺术品的自动标引，识别其特征和隐喻，包括对象、环境、时空等内容属性和语义属性。通过生成专业的艺术品描述，并结合专家说明，为艺术品自动生成文化标签，从而实现数据库的动态可扩展性。细节内容将作为一个实例在 5.2.1 节进行详细介绍。

3）系统设计与架构

中国设计风格的经典文化元素原型数据库平台架构如图 2.5 所示。总体架构主要由存储云和计算云服务组成，根据数据流向分为数据存储层、数据管理层、数据计算层和数据应用层。

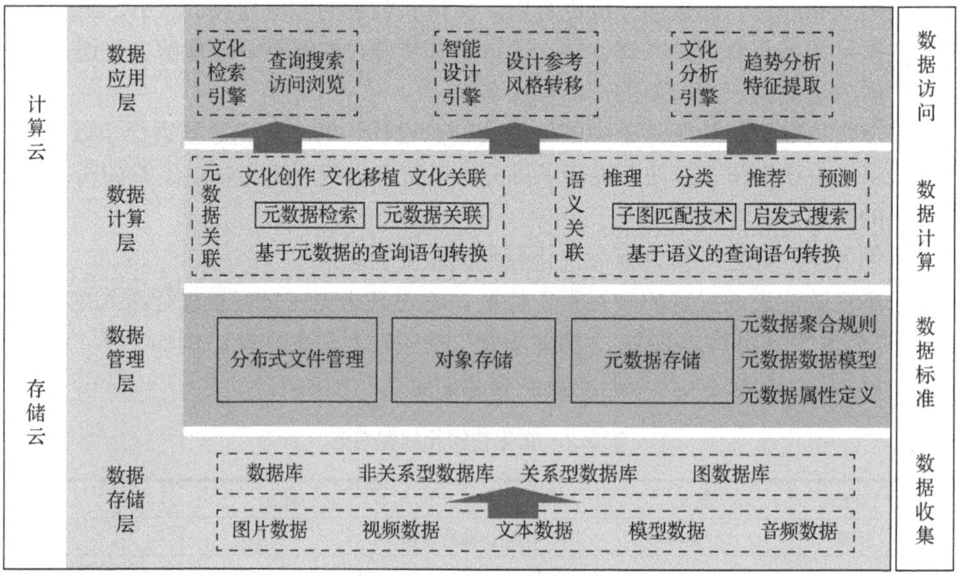

图 2.5　经典文化元素原型数据库平台架构图

（1）数据存储层：对文化数据进行存储，根据不同类型的结构特征与特点，采用关系型数据库、非关系型数据库、图数据库等进行数据存储。

（2）数据管理层：包含分布式文件管理、对象存储、元数据存储等内容。

（3）数据计算层：包含元数据关联模块和语义关联模块，主要为元数据的语义匹配和智能检索推荐等应用提供技术支撑。元数据关联模块主要为文化创作、文化移植和文化关联提供技术支撑。语义关联模块可以在文化应用中实现推理、分类、推荐和预测。

（4）数据应用层：包括文化检索引擎、智能设计引擎和文化分析引擎。文化检索引擎可以实现基本的文化数据检索和搜索服务，用于查询、浏览和访问相关数据。智能设计引擎帮助挖掘文化数据的潜在价值，拓展文化数据在设计领域的应用。文化分析引擎则可以为设计提供咨询服务，生成设计趋势和特征分析报告等。

4）系统功能与应用

团队基于中国设计风格的文化数据平台，开发了一系列文化数据智能化保护与加工相关服务，包括文化数据检索服务、数据可视化服务、基于区块链的文化大数据确权与追踪保护、基于中国设计风格的数据查重与纹样智能生成等。

2.2　设计大数据

设计大数据是在设计领域中，通过收集、存储、分析和利用大规模设计相关数据，从中提取有价值的信息，以支持设计创新和决策的过程。当前，设计大数据已成为设计领域的研究热点。随着互联网和移动技术的发展，大量设计相关数据被产生和记录，如用户在网站上的点击行为、社交媒体上的用户评论、产品销售数据等。研究人员开始探索如何利用这些大数据改进设计过程和决策，提升设计创新的效果和效率。

设计领域的大数据区别于其他领域，具有三个特点：①数据类型多样；②数据跟踪深入；③指导性强。设计大数据涵盖用户行为数据、市场数据、产品数据、环境数据等多种类型。同时，此类数据能持续且深入地记录用户操作行为，帮助设计师和决策者更全面地理解设计过程和结果，并挖掘更深入的洞见。

当前，数据的收集和整合、分析与挖掘是设计大数据中的研究热点。数据的可视化与交互也是重要的研究方向。可视化的呈现形式帮助设计师和决策者更直观地理解数据背后的信息，发现潜在的设计机会和问题，从而支持决策过程。

设计大数据研究具有重要意义，能够深化设计师对用户需求及市场趋势的理解，促进设计创新的质量和效果提升。它还为设计决策提供坚实的数据支撑，有效降低决策风险与不确定性，增强决策的科学性与精确度。设计大数据的研究离不开智能技术和工具。将设计大数据与人工智能技术相结合，可以为设计师的创意过程提供有力支撑。

2.2.1　设计大数据与智能设计

1. 智能设计辅助工具

智能设计或者设计智能，通常指在设计工作中引入人工智能的方法，帮助设计师和其他创作者进行更高效且更具创意的工作。目前，关于智能设计辅助工具尚无统一的定义。Frich 等曾将创意辅助工具定义为："在一个或多个数字系统上运行的创造力支持工具，包含一个或多个专注于创造力的功能，并被用来在一个或多个不同阶段积极影响具有不同专业知识的用户"[17]。类似地，我们将智能设计辅助工具定义为："使用人工智能技术（如机器学习、自然语言处理、机器视觉等）辅助设计工作或生成设计内容，例如基于深度学习的平面排版自动布局、基于对抗神经网络的设计内容生成等"。

设计大数据，类似于文化大数据，也具有文化属性，并且作为一手数据更适合应用于设计智能研究。尽管设计工作以创意实践为主，但过程中仍包括大量重复性工作。人工智能技术能够减少这种低创造性的重复劳动，使设计师专注于更核心的创造性工作。目前，人工智能技术在不同设计领域和设计阶段的研究非常丰富，并且在不同应用领域中展现出多样性特征和技术方案。代表性的智能设计相关研究如表 2.3 所示。

表 2.3　代表性的智能设计相关研究

应用场景	主要用途	目标用户	典型案例
草图绘制	辅助草图绘制	草图绘制新手或在某些领域不擅长的设计师	DrawFromDrawings、EmoG、DeepFaceDrawing、Sketch-RNN
	探索设计创意	设计师	“创意拐点”辅助草图系统、DreamSketch、SketchSoup
平面设计	智能排版	平面设计师	基于内容感知的智能排版方法
	平面内容感知	室内设计师	平面自动装饰
	平面内容生成	平面设计师	动画中间帧计算工具

续表

应用场景	主要用途	目标用户	典型案例
三维建模	建模建议	设计师、艺术家	数据驱动建模系统
	模型生成	设计师、艺术家	基于草图建模器、曲率感知建模技术
UI 设计	UI 布局检索与自动布局	UI 设计师	Blu 工具、Scout 工具
	UI 信息检索	UI 设计师	MetaMorph 工具、Swire 工具
	UI 信息提取	UI 设计师	StoryDroid 工具
其他场景	设计创意辅助	新手设计师	Cobbie 草图机器人
	设计趋势分析	服装设计师	AI 助手系统、FashionQ 系统

1）平面设计领域

平面设计的数据集采集与制作难度相对较低。智能辅助平面设计的研究主要集中在排版布局、内容感知和内容生成等方面。目前的主要研究包括：Zheng 等研究了一种基于内容感知的智能排版方法，该方法能够理解用户输入对象的语义，并生成最佳排版布局[18]。Liang 等提出了一种针对给定图像平面的自动装饰方法，该方法包括平面分割、几何平面解析和基于示例的装饰三个主要部分，能够自动推荐装饰物在平面上的位置[19]。Yeh 等开发了一种所见即所得的催眠线条图案交互生成系统，通过在张量场中整合并放置均匀间隔的流线来生成艺术图像[20]。Li 等提出了一个框架，能够根据输入的起始和终止帧自动生成中间帧，通过获取两个关键帧中的颜色信息，并遵循用户草图引导的动画运动，生成连贯的动画[21]。

智能辅助平面设计的最大挑战在于内容感知，特别是文字和图形符号的信息标注难度大，导致难以进行系统、全面的机器学习训练，从而影响智能辅助工具的效能。现有工具大多局限于特定领域，如电商、时尚海报或杂志，难以处理多种主题的平面设计[22]。

草图绘制技术利用人工智能辅助绘画新手提升草图品质与效果，比较著名的有 DrawFromDrawings[23]、EmoG[24]、DeepFaceDrawing 等。这些工具通过简单的输入，辅助用户生成专业水准的草图，或在绘画时提供相应的参考和建议。

2）三维建模

三维建模是设计过程中重要的表达和原型工具，也是计算机辅助工业设计的重要应用领域之一。数据辅助的三维建模研究主要集中在两个方面：一是提供建模建议或辅助，二是基于草图或其他输入生成相应的三维模型。例如，Siddhartha 等为三维建模引入了数据驱动的建议，支持开放式探索，当模型外观定义不明确时，艺术家或设计师可从示例中获得灵感[25]。Bobenrieth 等提出了 Descriptive，一个基于草图的建模器，可以从单个二维描述性草图中重建三维形状，扩展了从单视图草图创建的形状范围和复杂性，同时保持直观的草绘界面[26]。

3）UI 设计

交互界面设计涉及图形布局、逻辑层级架构、信息处理等，通常需要大量迭代。人工智能技术的应用可以极大地减轻 UI 设计人员的工作量，并激发更多创意。目前，人工智能在 UI 设计领域的应用主要有：Pandian 等的 Blu 工具，可以从 UI 界面截图中自动检测布局信息，并保存为蓝图和可编辑的矢量图形[27]；Swearngin 等的 Scout 工具，可以帮助设计师寻找不同的 UI 布局方案[28]；Huang 等的 Swire 工具，根据手绘的 UI 界面，从数据库中搜索最匹配的真实界面供设计参考[29]；Chen 等的 StoryDroid 工具，自动处理现有 Android 应用，提取活动转换图，并生成带有渲染页面的故事板，同时提供 UI 页面及其实现代码的映射关系[30]。UI 设计具有完整的工作流，目前的智能辅助 UI 设计研究大多基于单个功能的实现，还没有覆盖完整工作流的智能辅助工具。

2. 智能设计平台

现有多种智能设计平台为设计师提供多样化的数据分析方案，包括文本、图像、声音、视频等媒介的数据处理。此类平台大致可以分为技术开放型智能设计平台、商用型智能设计平台和创作型智能设计平台。相对来说技术开放型智能设计平台更注重技术集成能力，其应用范围更广，但是不适用于无编程基础的设计师。商用型智能设计平台通常紧密围绕商业设计目标，提供标准化的工具和流程，更适用于批量化处理任务。创作型智能设计平台更适用于创作目的，可以帮助设计师更加专注于创作本身，详情如表 2.4 所示。

表 2.4　代表性的智能设计平台

平台类型	技术开放型智能设计平台	商用型智能设计平台	创作型智能设计平台
平台特点	底层技术集成度高、技术开放能力强、应用范围广，但对于无编程基础的设计师而言，技术流程操作相对复杂	紧密围绕商业设计业务目标，有明确的设计输出形式，设计工具和流程标准化，但开放范围有限，设计产出相对模板化	人工智能技术融入设计工具中，操作简便易理解，让设计师专注于创作本身，但实现的功能范围有限
面向人群	有开发需求的人群，且有一定的编程基础	与企业设计业务有直接关系的利益群体，如商家客户、企业内的业务部门等	对文本、图像、声音、视频等有创作需求的人群
服务提供	自然语言处理等多个可调用的技术引擎	专注于批量化的处理等服务	提供智能辅助设计等服务
代表平台	Google ML Kit Microsoft AI Lab Apple Create ML 腾讯 AI 开放平台 百度 AI 开放平台 阿里云视觉开放平台 华为 ModelArts 平台	Facebook 数字营销平台 Voiceflow 阿里鹿班智能设计平台 京东羚珑智能设计平台	RunwayML Adobe Sensei MakeML 百度大脑智能创作平台 来画视频 Nolibox 智能设计平台

1）技术开放型智能设计平台

技术开放型智能设计平台主要依托科技企业在人工智能领域的技术资源优势，提供图片识别、图像处理、机器翻译、文本分析等多个可调用的技术引擎，以便用户在此基础上快速搭建 AI 产品。腾讯 AI 开放平台、百度 AI 开放平台、阿里云视觉开放平台和华为 ModelArts 平台等是国内典型的技术开放型智能设计平台。国外代表性的技术开放型智能设计平台包括：Google 公司开发的机器学习套件（ML Kit），支持在 Android 和 iOS 设备上进行应用开发；Microsoft AI Lab 是一个展示人工智能创新项目的平台，公开了 Pix2Story、Sketch2Code 等设计创新实验项目；Apple 公司推出的 Create ML 平台，能支持用户在 Mac 系统上进行机器学习等相关操作。

2）商用型智能设计平台

商用型智能设计平台主要围绕企业的设计业务需求，结合过程中所积累的设计数据和经验，逐步完成从人工设计到机器设计再到智能设计的过程。在国内，典型的商用型智能设计平台有阿里鹿班智能设计平台和京东羚珑智能设计平台。阿里鹿班智能设计平台依托阿里达摩院机器智能技术，改变了传统的纯人工设计模式，在短时间内可生成大量的视觉物料；京东羚珑智能设计平台为电商行业的营销设计提供了一站式服务，实现了对商品主图、广告文案、产品视频、营销海报等电商行业素材的智能生成。国外代表性的商用型智能设计平台包括 Facebook 数字营销平台，主要为商家提供自动化广告营销服务，包括自动生成图像和视频素材、批量化管理素材、自动测试广告创意等。Voiceflow 则是专注于对话式聊天原型设计的平台，帮助企业构建和设计语音聊天机器人。

3）创作型智能设计平台

创作型智能设计平台主要面向有创作需求的企业、机构团队或个人。此类平台围绕创作对象和创作目的，为非编程专业背景的创作者提供便于操作的、与人工智能集成化的工具、方法或流程。一方面，借助智能技术，平台能够自动化处理创作过程中的耗时工作；另一方面，创作型智能设计平台能增强创造性表达，提高创作质量。目前，国内创作型智能设计平台层出不穷，其中百度大脑智能创作平台针对文本内容创作需求，提供了自动创作、辅助创作和多模态创作等功能，能够快速生成个性化的图文和视频。来画视频是一款国内的视频创作平台，支持手绘视频创作、真人与演示内容互动，以及在线编辑和处理视频。Nolibox 是一款计算美学的平面智能设计平台，可以根据用户输入的文本信息（如品牌名称与标语、行业、色彩倾向和设计风格）智能生成品牌标志和相关设计物料。

在国外，Adobe Sensei 是 Adobe 公司推出的底层人工智能工具平台，基于深度学习和机器学习的底层技术被应用在 Adobe Creative Cloud 的多款软件中，实现的功能有视频内容识别填充、图像内容识别裁切、字体识别查找等。RunwayML 是一款为设计师、艺术家和影视广告创作者等提供智能创意工具的平台，能实现视频绿幕抠像处理、图像智能生成、机器学习模型训练等相关功能。

2.2.2　实例：图钉墙设计课程大数据平台

“图钉墙”是湖南大学设计艺术学院开发的一个面向学习者的创意分享、组织与转化平台（https://pinwall.cn/），主要目的是解决当前设计专业院校普遍缺乏对学生创意类内容的标准化采集和集中管理问题。目前平台注册用户超 1 万人，其中教师数量约 70 人，每年大约新增用户 300 人，共有 1000 多个课程作业夹，收集作品超过 37000 件，如图 2.6 所示。

学生可以在平台上传展示自己的创意内容，同时可以在平台上获得创意灵感；教师可以在平台上建立课程作业夹，收集学生的优质创意内容并转化为教学资源，形成专属的教学资源库；企业可以通过平台发掘人才和获得创意灵感。

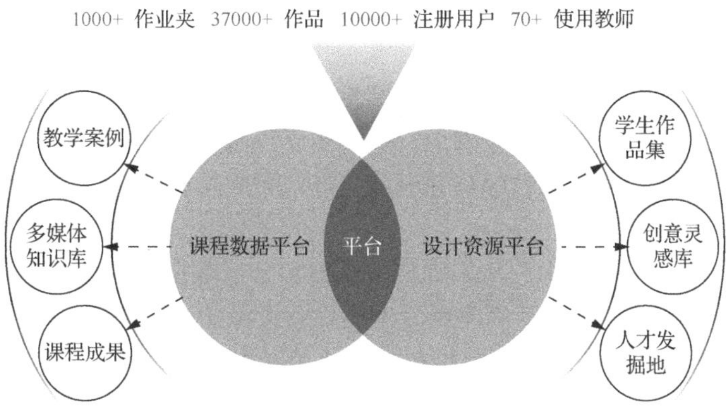

图 2.6　平台数据情况概览

平台分为四大板块，分别为“首页”、“毕设展”、“作业夹”和“探索”，如图 2.7 所示。平台内不管是作业夹还是学生作品，主要以卡片的形式展示信息，“首页”不规则地展示作品缩略图，翻转卡片可以看到作品的作者和简介，点击后可进入作品的详情查看。“毕设展”和“作业夹”两个板块主要以列表的形式排布，卡片左侧展示指导教师、创建时间、课程名称和已上传的数量，右侧展示“作业夹”内部分课程作业的缩略图。在老师“作业夹”内，学生的作品则左侧展示作品缩略图，右侧展示作品名称、作者、点赞评论数。

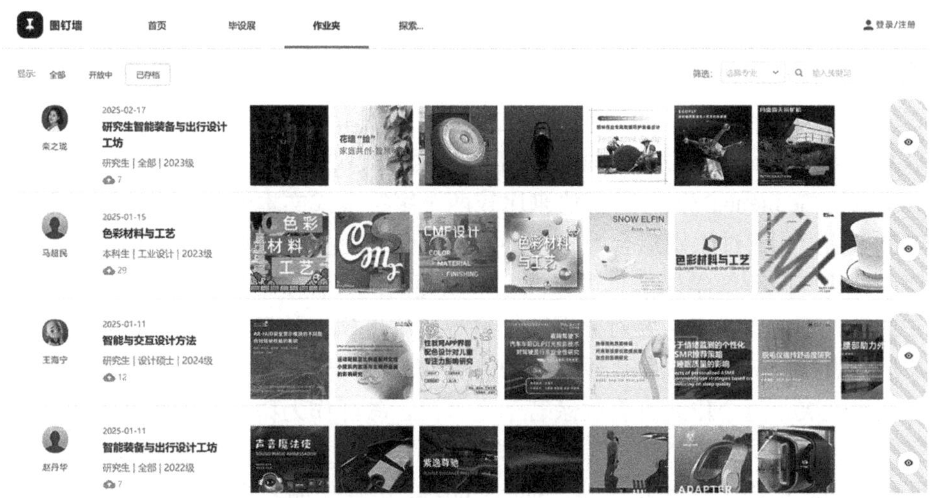

图 2.7　网站截图

基于该平台，还开发了数据可视化项目[31]，以更好地助力设计教育信息化，进一步挖掘和探索数据的价值。接下来将对该项目进行具体介绍。

1）需求分析

传统学科教学管理系统数据可视化通常使用传统类型的图表和统计方法，例如使用结构化数据展示学生考试成绩、课堂出勤情况、课程评估等，进行可视化展示和分析。或者使用较为简单的汇总图标、条形图、折线图、饼图等，直观地展示数据的分布和趋势。可视化的目的通常是帮助教师和管理者更好地了解学生的学习情况和课程表现，以及课程教学质量等。

交互可视化工具可以让用户从宏观视角观察和分析数据的聚类，是可视化项目中较常使用的一种展示模式。结合基础图表分析和设计资源交互构建图钉墙课程数据交互可视化工具，可以满足平台教学成果展示和设计资源探索的核心需求。通过进行用户访谈，构建用户画像，总结出了如图 2.8 所示的核心功能需求。

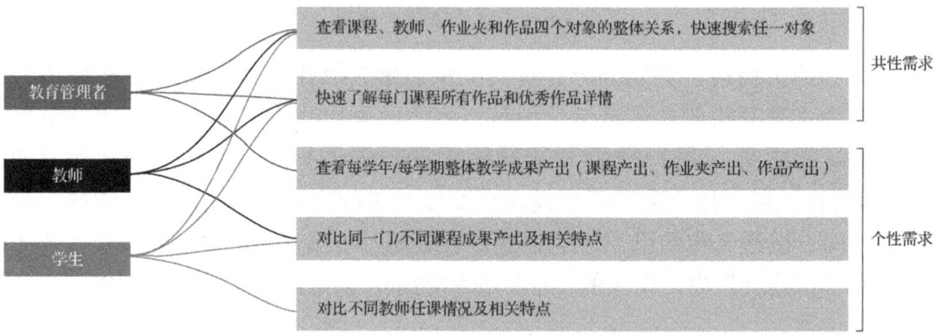

图 2.8　平台数据可视需求分析

2）数据采集与处理

首先要按类别收集图钉墙的数据。数据包括作品本身的数据、不同作业夹的相关数据，以及所涵盖年份中的教学计划数据等。其次，对数据进行清洗。使用 Pandas 库和 difflib 库中的 SequenceMatcher 模块来比较两个字符串或文本的相似度，以提取课程名称、年份等信息。通过识别后台数据中的课程名称，在指导性教学计划中匹配相应的课程学期，并将匹配到的学期信息进行保存，以便清洗课程学期数据。

在数据处理过程中，需要对数据特征进行结构编辑。教师、课程、作业夹和作品四个对象形成典型的树结构关系。以单个教师为例，教师开设若干门课程，每门课程会创建若干个作业夹，每个作业夹会收录若干个作品。教师作为树结构的根节点，课程是教师的子节点，作业夹是课程的子节点，作品是叶子节点，形成四层树结构。

图钉墙最大的数据内容是作品，拥有 37000 多件作品，也是数据可视化的重要展示部分。作品数据可大致拆分为三类: 作品缩略图、作品简介和作品详情。其中作品缩略图是展示非常重要的一部分数据，它有两个核心功能。第一，作品缩略图可以提高空间利用率，利用网格系统有效陈列展示大量设计作品卡片，提高展示浏览效率。第二，作品缩略图是作品内容的重要代表。设计师在选择作品缩略图时，会优先考虑最能代表作品的设计对象、场景、用户等关键内容，以提供了解作品的有效信息。

由于图钉墙的数据逐年递增，自 2014 年创建以来，已经积累了大量数据。随着时间推移，教师、课程、作业夹和作品这四个对象的数据都将会更新和增加。在发展过程中，学院将引进新教师，也会更替课程内容来适应时代的发展，同时针对不同年级/班级学生开课也会产出新的作业夹和作品，整体树结构将不断扩展。因此在考虑设计形式时，不能仅着眼于当前已有的数据内容，还需要考虑该形式是否兼容随着时间推移新产生的数据，能够有效利用 Web 屏幕空间，最大化利用信息展示空间，带给用户良好的体验。

3）系统实现

现有的树结构编码方式主要有节点链接法和混合法两种，如图 2.9 所示。其中，节点链接法的优点是能够清晰直观地表示承接关系，缺点是可读性较差，屏幕空间利用率低。混合法擅长展示包含关系和从属关系，可以高效利用屏幕空间展示数据，但数据层次信息不如节点链接法清晰，并且每个节点只能是可量化的数据。因此，混合法不适合教师、课程、作品等非结构化数据。后期随着时间的推移和数据量的不断增多，难以切分布局。

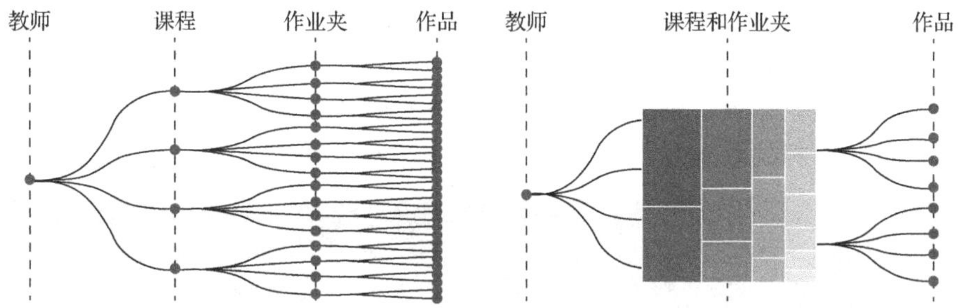

（a）节点链接法　（b）混合法

图 2.9　数据可视化呈现

根据可视对象的不同特点，可以分别使用矩形树图、分组柱状图、气泡图对课程和作业夹数据进行可视编码。①矩形树图：按不同学期的作品总数划分不同的规则矩形模块，用颜色加强不同学期的区分，单个学期矩形内部按该学期所有作业夹分割矩形，构成作业夹矩形树图。②分组柱状图：创建时间和课程名称两个字段，分别映射到平面直角坐标系的 X 轴和 Y 轴，可用颜色来加强不同学期的区分，作品数映射到矩形的长度，构成作业夹分组柱状图。③气泡图：创建时间和课程名称两个字段，分别映射到平面直角坐标系的 X 轴和 Y 轴，学期对应其分类信息，作品数映射到实心气泡面积，学生数映射到空心气泡面积，构成作业气泡图。

在可视化方法的选择上，主要采用“画廊排布”和“网格排布”两种形式对课程作品进行可视化，如图 2.10 所示。其中，画廊排布将作品缩略图的展示空间划分为 5 个部分，采用 2 种尺寸缩略图进行排布。该方式适用于少量作品缩略图数据展示。网格排布将图片按照固定的行列数分割成等大小的网格，每个网格中放置一张图片，适用于展示大量图片数据。圆形缩略图比正方形占据更小的空间。

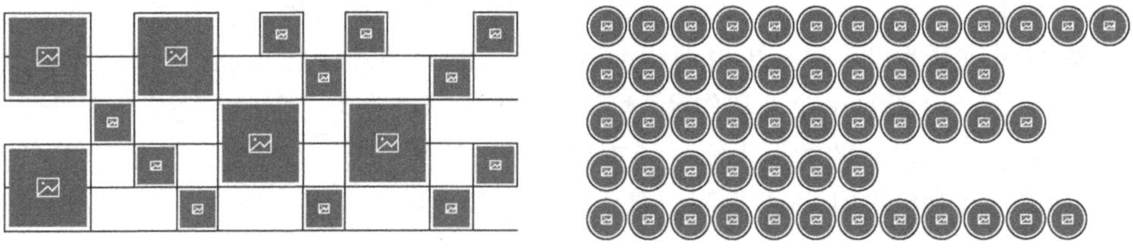

（a）画廊排布　　（b）网格排布

图 2.10　两种数据可视化呈现

4）整体可视方案与交互设计

整体可视化项目，采取混合法+气泡图+橱窗展示的方式进行最终可视化展示，如图 2.11 所示。该方案为横向排布的树图可视化，从左往右分层为教师、课程、作业夹和作品，每个层级之间通过线条连接表示关系。教师用纵向垂直排列的圆形图片表示，通过顶部筛选框选择展示。课程用纵向排列的课程名称表示，通过顶部筛选框进行开课学期选择展示。每个作业夹由 2 个气泡构成，有颜色填充的气泡表示作品数，白边框的气泡表示上课学生数，分布在横轴是时间、纵轴是课程名称的平面直角坐标系中，可以在顶部通过时间轴选择展示年份。作品用作品缩略图网格排布表示，优先排布优秀作品。

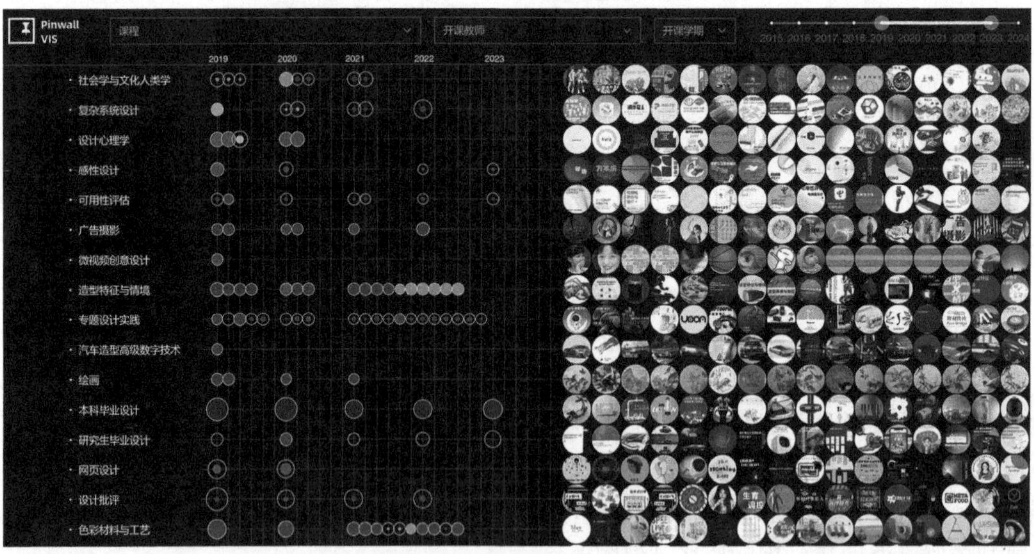

图 2.11　图钉墙数据可视化

2.3　人因大数据

2.3.1　人因大数据基础

人因大数据是指通过采集、整合和分析大量与人类行为、认知、情感和心理相关的数据，以揭示和理解人类行为和决策的模式、规律和机制。人因大数据的研究旨在深入了解人类行为与认知，为人机交互、用户体验设计、人工智能等领域提供数据支持和决策依据。这些数据涵盖了人类在日常生活、工作和社交活动中产生的各种信息，如生物指标、社交媒体行为、移动设备数据、生产力工具使用等。通过分析这些数据，可以揭示人类行为背后的模式、规律和机制，为人机交互、用户体验设计和智能系统提供有效的数据支持。

人因大数据由于与人类生理数据密切相关，因此具有一些其他大数据没有的特点。第一是涉及生理的人因数据，因为其连续、实时地捕获人类的生理数据通常数据量庞大。第二是具有高维度性，不仅体现在数据类型的多样性上，还体现在单一数据源的细粒度上。例如，单个用户的心率数据可能会随着时间、活动强度、情绪状态等多种因素变化，因此心率监测不仅仅是一维数据，而是多维信息的融合。第三是噪声和数据的不确定性。例如，传感器可能会因为佩戴不当或环境干扰导致数据丢失、偏差或错误。同时，人类的生理反应本身也存在一定的随机性和不确定性。因此，如何有效清洗、校正和处理这些噪声数据是人因大数据分析中的一个重要挑战。由于人因大数据更多的与人有关，其研究也面临着数据隐私和伦理问题的挑战。因此，如要进行数据收集的实验，需严格遵循学术伦理审查流程，基于相关制度和规范保护用户的个人隐私和数据安全。

人因大数据中较为广泛的研究是人机工学数据的采集和分析。这些数据涵盖了人机工学中的多个方面，如姿势、力量、动作模式、反应时间、疲劳状态、心率、肌肉活动等。其核心目标是通过分析人类的行为、工作负荷、舒适度和健康状态来优化人与系统的交互设计，进而提高效率、减少事故并保护使用者的身心健康。人因大数据对工业产品设计至关重要。以座椅为例，长期的动作和姿势不当可能导致慢性病或职业病，如背痛、腕管综合征等。通过对人因大数据的测量，可以帮助我们了解座椅应以什么尺寸进行设计才能最大程度维持人体舒适度，降低不当动作或姿势带来的健康危害。

2.3.2　实例：中国人头部三维数字化数据库

头戴式产品的设计依赖于精准的人头部测量数据。然而，过去设计师主要依赖于西方的人体测量学数据，导致中国用户难以找到与自身头部形态“适配”的头戴式产品。此外，由于头部几何形态的复杂性，传统的单一数字形式的数据难以准确地描述头部特征。同时，头部由弹性和非弹性部分组成，使得用户对头戴式产品的“适配性”有更高的要求。对于安全头盔而言，不合适的设计甚至可能威胁佩戴者的生命安全。因此，获取精确且针对性的人体测量数据对于设计适合中国用户的头戴式产品具有重要意义。在此背景下，湖南大学设计艺术学院建立了中国人头部三维数字化数据库 Chinese headbase[32]。

Chinese headbase 选取了中国七大人口区划的代表性城市，采集了 3500 个中国人头部的有效数据样本。每个三维模型文件完成 57 个特征点标记和 35 个特征测算。在测量学基础上，该数据库还进一步将中国人头部数据转化为适用于设计实践的工具，包括中国三维人头统计模型、中国三维人头数据库和头戴式产品设计辅助系统，为以中国人为目标用户的头戴式产品设计提供了数据支撑。

该数据库的创新点在于首次对中国人头部特征按性别、年龄和地域进行差异化分析，并将分析结果转化为设计导向的实用成果。研究对 35 个头部测量项目进行了系统分析，这些项目分为头部、面部、眼睛、鼻子和耳朵五大类，分别按照性别组、年龄组和地域组进行统计和对比。三维测量的特征统计数据包括均值、标准差、最大值、最小值和百分位数（第 5、10、25、50、75、90 和 95 百分位）。分析结果显示，不同组别之间的特征存在显著性差异。例如，在性别组中，男性的 35 项特征平均值均显著高于女性，其中部分特征差异达到极显著水平。在地域组的对比中，多个特征表现出随纬度变化的线性关系。

Chinese headbase 使用 HTML 5 和 ThreeJS 3D 引擎设计实现。利用网站图形界面和实时交互的天然优势，该数据库对数据进行了可视化设计和工具化设计，最终构成了网站的功能模块，各模块以用户友好的工具化交互方式呈现某类型的数据。数据库由六大模块构成，其中四个核心功能如下。

（1）百分位查询：人体测量特征数据百分位可视化工具。该功能界面由测量特征选择、被试人群基本信息选择、测量特征可视化工具组成。根据特征的选择及百分位滑块的滑动，可视化工具实时展示相应特征的不同百分位数据及其对应图示变化，且支持从年龄、性别、籍贯三个维度定义被试群体，精确展示不同被试群体的特征百分位。例如，用户可查看北京 18～25 岁所有男性的头宽不同百分位及其对应图示。

（2）特征搜索：根据被试群体的基本信息选择、测量数据类型选择，精确检索个人级别原始数据。被试基本信息选择支持通过年龄、性别、籍贯三个维度筛选被试样本，测量数据类型选择支持勾选 32 个三维测量特征、57 个特征点、3 个传统测量特征及身高体重等条目，提交两项选择后，检索得出精确的被试样本列表及每一个被试样本对应的已选条目数据列表。数据列表支持下载。例如，用户可得到数据库内的西安 18～70 岁全部女性的瞳距、头宽、体重原始数据列表。

（3）模型阅览：在线直观阅览所有个人级别三维人头模型、三维拟合人头模型。该功能界面主要内容为所有被试三维人头模型预览图，用户可以从年龄、性别、籍贯三个维度定义被试群体，界面实时刷新符合条件的所有模型，浏览过程中可通过鼠标悬浮操作查看每位被试人的统计学信息。此外，支持在线浏览 5 个不同百分位的三维人头模型，并可对单个拟合人头模型进行缩放、旋转、下载。

（4）统计分析：该功能提供所有传统测量特征、三维测量特征的统计数据及可视化展示。功能界面分为测量特征选择列表与对应信息展示两部分。用户选择特征选择列表中的某特征，界面实时显示该特征的相关头面部特征点、特征描述、特征示意图，意在辅助用户理解人体测量特征。同时显示的还有特征数据直方图、统计值列表，用户可进行直方图、统计值列表下载等操作。

参考文献

[1] 周耀林，刘晗．数据 3.0 思维下的文化大数据应用研究[J]．学习与实践，2019（9）：10-14.

[2] 张之益．文化产业创新与视觉生产力：视觉工业前沿探索与案例解读[M]．北京：光明日报出版社，2016.

[3] Library of Congress. Library of Congress [EB/OL]. (2020-09-17) [2024-11-18]. https://www.loc.gov/collections/.

[4] NGRAMMNI. i-Treasures: Capturing the Intangible Cultural Heritage and Learning the Rare Know-How of Living Human Treasures[EB/OL]. (2015-02-12) [2024-11-18]. https://ec.europa.eu/digital-single-market/.

[5] European Union. Terpsichore[EB/OL]. (2018-04-01) [2020-08-18]. http://terpsichore-project.eu/.

[6] European Union. Wholodance website [EB/OL]. (2016-01-01) [2020-08-18]. http://www.wholodance.eu/.

[7] 中华人民共和国文化和旅游部．中国非物质文化遗产数字博物馆[EB/OL].（2020-09-17）[2024-11-18]. http://www.ihchina.cn/#page1.

[8] 刘刚，鲁东明．敦煌壁画的数字化[J]．敦煌研究，2003（4）：102-104.

[9] U.S. Library of Congress. World Digital Library Home[EB/OL]. (2009-04-21) [2024-11-18]. https://www.wdl.org/en/.

[10] European Union. Europeana [EB/OL]. (2008-11-20) [2025-03-14]. https: //www.europeana.eu/.

[11] Australia. Trove [EB/OL]. (2009-11-01) [2024-11-18]. https://trove.nla.gov.au/.

[12] 国家图书馆．文津搜索[EB/OL].（2024-01-19）[2024-11-18]. http: //find.nlc.cn/.

[13] 周秀霞，刘万国，杨雨师．基于云平台的数字资源保存联盟比较研究：以 Hathitrust 和 Europeana 为例[J]．图书馆学研究，2018（23）：52-60.

[14] 刘盼雨，王昊天，郑栋毅，等．多源异构文化大数据融合平台设计[J]．华中科技大学学报（自然科学版），2021，49（2）：103-109.

[15] FREIRE N，ISAAC A，ROBSON G，et al．A survey of Web technology for metadata aggregation in cultural heritage[J]. Information Services & Use，2018，37(4)：425-436.

[16] 周平．大数据出版与版权保护初探[J]．中国经贸导刊，2016（35）：103-105.

[17] Stanford Vision Lab. ImageNet [EB/OL]. (2009-02-12) [2025-03-14]．http://www.image-net.org/index.

[18] ZHENG X, QIAO X, CAO Y, et al. Content-aware generative modeling of graphic design layouts[J]. ACM Transactions on Graphics (TOG), 2019, 38(4): 1-15.

[19] LIANG Y, FAN L, REN P, et al. Decorin: An automatic method for plane-based decorating[J]. IEEE Transactions on Visualization and Computer Graphics, 2020, 27(8): 3438-3450.

[20] YEH C K, LIU Z, LIN I H, et al. WYSIWYG design of hypnotic line art[J]. IEEE Transactions on Visualization and Computer Graphics, 2020, 28(6): 2517-2529.

[21] LI X, ZHANG B, LIAO J, et al. Deep sketch-guided cartoon video inbetweening[J]. IEEE Transactions on Visualization and Computer Graphics, 2021, 28(8): 2938-2952.

[22] 周子洪，周志斌，张于扬，等．人工智能赋能数字创意设计：进展与趋势[J]．计算机集成制造系统，2020，26（10）：2603-2614.

[23] YUSUKE M, TAKAAKI S, KIYOHARU A. DrawFromDrawings: 2D drawing assistance via stroke interpolation with a sketch database[J]. IEEE Transactions on Visualization and Computer Graphics, 2017, 23(7): 1852-1862.

[24] SHI Y, CAO N, MA X, et al. EmoG: Supporting the sketching of emotional expressions for storyboarding[C]// Proceedings of the 2020 CHI Conference on Human Factors in Computing Systems. Honolulu: ACM, 2020:1-12.

[25] SIDDHARTHA C, VLADLEN K. Data-driven suggestions for creativity support in 3D modeling[J]. ACM Transactions on Graphics (TOG), 2010, 29(6): 1-15.

[26] BOBENRIETH C, CORDIER F, HABIBI A, et al. Descriptive: Interactive 3D shape modeling from a single descriptive sketch[J]. Computer-Aided Design, 2020, 128: 1-14.

[27] PANDIAN V P S, SULERI S, JARKE M. Blu: What GUIs are made of[C]//Companion Proceedings of the 25th International Conference on Intelligent User Interfaces. Cagliari: Association for Computing Machinery, 2020: 81-82.

[28] SWEARNGIN A, WANG C, et al. Scout: Rapid exploration of interface layout alternatives through high-level design constraints[C]//Proceedings of the 2020 CHI Conference on Human Factors in Computing Systems. Honolulu: ACM, 2020: 1-13.

[29] HUANG F, CANNY J F, NICHOLS J. Swire: Sketch-based user interface retrieval[C]//Proceedings of the 2019 CHI Conference on Human Factors in Computing Systems. Glasgow:ACM, 2019: 1-10.

[30] CHEN S, FAN L, CHEN C, et al. StoryDroid: Automated generation of storyboard for Android Apps[C]//2019 IEEE/ACM 41st International Conference on Software Engineering (ICSE). Montreal: IEEE, 2019: 596-607.

[31] 苏涛．图钉墙设计课程数据可视化设计[D]．长沙：湖南大学，2023.

[32] WANG H, YU Y, CHEN W, et al. Responsive Web design for Chinese head and facial database[C]// International Conference on Cross-Cultural Design. Las Vegas: Methods, Tools, and Users Organizing Committee, 2018:216-231.

第 3 章　数据赋能可视化设计

3.1　数据和叙事可视化基础

3.1.1　数据可视化

数据可视化（data visualization）是指将数据以图形的方式展现出来，以便人们更好地理解和分析数据。常见的数据可视化工具有 Tableau、Power BI、Excel、Python、R、D3.js 等。这些工具可以用来制作各种类型的图表，如折线图、柱状图、饼图、散点图、热力图、树状图、地图等。可视化通常包含多种类型的数据，根据数据类型的不同，可以选择相应的可视化技术来呈现数据。常见的数据类型包括：

（1）量化数值数据（quantitative numerical data）。通常是数值型的，如人口、收入、成本等，可用柱状图、线图、散点图、折线图等来表示。

（2）分类数据（categorical data）。通常包括描述性标签和文本，如性别、地理位置、品牌、颜色等，可用饼图、柱状图、散点图、条形图、热力图等来表示。

（3）时间序列数据（time-series data）。通常具有较强的时间顺序特征，可用线图、柱状图、热力图、气泡图等来表示。

（4）地理空间数据（geospatial data）。通常基于地理位置显示，如地图数据、经纬度等，可用地图、热力图、点图等来表示。

（5）网络关系数据（network relationship data）。通常描述对象之间的连接和关系，如社交网络、电子邮件、流量等，可用网络图、弦图、力导向图、热力图等来表示。

3.1.2　叙事可视化

叙事可视化是信息可视化的一种重要形式，具有与故事叙述（storytelling）结合的特性。在叙事可视化这一概念确立之前，Wohlfart 等提出了一种结合故事性与交互性的可视化方法，用户可以通过交互控制故事的发展，其他操作则依照预录脚本执行[1]。2010 年，Segel 和 Heer 首次正式提出了“叙事可视化”（narrative visualization）这一术语，并研究了其类型及设计策略[2]。Hullman 等将叙事可视化定义为信息可视化的一个分支，探索了叙事可视化中特定修辞技术的类型和形式，并研究了这些技术如何与终端用户互动[3]。Cairo 等认为叙事可视化的目的是提高用户的参与度和唤起情感反应[4]。Lee 等指出，一个可视化数据故事的主要特征是具有上下文关联性，应从以下几个方面进行判定：①是否有真实的数据支撑；②大部分故事片段是否是可视化的；③故事片段之间是否存在上下文关系，以便与观者产生观点上的共鸣[5]。叙事可视化可以被定义为“一种更有效的信息可视化表达形式，通过具有情节关联性的视觉语言来修饰数据信息，以提高对数据的解释性与说服力，最终达到引发观众情感共鸣的目的”。

早期关于叙事可视化的研究集中在叙事构建策略上，Hullman 等研究了叙事顺序对可视化效果的影响，并提出了一种图形驱动的方法来自动识别有效的叙事序列[6]。Diakopoulos 等探讨了信息图表与游戏的结合，并将有意义的视觉分析互动嵌入游戏机制中[7]。Brehmer 等提出了一种在时间线叙事设计中平衡表达性和有效性的设计空间[8]，包括 14 种设计选择及其在 20 种组合下可行的时间线设计，并通过动画过渡实现流畅叙述。如图 3.1 所示，叙事可视化是一个交叉学科，涵盖了信息可视化、数据新闻和经典叙事学。

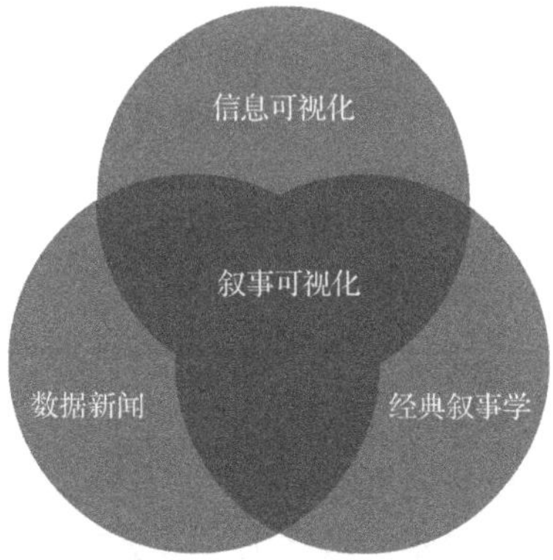

图 3.1 叙事可视化

叙事可视化在地质学、商业和公共健康等领域展现了其独特的应用价值。在地质探索领域，地质学家通过“地质故事”将地质信息进行可视化和叙事化呈现，从而提升信息传达的效率和研究的直观性[9]。在商业分析领域，视觉故事被用作工具，帮助用户提升视觉分析技能，促进跨部门的理解与协作[10]。在公共健康领域，交互性叙事被应用于肥胖症信息可视化网站，通过互动式内容有效地帮助用户更深入地了解肥胖问题[11]。在计算机科学领域，研究人员利用“时间摘要图像”和自然语言处理等技术，开发了一系列自动生成叙事可视化工具。这些工具不仅简化了专业工作流程，还支持新手用户在线生成和编辑可视化故事[12-14]。这些工具和系统的出现，使得叙事可视化更加易于普及和应用，增强了数据信息传达的有效性和感染力。

目前，可视化的任务驱动方式主要有两种：事件驱动（event-driven）型和数据驱动（data-driven）型。例如，北京大学可视化研究团队针对新冠疫情的系列可视化分析作品[15]是事件驱动型任务。该团队基于可公开获取的数据开展了可视化工作，希望以此帮助公众更好地理解疫情的发展情况。政务可视化数字大屏则为数据驱动型任务，它以数字大屏作为展示载体，把一些复杂、抽象的数据，通过简洁易懂的数据图表呈现出来，更加直观生动地表达数据的变化趋势与规律，以便用户更高效地进行数据分析与决策。

IEEE PacificVis 研讨会从 2017 年起，开始举办故事叙述大赛（the PacificVis storytelling contest），鼓励学生、研究人员和可视化从业人员通过视觉语言来讲述数据故事，展示可视化的价值以及应用前景。作为可视化领域最重要的学术会议，IEEE Information Visualization Conference 在 2018 年讨论了 Design & Storytelling 的话题。在 IEEE 国际可视化会议的艺术项目（IEEE VIS arts program）中，也涌现出越来越多借助叙事手段的艺术可视化作品。由此可见，在可视化领域中艺术设计的价值已经得到了广泛的认可，同时叙事性可视化作为跨学科的研究，在学术界也愈发受关注。

3.2 事件驱动的叙事可视化

3.2.1 基本概念

事件驱动的叙事可视化往往基于具体的社会事件确定主题，在明确主题后，数据采集阶段尽量多元化，通过不同角度的数据来丰富主题事件的叙述。在 Card 等提出的参考模型[16]基础上，结合团队设计实践经验，我们将叙事性交互可视化设计任务总结为六个阶段：叙事性构建、需求转化、数据转化、视觉编码、视图转化，以及测试与评估。参考邱南森和 Braun 在可视化过程中提出的一系列关键问题[17-18]，我们为叙事性可视化过程提供了一些实用建议，以指导复杂设计任务。事件驱动型叙事性交互可视化设计路径与范式如图 3.2 所示[19]。

（1）叙事性构建。首先通过头脑风暴锚定可视化的主题，然后从叙事结构、叙事逻辑、叙事视角这三方面构思叙事脚本，最终撰写叙事脚本并完成叙事性的构建。

（2）需求转化。根据作品的性质和前期叙事脚本，结合设计师（传达侧）传达的内容和对观众（感知侧）需求的推导，明确交互作品的设计目标、功能需求和视觉风格。

（3）数据转化。根据叙事情节分别采集相关数据信息。在数据清洗过程中，首先对获取的数据进行特征分析，然后依据设计需求和数据特征（包括格式、维度与度量等）进行数据分组，最后将数据信息结构化处理至规范的表单。

（4）视觉编码。通过对数据信息和视觉元素构建映射关系，将数据转译成图形或符号的可视化结构，增强观众对数据的感知。关于采用的映射方式，可以从过程导向型和结果导向型两种角度出发去构思。①从过程导向型映射出发：若关联两种事物内在运作逻辑的相似性，则选择结构映射方式；若关联两种事物本质的相似性，则选择本体隐喻方式。②从结果导向型映射出发：若目标实现一种抽象的视觉表达，则选择抽象隐喻方式；目标实现一种具象的视觉表达，则选择具象隐喻方式。如果在数据视觉化转译的过程中，发现可视化效果并不理想（如趋势不明显、同维度数据差距过大等），就需要替换或者补充数据集进行数据集迭代，但通常情况下可通过数据采集阶段避免这些问题。

（5）视图转化。可以理解为网页的交互设计过程。首先根据功能定位明确用户的行为流程。然后依据叙事脚本和用户行为，设计网页组件和装饰性元素，组织视觉元素串联叙事情节。最后完成引导动效设计（用于引导用户操作或者视觉搜索）和反馈动效设计（对用户行为的反馈）。如果需要页面跳转，还需对衔接页面切换设计过渡动效。特别地，在这里并不强调功能架构，因为可视化交互网页的功能以浏览和轻量化探索为主，它的信息层级越浅显越好，因为每增加一个层级就会增加认知难度。

（6）测试与评估。在设计方案对接技术之前对概念原型的验证过程。从技术可行性角度出发，对原型进行方案评估；从用户体验的可用性角度出发，对原型进行可用性评估和认知走查（比对用户理解的操作流程和设计设定的是否一致）；从信息传达力和艺术感染力角度出发，通过多视角法（multiple perspectives method，MPM）进行验证（比对用户理解的信息含义和设计的传播意图是否一致）。

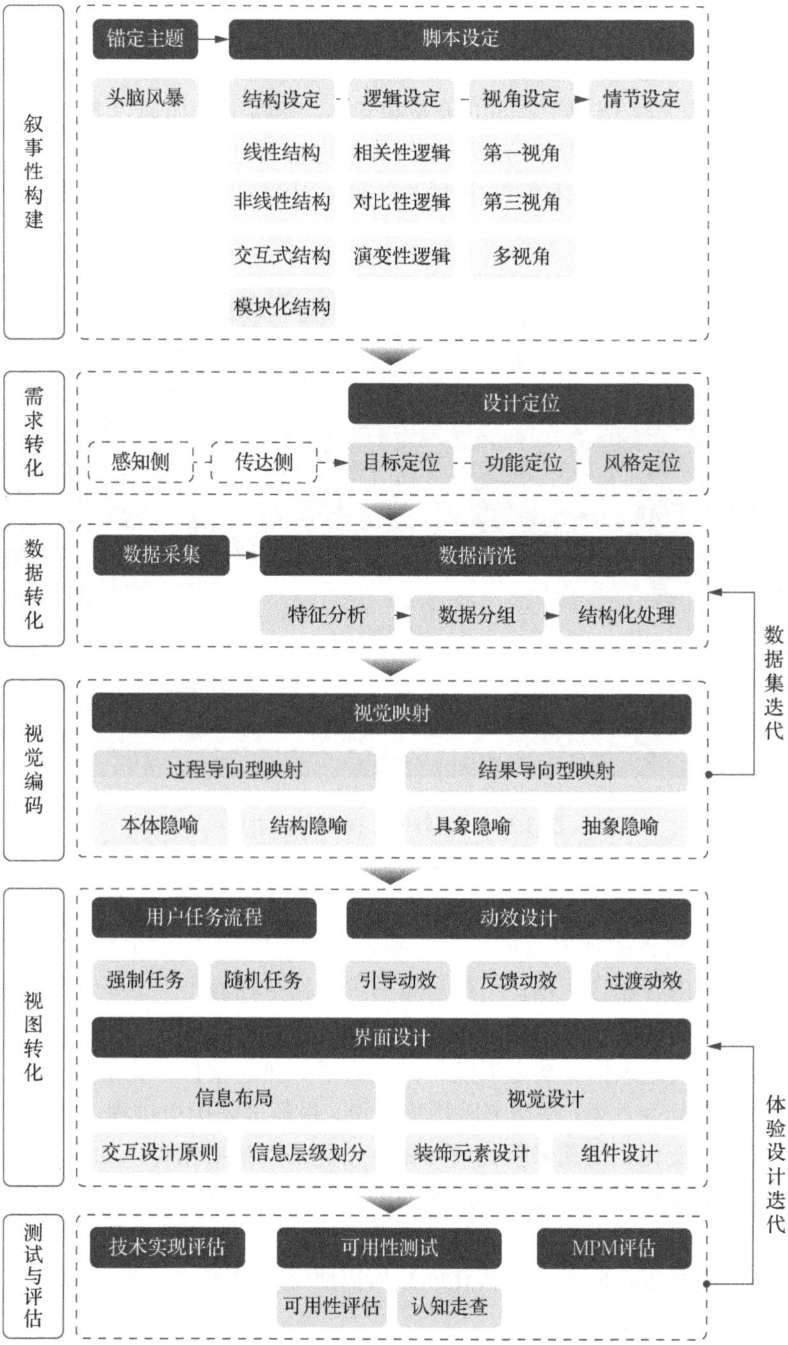

图 3.2 事件驱动型叙事性交互可视化设计路径与范式

3.2.2　实例：麓典记

1. 选题背景

作品《麓典记——岳麓书院典籍与实事求是精神》（后文中简称《麓典记》）基于中国古代“四大书院”之一——岳麓书院的典籍，使用信息图和视频，通过翻阅立体书呈现“典籍”、“诸子”和“精神”之间的关系和变化，俯瞰书院如何以典孕育、经世致用、实事求是的精神，激励时代青年跨越千年问典，谱写新时代华章。作品获得 2022 年中国可视化与可视分析大会艺术可视化学生竞赛全国铜奖。《麓典记》视频介绍主页如图 3.3 所示。

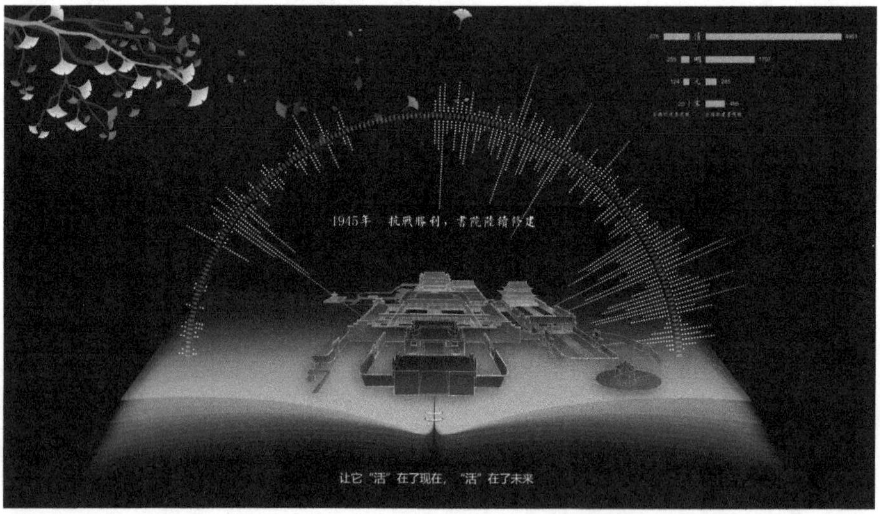

图 3.3　《麓典记》视频介绍主页

2. 数据分析

从宏观到中观再到微观的数据分析，确定了按照时间先后顺序进行的线性叙事结构，并且确定叙事内容包含两项：一是岳麓书院典籍数据海报，二是岳麓书院典籍数据视频。具体而言，在岳麓书院“典籍”数据海报中叙事内容分为七类：典之兴衰、典之来源、典之数量、典之风格、典之书院、典之诸子、典之精神。在岳麓书院“典籍”数据视频中叙事内容分为六类：岳麓书院历史地位、岳麓书院历史进程、可视化设计策略、岳麓书院思想潮流变化、岳麓书院光辉时刻、岳麓书院核心精神，如图 3.4 所示。

在明确数据采集范围后，通过查阅相关书籍与官方网站、下载公开数据集、抓取视频文本等多种方式进行岳麓书院“典籍、诸子、精神”相关内容的数据采集。采集到的数据属于多源异构数据，此类非结构化的数据需要进行整理与清洗。

叙事逻辑	叙事目的	叙事情节	叙事主体	核心视频分镜
开头	岳麓书院历史地位	叙述毛泽东曾在岳麓书院书写情怀	毛泽东《沁园春·长沙》	
介绍	岳麓书院历史进程	叙述岳麓书院的七毁七建以及千年文脉	岳麓书院七毁七建、整体人物和典籍整理数据	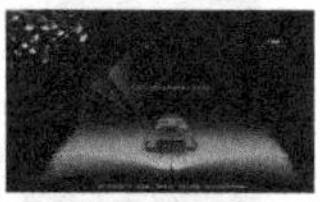
说明	可视化设计策略	叙述《麓典记》记录千年文脉的具体形式	《麓典记》	
讲述	岳麓书院思想潮流变化	叙述岳麓书院出色人物所在时期典籍、思想变化起伏	朱熹、王阳明、王夫之、罗典、魏源、王先谦、杨昌济、毛泽东等人	
升华	岳麓书院光辉时刻	叙述岳麓书院以及全国大学近年的整体成就	国家领导人岳麓书院考察、中国现代大学	
结尾	岳麓书院核心精神	叙述岳麓书院文脉在中国历史发展的影响	高引岳麓书院相关金句	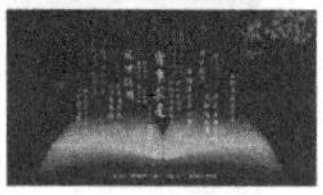

图 3.4　叙事内容分镜

完成数据采集与清洗后，根据“典籍”与“诸子”对应的著作关系构建数据关联，具体表现为某一“诸子”创作该“典籍”或某一“典籍”记录该“诸子”。同时，“精神”与“诸子”数据由前文完成的编码构建关联，具体表现为某一“诸子”具备该“精神”或该“精神”来源于某“典籍”。宏观视角上，以时间维度按照朝代进行数据分类。中观视角上，按照叙事篇章进行分类。微观视角上，按照三者从属关系进行数据分类。

在明确可视化设计的叙事内容后，确定两种内容呈现形式：叙事数据海报与叙事数据视频，进一步明确这两种形式包含的详细内容。为了使可视化视觉编码符合“典”的主题，通过筛选最终在备选元素中确定了具有中国风格的视觉隐喻元素。此处以“银杏”与“枫叶”元素为例，如图 3.5 所示。

图 3.5　典型元素

在数据视频中，一方面，将“银杏”元素作为“典籍”源域映射的目标域，因为“银杏”包含“文化”的隐喻，符合叙事视频开端叙述书院的典籍与文化基调目的，如图 3.6 所示；另一方面，将“枫叶”元素作为“精神”源域映射的目标域，因为“枫叶”包含“家国”的隐喻，符合叙事视频结尾叙述书院与典籍孕育实事求是精神的红色基调目的，如图 3.7 所示。“银杏”到“枫叶”元素的转变也隐喻着岳麓书院精神的传承与变化。

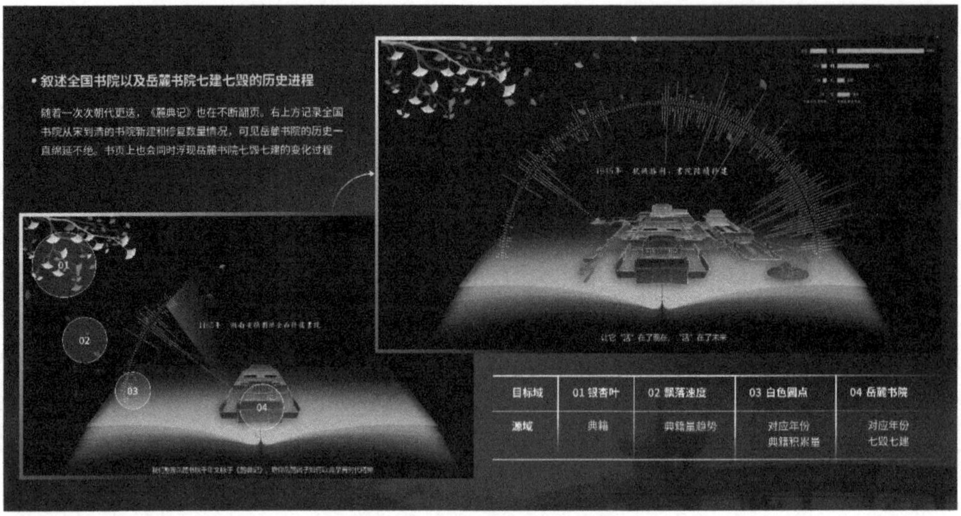

图 3.6　可视化视频开场

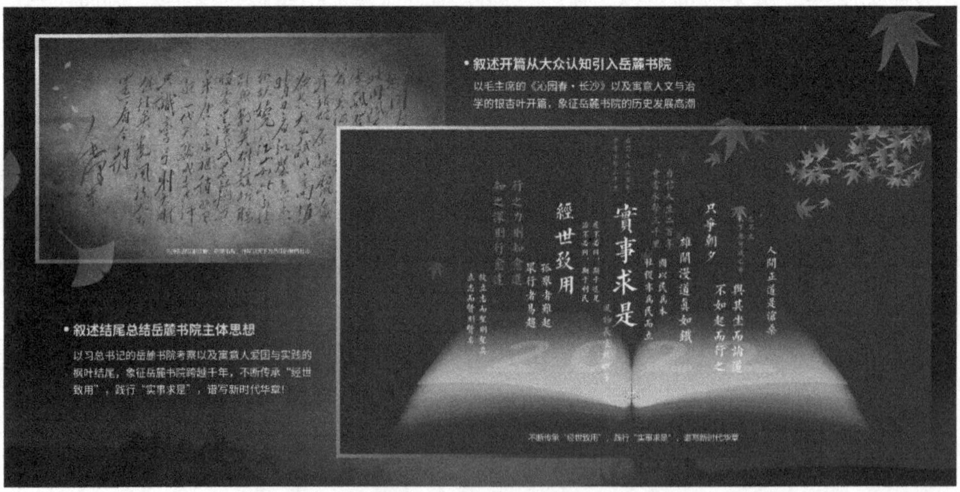

图 3.7　可视化视频结尾

3. 叙事内容构建

1）可视化数据海报

《麓典记》可视化数据海报主要分为“观典”与“问典”两张海报，其叙事逻辑符合用户探索思维路径。其中，“观”为用户提供岳麓书院风格全貌，“问”为用户提供岳麓诸子在历史潮流中的学术影响方面的见解。

“观典”中，首先对书院发展过程中的精神进行颜色编码，明确海报的四种颜色基调，再使用圆形编码诸子、菱形编码典籍、弧线编码人物关联关系，最后基于精神的四种颜色二次编码上述图形元素，使其传递更多数据信息，如图 3.8 所示。

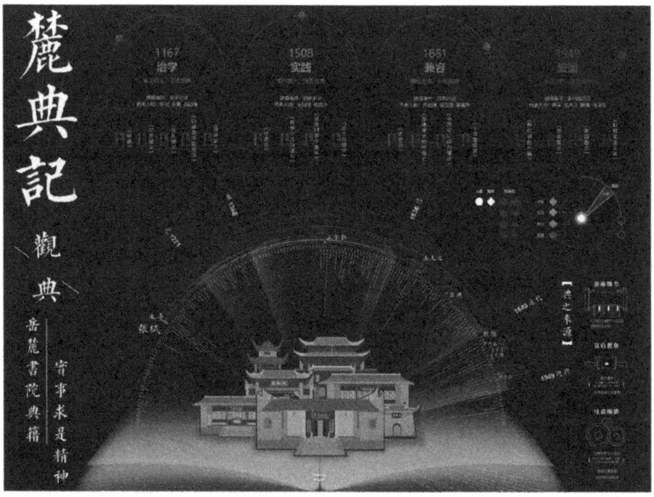

（a）观典 上半部分

图 3.8（彩图）

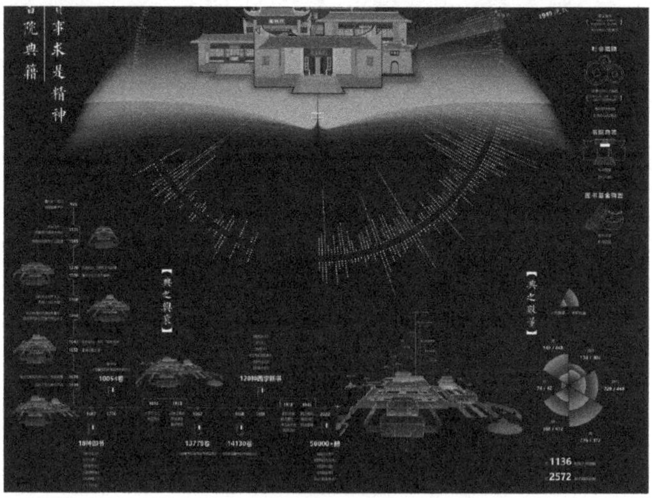

（b）观典 下半部分

图 3.8　“观典”数据海报

“问典”中，首先使用“典籍”元素与“书签”元素编码历代各地书院的修复和新建数量；再用圆形与颜色编码各地书院总规模；其次将海报视觉主体元素定义为“诸子”，通过关系线对应找出诸子出生地与讲学地；最后使用展开的“典籍”元素形式升腾历史金句，彰显岳麓书院精神，如图 3.9 所示。

2）可视化数据视频

《麓典记》叙事视频开场展示了毛泽东的《沁园春·长沙》，象征着岳麓书院的发展高潮，以此开篇奠定大众的认知基础。接着，随着朝代更迭不断翻页，书页上逐渐浮现岳麓书院七毁七建的历史变化过程。翻阅立体书的形式增加了叙事的趣味性和交互性，如同沉浸于书香，品味岳麓书院典籍的来源、相关人物和传递精神。

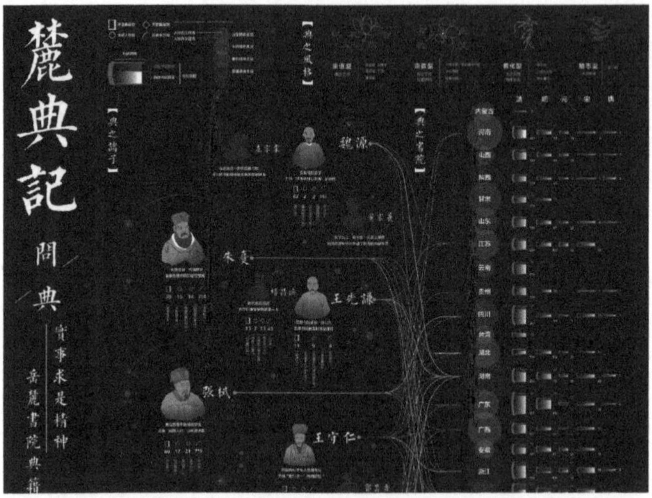

（a）问典 上半部分

（b）问典 下半部分

图 3.9　“问典”数据海报

图 3.9（彩图）

3.3　数据驱动的叙事可视化

3.3.1　基本概念

数据驱动的叙事可视化往往具有给定数据集，在已有数据集的基础上通过数据分析得出多样化见解，能通过数据的不同分析见解叙述多样的主题事件，与事件驱动的叙事可视化相比，需要在数据分析步骤中寻求差异性与创新。

数据驱动的信息可视化是一个“就地取材”的过程，相较于事件驱动型任务路径，最大的差异就在于数据处理的过程，它在数据素材的选择上受到原始数据的约束。在数据驱动型可视化任务中最先执行的就是数据处理，根据数据处理的情况确定叙事脚本。

在需求转化、视图转化以及测试与评估阶段，同前文阐述的事件驱动型设计路径与范式几乎无异。在数据驱动型叙事性交互可视化设计路径中，任务阶段的顺序依次为数据转化、叙事性构建、需求转化、视觉编码、视图转化、测试与评估。数据驱动型叙事性交互可视化设计路径与范式如图 3.10 所示。

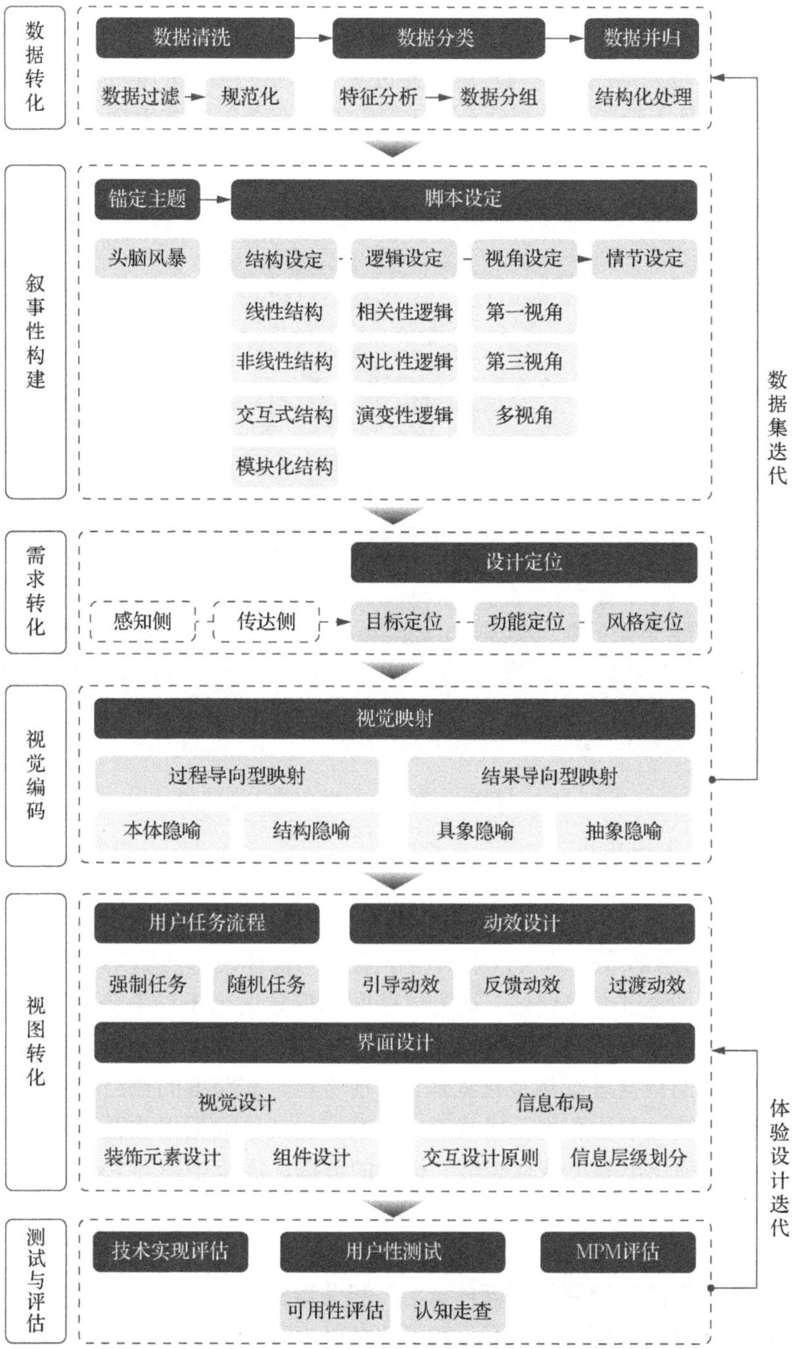

图 3.10　数据驱动型叙事性交互可视化设计路径与范式

3.3.2　实例：绿碳之荫

1. 选题背景

森林，是地球上天然的碳库。生态学家通过研究森林碳循环，寻求提升森林碳汇能力的策略。作品《绿碳之荫》旨在通过叙事性可视化手段，结合视觉修饰与创意交互，提升公众对生态科研数据的兴趣与理解，促进对森林生态数据的记忆，推动文明由工业向生态的转变。作品入选国际可视化会议 IEEE VIS 2022 年度艺术项目。《绿碳之荫》开篇动效的主题背景如图 3.11 所示。

图 3.11　《绿碳之荫》开篇动效的主题背景

2. 数据驱动的内容构建

1）数据清洗

《绿碳之荫》的全部数据都来自中国科学院会同森林生态实验站。获取的源数据已经过脱敏处理，并且经过专家评估，认为这些数据信息适用于科学普及。源数据属于多源异构数据，包括数据库数据、表格等结构化数据和文档类非结构化数据。在数据清洗阶段主要针对获取的数据进行规范化处理，包括将长时间跨度的数组按照表头和数据维度进行归纳整理、统一单位和规范格式等，并筛掉与其他数据很难融于同一叙事框架的数据。最终，整理筛选出与“森林碳汇”相关的数据，规范后得到 Excel 和 PDF 两种格式的数据集。

2）数据分类

首先分析由数据清洗得到的“森林碳汇”相关数据的含义及其关联性，然后对这些数据进行分类。最终，得到表 3.1 所示的 9 份表单内容。

表 3.1　《绿碳之荫》数据分类后所得表单内容详情

表单名称	度量	维度一	维度二	维度三
森林覆盖率动态变化数据	森林覆盖率（%）	时间维度	湖南省各市级行政区	森林各组分（乔木、灌木、草本植被、凋落物、土壤）
森林碳储量动态变化数据	碳储量（Tg）	时间维度	湖南省各市级行政区	森林各组分（乔木、灌木、草本植被、凋落物、土壤）
森林碳密度动态变化数据	碳密度（t/ha）	时间维度	湖南省各市级行政区	森林各组分（乔木、灌木、草本植被、凋落物、土壤）
杉阔混交林凋零碳动态变化数据	碳密度（t/ha）	时间维度	混交比例（杉木纯林、杉木与火力楠 8∶2 混交、杉木与火力楠 5∶5 混交）	杉木和火力楠凋落物各组分
杉阔混交林植物碳动态变化数据	碳密度（t/ha）	时间维度	混交比例（杉木纯林、杉木与火力楠 8∶2 混交、杉木与火力楠 5∶5 混交）	杉木和火力楠的各植物器官（叶、枝、干、根）
杉阔混交林土壤有机碳动态变化数据	碳密度（t/ha）	时间维度	混交比例（杉木纯林、杉木与火力楠 8∶2 混交、杉木与火力楠 5∶5 混交）	土壤深度梯度（0～10cm、10～20cm、20～30cm）
杉阔混交林植物吸收养分动态变化数据	含量密度（kg/ha）	时间维度	混交比例（杉木纯林、杉木与火力楠 8∶2 混交、杉木与火力楠 5∶5 混交）	混交林对 N、P、K、Na 的积累
杉阔混交林植物积累养分动态变化数据	含量密度（kg/ha）	时间维度	混交比例（杉木纯林、杉木与火力楠 8∶2 混交、杉木与火力楠 5∶5 混交）	混交林对 N、P、K、Na 的积累
SCI 论文数据	土壤有机碳密度（Mg/ha）	时间维度	—	—

3）数据归并

最终将数据集整理和提炼为三部分数组呈现。第一部分是时间跨度为 25 年的科研过程数据，包括湖南省各市级行政区的森林土壤和植物碳密度、碳储量的时间动态变化数据，以及森林覆盖率的时间动态变化数据。这部分数据最核心的指标就是碳密度，因为碳密度是衡量土壤固碳能力的重要指标，碳密度越高说明土壤的固碳能力越强。其中，碳密度的值等于碳储量和森林面积的比值。保留碳储量和森林覆盖率的数据，是为了便于用户探究数据拐点的碳密度变化背后的原因。

由于土壤与植物各器官相比，其碳密度和碳储量相差悬殊，在同一坐标系内很难呈现植物各器官的相关数据变化趋势。因此这里将植物的各器官相关数据维度归并得到植物碳密度和碳储量的数据。

湖南省共有 14 个市级行政区，如果在同一界面同时展示，信息载荷会过大，增加用户的认知负荷，这里采用的处理方式是根据湖南省森林资源管理和经济协同发展的五大区域（包括湖南北部、中部、西部、东部、南部）对 14 个市级行政区的数据进行归并。

第二部分的数据通过归并对比实验的相关数据得到。该实验探究了杉阔混交林在不同混交比情况下土壤有机碳密度随树龄变化的差异性。根据分类后汇总的数据，最终归并得到杉木纯林、杉木与火力楠 8∶2 混交林以及杉木与火力楠 5∶5 混交林（极值状态下）的植物碳密度、凋零碳密度、土壤各深度梯度有机碳密度和植物生长过程吸收 N、P、K、Na 等养分的密度，共四部分数据。由于叙事性构建的需求，过滤掉“杉阔混交林植物积累养分动态变化数据”表单中的数据。

第三部分的数据是从 SCI 论文《中国亚热带地区转变自阔叶林的杉木人工林土壤碳库恢复时间》[20]中提取的不同林龄杉木人工林土壤有机碳变化的回归曲线（图 3.12）。结合从专家访谈获取的信息，该回归曲线表达的含义是：杉木人工林在发育过程中要从土壤中吸收 N、P、K、Na 等养分，土壤有机碳会因此被分解，其中一部分碳会转化为 CO_2 释放到空气中，并且杉木幼龄期固持的土壤有机碳含量不足以补偿它所消耗分解掉的有机碳，这种现象到第 13.5 年会达到顶峰，到第 27 年时土壤有机碳含量才得以补偿恢复。

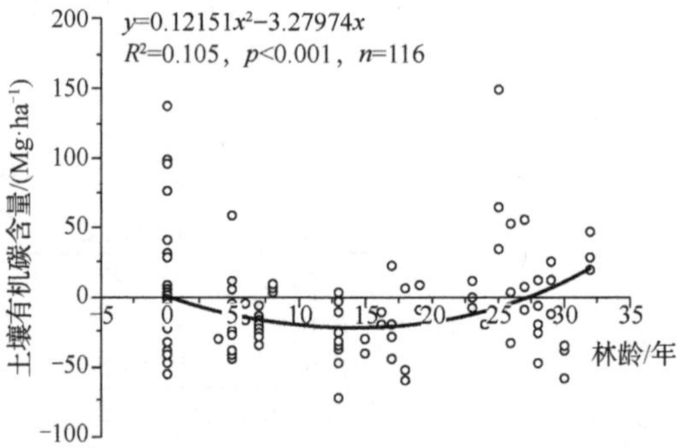

图 3.12　不同林龄杉木人工林土壤有机碳变化的回归曲线

经过几次数据处理迭代后，最终确定网页主体内容的三大模块呈现的数据，汇总情况如表 3.2 所示。

表 3.2　《绿碳之荫》数据归并后各模块内容数据归纳

<table>
<tr><th>模块</th><th colspan="2">维度</th><th>度量</th><th>数据格式</th></tr>
<tr><td rowspan="8">科研过程数据</td><td>年份</td><td>1996～2020 年</td><td rowspan="8">碳密度、碳储量、森林覆盖率</td><td rowspan="8">Excel</td></tr>
<tr><td rowspan="2">种类</td><td>植物</td></tr>
<tr><td>土壤</td></tr>
<tr><td rowspan="4">地区</td><td>张家界、湘西、怀化、邵阳</td></tr>
<tr><td>郴州、永州、娄底、衡阳</td></tr>
<tr><td>常德、益阳、岳阳</td></tr>
<tr><td>长沙、株洲、湘潭</td></tr>
<tr style="display:none"></tr>
<tr><td rowspan="4">对比实验数据</td><td>生长年份</td><td>5～13 年</td><td rowspan="4">植物总碳密度、凋落物总碳密度、土壤各深度梯度有机碳密度、植物生长吸收的养分总密度</td><td rowspan="4">Excel</td></tr>
<tr><td rowspan="3">混交比例</td><td>100%杉木纯林</td></tr>
<tr><td>80%杉木混交林</td></tr>
<tr><td>50%杉木混交林</td></tr>
<tr><td>主要贡献数据</td><td colspan="2">生长年份</td><td>杉木生长所消耗的土壤有机碳密度</td><td>Excel</td></tr>
</table>

3. 设计需求分析

1）设计目标

《绿碳之荫》是以向公众科普为目的，以交互网页作为传播媒介的叙事性可视化艺术作品。以森林碳循环形成过程为叙事主线，将与生活关联并不密切的生态科研数据，通过具有情节关联的图形化语言，更通俗化地向公众展示数据结论和科研成果，从而增强公众对生态数据的感知和记忆。希望借助叙事性可视化网页的强传播力以及作品的感染力，影响更多的受众积极参与到低碳行动中来。

在确定最终的叙事脚本之前，团队先对森林生态学专家进行访谈。专家访谈主要有两个目的，首先明确以科普为目的传播内容时专家的诉求有哪些；其次想了解专家对方案的建议以进行后续指导。

2）交互需求

总结归纳出网页最核心的两种交互场景：页面跳转和信息探索。用户的操作行为主要有鼠标悬停、单击、拖拽和滚轮滚动。整个网页的交互方式收敛至一致，统一通过滚动鼠标滚轮控制浏览和页面的上下切换，通过悬停控制轻量化的探索，通过单击控制深入的探索。考虑到用户在浏览网页的时候可能会遇到一些操作和认知上的困难，将每个模块的背景信息在页面头部预先展示出来，用户通过滚轮操作就可以顺势浏览至核心内容。并且在每个页面都预设了引导功能，当用户需要帮助时，单击图标就可以唤出操作提示。

3）视觉风格定位

随着新媒体技术的发展，视觉从一种感官体验上升至一种文化。在工业化进程中，生态环境遭到了严重的破坏，特别是过量的碳排放和生态系统自身吸收碳的能力下降，导致全球极端气候频繁发生。在这样的时代背景下，《绿碳之荫》的视觉风格受赛博朋克视觉文化的影响，运用深色背景和大胆的霓虹色配色，以“青”作为主题色，以“紫”和“蓝”作为辅助色，通过视觉化、符号化的美学艺术演绎“冲突性”。虽然在赛博朋克下的世界是黑暗的，但精神内核的本质是不屈的、反抗的和充满希望的。《绿碳之荫》欲借助这种强烈的反差，反映科技高度发展的现代文明和生态文明之间的对抗性，同时反衬出科学家在追求平衡中不懈地探寻希望。

4. 叙事内容构建

《绿碳之荫》的叙事性是围绕森林碳汇展开的，它的情节较为简练，叙述重点是通过深入浅出的方式向公众讲述科研成果中蕴藏的科学原理。

1）叙事结构

《绿碳之荫》主体上采用的是交互性和模块化两种叙事结构。按照数据归并得出的三组数据集，将网页分为三个模块：Macro（宏观）、Micro（微观）和 Mingling（混合），与 VISAP'22 的主题“Mingling Spaces”相呼应。三个模块虽然互相关联，但不影响数据的解释性，观众可以根据个人兴趣，以任何顺序进行探索。

第一模块（Macro）采用的是交互式叙事结构，第二模块（Micro）采用的是线性叙事结构，而第三模块（Mingling）则结合了线性和交互式叙事结构。从不同角度呈现杉阔混交林和杉木纯林成长过程中的碳密度变化，情节完全按照时间线展开，同时设计上允许用户自由交互以探索不同的数据视角。这里突出时间线的作用，观众需要通过控制时间轴查看数据大体的变化趋势。

2）叙事逻辑

《绿碳之荫》的创作涵盖了相关性叙事逻辑、对比性叙事逻辑和演变性叙事逻辑。在整体的叙事情节安排上，模块与模块之间表达的科学原理逐渐深入。

第一模块采用的是相关性叙事逻辑，通过分析森林植物与土壤的碳储量及森林覆盖率，解释固碳能力变化的原因，通过森林生态的人为干预情况或自然灾害的影响解释森林覆盖率和碳储量变化的原因。第二模块采用的是对比性叙事逻辑和演变性叙事逻辑，随着时间的推演，比较三种比例混交林对土壤固碳能力和杉木生长情况的不同影响。第三模块采用的是演变性叙事逻辑，随着时间轴的变化，通过视觉元素模拟讲述杉木生长过程中从土壤中吸收养分的机制以及其对土壤有机碳的动态消耗情况。

3）叙事情节

首页内容从几个问题入手，通过交代网页的叙事背景引出叙事主题，为用户建立相关的知识认知。

第一模块讲述的是湖南省森林固碳水平在 25 年间动态变化的情况。从整体上看，湖南省的森林固碳能力稳步提升，并且土壤对碳的固持能力与植物相比表现出了绝对性的优势。2004 年和 2008 年，湖南省都受到极端天气的影响，尤其是 2008 年的特大雪灾，这一年湖南省的碳密度和碳储量有所下降。

第二模块讲述的是如何通过杉木和其他阔叶树的混交，改善森林的固碳能力。杉木作为生长快、耐腐性强、经济效益高的用材树种，在湖南西部多有种植。杉木的生长存在一定的特殊性，它在中幼龄期（0～15 年）生长速度快，需要从土壤中吸收大量的 N、P 养分，引发土壤有机碳大量分解。同时杉木在幼龄期（0～10 年）几乎没有凋落物，并且其凋落物不易被土壤分解，因此杉木林输入土壤中的有机碳不足以补偿生长所消耗分解掉的有机碳，最终导致土壤有机碳的流失。

第三模块讲述的是杉木林在生长过程中对土壤有机碳的消耗情况，以及杉木林土壤有机碳固持能力的恢复周期。研究数据表明，延长采伐周期至 27 年以上，基本上就可以克服杉木人工林经营带来的土壤有机碳消耗，实现生物碳和土壤碳汇功能的双赢。

5. 交互设计与实现

1）Logo 设计

Logo 的配色与整体风格相呼应，绿色象征森林和生态文明，蓝色和紫色象征城市与科技高度发展的现代文明。在图形结构上，以英文字母 G 为主型，呈半包围结构，以绿色为主的渐变结构包围以蓝紫色为主的渐变结构，寓意城市和现代文明的发展依赖于森林和生态文明，同时渐变的运用寓意森林与城市、生态文明与现代文明之间相互融合的密切相关性。Logo 设计稿如图 3.13 所示。

图 3.13（彩图）

图 3.13　《绿碳之荫》Logo 设计稿

2）视觉映射

第一模块的信息层级包含三层。第一层信息呈现湖南省 25 年间森林植物与土壤的碳密度和总碳储量的时间动态变化情况；第二层信息呈现湖南省五大区域 25 年间森林植物与土壤的碳密度和总碳储量的时间动态变化情况；第三层则呈现详细到具体的市级行政区的相关信息，如图 3.14 所示。封闭图形围合的面积容易让人联想到总量，线性图形容易联想到比值类数据的变化趋势。因此，碳储量分别与第一层级信息中的“花瓣”径长和第二层级中气泡图的“气泡”直径长建立映射关系，碳密度分别与第一层级信息中的“花蕊”长和第二层级中的气泡中心与基准线的距离建立映射关系。

图 3.14（彩图）

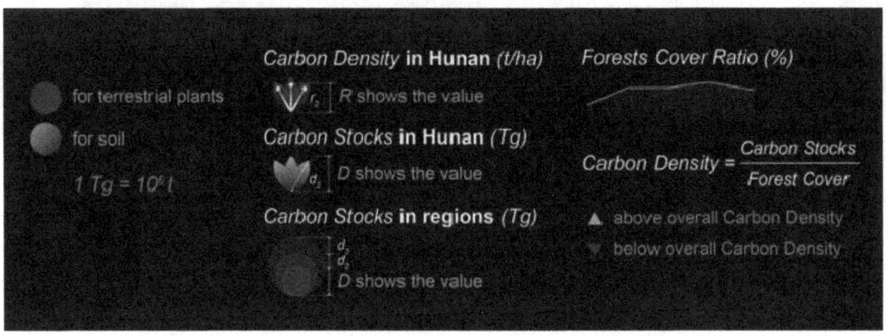

图 3.14　第一模块中详细的视觉映射关系

第二模块的信息层级包含两层。第一层信息呈现杉木与阔叶树在三种混交比状态下的土壤有机碳密度以及植物各组分碳密度随树龄变化的趋势，第二层信息则呈现各组分具体的数据度量值。其中，无论是碳密度还是植物吸收养分的情况都是比较抽象的概念，因此这里全部采用本体隐喻和具象隐喻的方式转译数据含义，以增强用户对数据信息的认知。土壤的各深度梯度的固碳能力变化通过热力图来表示，其中冷色映射低有机碳密度，暖色映射高有机碳密度。第二模块中三颗生态水晶球分别映射 100%杉木纯林、80%

混交林和 50%混交林生态，如图 3.15 所示。

图 3.15　第二模块中杉阔混交林生态水晶球

图 3.15（彩图）

第三模块只有一层信息，采用结构隐喻和具象隐喻转译杉木林生长所吸收的养分和土壤有机碳的消耗情况。直观上图形化的各组分的数量与数据建立映射关系，如图 3.16 所示。

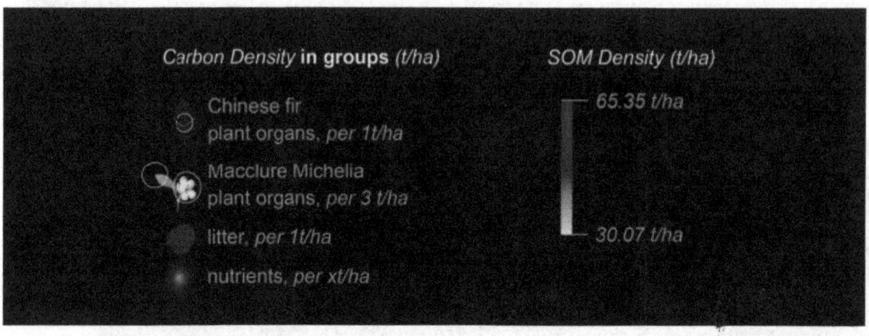

图 3.16（彩图）

图 3.16　第三模块中的视觉映射关系

3）动效设计

（1）引导动效。在进入第一模块时会自动出现湖南省地图演变的视觉引导动效，向用户展示“五大区域”的由来。当用户开始控制滚轮时，说明开始进入浏览状态，“五大区域”地图板块通过动效转化为数据图表的维度。

（2）反馈动效。反馈动效的触发场景主要包括滚动状态、悬停状态、单击状态和用户在拖动时间轴时的操作。当用户向下滚动鼠标滚轮时，系统识别为浏览状态，为了提供沉浸式体验，系统会隐藏导航栏，如图 3.17 所示。相反，当用户向上滚动时，导航栏将重新出现。

图 3.17　向下滚动滚轮时导航栏的动作效果

在第一模块中，鼠标悬停状态时当前位置对应的视觉元素高亮显示，其他视觉元素降低不透明度显示。当鼠标悬停于气泡图时，会突出显示该区域 25 年内相应维度度量的趋势变化折线图；单击花瓣时，将突出显示该年份湖南省五大区域的相关数据。通过向心箭头和背心箭头，展示哪些区域的固碳水平高于或低于平均水平，如图 3.18 所示。

（3）界面布局。网页完成登录加载后，将直接进入首页。通过一系列动效和图文说明，向用户介绍《绿碳之荫》的背景信息，并帮助用户建立对森林碳循环过程的认知。界面区域主要划分为导航栏、滚动区、操作区和固定区。由于三个模块内容信息层级并列，因此导航栏置于界面左上角，以便用户切换至各模块页面。操作区用于用户探索数据信息时的交互操作，滚动区用于交互反馈的信息呈现（以文本信息为主），固定区用于图例信息的呈现。网页界面区域划分如图 3.19 和图 3.20 所示。

（a）悬停

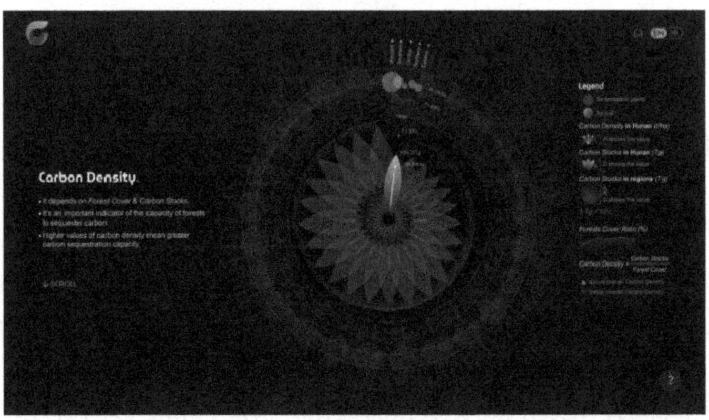

（b）单击

图 3.18（彩图）

图 3.18　在第一模块数据图表中悬停和单击时触发的效果

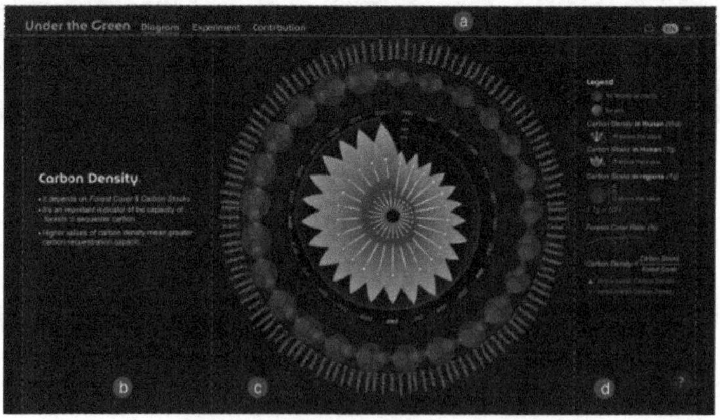

a. 导航栏；b. 滚动区；c. 操作区；d. 固定区

图 3.19　第一模块的界面区域划分

图 3.19（彩图）

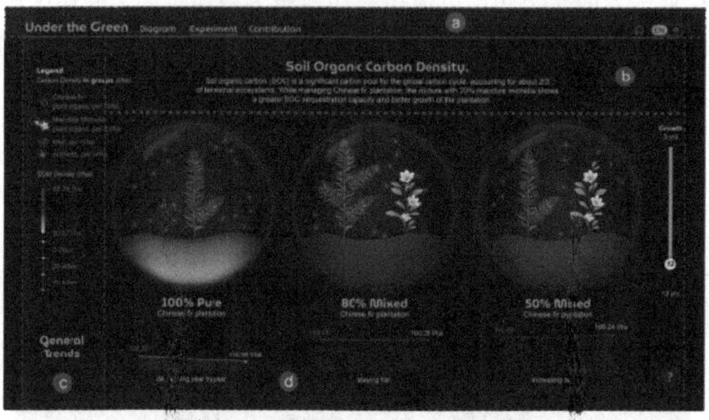

a. 导航栏；b. 滚动区；c. 操作区；d. 固定区

图 3.20　第二模块的界面区域划分

图 3.20（彩图）

3.4　数据可视化与智能交互设计

智能可视化是指利用人工智能技术将数据分析与可视化相结合，通过算法自动实现数据的预处理、提取、分析和可视化。智能可视化的目的是帮助用户从大量复杂数据中快速发现有效信息，提高数据分析的效率和质量[21]。当前该领域的研究能够自动处理和转换数据，发现数据中的模式和趋势[22-23]。此外，还能帮助用户生成各种交互式图表、图形和可视化报告，从而支持用户快速发现数据背后的关系和规律。智能可视化技术可应用于多个领域，如商业智能、数据分析、金融、医疗、营销和研究。与传统数据分析方法相比，它具有更高的自动化程度、更强的数据分析能力和更好的可视化效果。

数据通常被分为静态数据和动态数据。静态数据指在一段时间内不会变化、不随运行而变化的数据。动态数据包括所有在运行中发生变化的数据，以及在操作过程中需要输入、输出的数据[24]。下面从静态数据、动态数据、叙事智能构建和沉浸式可视化体验四个方面进行介绍。

3.4.1 静态数据与智能交互

1. 多模态交互

随着以自然语言处理为代表的人工智能技术的快速发展，对各类输入模态（触控手势、空中手势、语音命令和文本输入等）的探索，更新颖的多模态和跨模态交互在数据可视化领域被研究和应用[25-27]。传统的数据可视化交互场景依赖基于 WIM［即 Windows（窗口）、Icon（图标）、Menu（菜单）及 Pointer（鼠标）］的计算机图形界面和基于鼠标的交互[28]。人工智能技术可以与可视化分析的不同阶段相融合，衍生出众多交叉应用方向，推动了智能可视化的发展。例如，在数据转换阶段，可以对原始数据进行复杂特征提取；在视觉映射和视图转换阶段，可以实现可视化的自动布局和生成等。

1）传统多模态交互形式

在人机交互领域中，模态（modality）指的是感官，即视、听、触、嗅、味五感，这五者是人类基本的通信渠道。数据的模态可以根据广义的五感接收通道来划分，也可以在同一感知媒介下进一步细分成不同的模态[29]，如图片、数值、文本、符号、音频、时间序列等，甚至不同数据结构所组成的复合数据形式。

多模态交互（multimodal interaction）指在人机交互过程中人们可以通过多种模态与计算机进行信息交互。以智能手机为例，从输入来说，除了触控手势外，用户也可以通过语音下达命令；从输出来说，用虚拟键盘打字时除了可以看到输入的字母外，还可以听到按键音和感受到振动。和多模态交互强调模态间融合不同，跨模态交互更关注不同模态之间的转化[30]，可以理解为中文语境中常提及的“通感”。在基于通感的交互中，用户可以通过对不同模态的信息进行联系和整合，从而建立起关联、转化和映射[31]。例如，汽车喇叭的声音可能会引发汽车的视觉形象，即使汽车本身并未在视野中出现。

2）新颖模态交互形式

传统的数据可视化作品通常只涉及鼠标输入和视觉通道的输出反馈。事实上，近年来许多项目或研究都在探索其他感官通道的交互可能性，开发数据可视化在多模态或跨模态交互上的潜力。虽然它们没有引入人工智能技术，但能够为人工智能技术在该领域的后续应用提供重要启示。

听觉-数据可听化（data sonification）是指用声音来展示数据，是一种较成熟的数据表现实践。LOUD NUMBERS 是一家数据可听化工作室，其团队指出数据可听化比传统的数据可视化更容易激发强烈情感，以传达一个独特的由数据驱动的故事，让听众留下深刻印象。数据可听化的具体操作是把数据值映射到音高或响度等音频参数，类似于可视化中将数据值映射到图形的高度、颜色或角度。

触觉-数据物理化（data physicalization）是指将数据映射到物理形式的实践。数据物理化作为一个正式的新兴研究领域，其背后的基本思想和实践有着丰富的历史，超越了可视化研究[32]。数据物理化的例子已经存在了几个世纪，我们常常能在艺术展览或博物馆等场所中看到。例如，在 2021 年巴塞尔艺术展上展出的“世界状况人口金字塔”。该作品包括 100 个雕塑，每一个雕塑都编码了一个国家的人口数据：从底部的出生到顶部的 100 岁；每个环的宽度代表了该年龄段的人口比例。

嗅觉-信息嗅觉（information olfaction）是一个新兴的研究领域，其核心在于如何使用气味来传递数据。为了实现这一目标，需要开发嗅觉显示器。嗅觉显示器是一种可编程设备，可以通过发射气味分子或直接激活鼻子中的气味受体来产生嗅觉刺激。2018 年，Patnaik 等提出了 ViScent 嗅觉显示器[33]，随后由 Batch 等升级为 ViScent 2.0。该设备使用超声波雾化器连接 24 个精油瓶，以控制发出六种不同气味，每种气味又有四种不同的强度。此外，它支持调控温度和风速，这是通过电热元件和风扇来实现的。事实上，严格来说，气味类型和气味强度才是真正的嗅觉通道，而温度和风速则是由皮肤感知的触觉刺激。研究团队指出没有舍弃后两者，是因为它们很容易在该嗅觉显示器中被生成和操纵[34]。

味觉-数据菜单（data cuisine）把食物作为信息媒介进行探索，旨在通过食物的内在品质（如颜色、形状、质地、气味、味道、营养价值和产地等）来展示数据。食物作为媒介虽不如视觉图表精确，但比视觉图表更丰富和直观。

2. 多模态输入

从输入的角度来看，数据化可视平台主要有四种输入模态，分别是语音输入、文本输入、手势输入和指点输入。这些输入方式各自依赖不同的设备，如键盘、麦克风、触控屏、红外传感器等。

1）键盘输入

很多商业系统都引入了问答功能。用户在指定区域输入问题，平台尝试即时解释并以可视化形式显示答案，用户可以跟随可视化效果不断追问。这是一种从数据中获得答案的高效方法，即使用自然语言对数据执行浏览、搜索等操作。在这个过程中，用户通过键盘输入文本，平台将随之生成新的数据图表并根据追问不断调整图片细节。

2）鼠标/语音/触控手势输入

多输入语音助手（multi-input voice assistant，MIVA）系统集成了语音识别、自然语言处理和语音合成技术，使其能够处理语音命令、回答用户查询，甚至执行复杂任务。后续的用户研究表明，多模式交互的引入主要优势在于不同模式间的互补性[35]。例如，当用户需要选择一个洲（如“亚洲”）时，语音选择比通过鼠标进行套索选择要便捷得多。同样地，在需要选择一个日期范围（如四月）时，用鼠标或手势进行精确选择可能既不方便又耗时，而通过语音进行选择则简单轻松得多。

3）笔/触控/语音手势输入

相关研究人员认为在多模态交互中，笔和触控具有直接性和精确性，语音可以提供表达的自由性。InChorus 系统[36]面向平板电脑，支持笔、触控和语音的输入，如图 3.21 所示。在用户实验中，研究团队发现用户会主动适应多模态输入，成功地使用不同的模态（单独或组合）来完成任务。

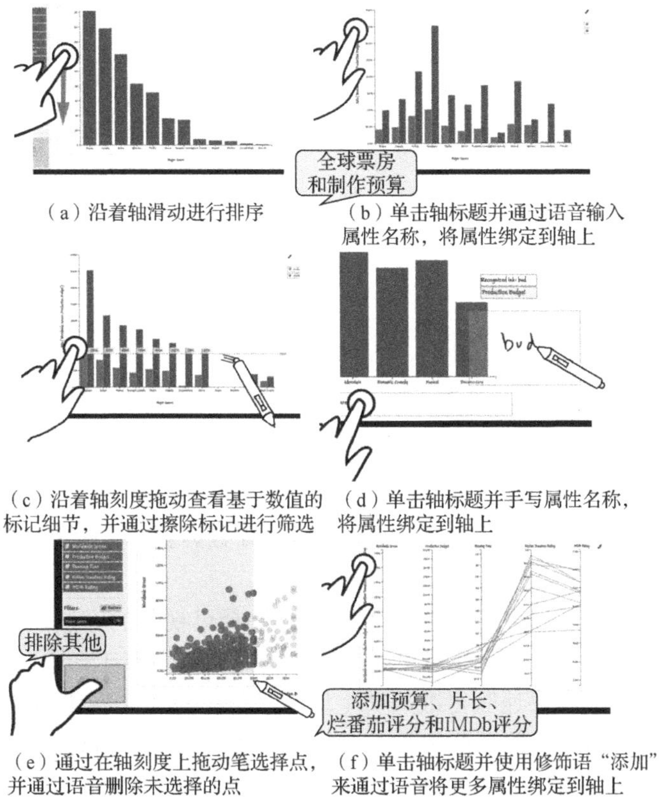

（a）沿着轴滑动进行排序

（b）单击轴标题并通过语音输入属性名称，将属性绑定到轴上

（c）沿着轴刻度拖动查看基于数值的标记细节，并通过擦除标记进行筛选

（d）单击轴标题并手写属性名称，将属性绑定到轴上

（e）通过在轴刻度上拖动笔选择点，并通过语音删除未选择的点

（f）单击轴标题并使用修饰语“添加”来通过语音将更多属性绑定到轴上

图 3.21　InChorus 交互示意

3. 多形式输出

从输出的角度来看，目前数据可视化平台输出的主要数据模态有图片、文字、音频及其组合。图片包括新的可视化图表或对已有图表的调整，而文字则包括对话、单个问答和段落描述。同时，图片和文字可以结合输出，如图片注释和故事叙述等。借助自然语言理解技术和自然语言生成技术，数据可视化平台可以理解用户的语音或文本输入，明确用户需求后，再输出相应的有关文本的可视化反馈。

1）音频输出

VoxLens 是一个开源的 JavaScript 插件，旨在提高在线数据可视化的可访问性[37]，如图 3.22 所示。用户可以通过使用麦克风，口头提问并从数据可视化中提取信息。它为用户提供了三种交互输出模式：问答模式，即用户与可视化系统进行口头交互；Summary 模式，即 VoxLens 用语音提供可视化中包含的信息摘要；声化模式，VoxLens 将可视化中的数据映射到音阶，使听众能够解读数据趋势。相关实验表明，与传统的在线数据可视化交互相比，用户使用 VoxLens 提取信息的准确度提高了 122%，改善了用户的在线数据可视化体验。

图 3.22　VoxLens 交互示例

2）标题输出

AutoCaption 是一种自动为可视化图表生成自然语言标题的方法[38]。可视化设计者创建自然语言标题（natural language caption，NLC）来解释可视化图表，以便在用户之间更好地传播信息。NLC 的自动生成对于数据分析师（如数据新闻、股票分析等）非常有用。

3）标注/文本描述输出

标注/文本描述输出是一种根据文本描述自动注释可视化的方法，主要基于图像目标检测与自然语言处理技术，自动完成可视化图表的高亮与注释工作[39]。用户只需要上传图表及其文本描述，即可快速获得准确而生动的、带高亮与注释的动画。

在一个可视化报告中，除了图表外，还需要对图表的重要信息进行简洁的描述，即制作图表摘要，让读者对内容有整体的概览。PowerBI 的“智能叙述”功能可以自动生成报告的可视化摘要。

4）故事叙述输出

故事叙述输出是指以海报或视频等叙事可视化形式呈现，常用于基于数据的故事讲述中，以促进用户对故事内容的理解和记忆。现有的创作工具依赖用户所掌握的技能和经验，在自动生成方面，数据分析、脚本编写和可视化呈现等自动化技术不足，使得可视化数据故事的生成充满挑战。Calliope 是一个可视化数据故事生成系统，它基于输入的电子表格创建可视化数据故事，并结合在线故事编辑器方便地对生成的故事进行修改[40]。数据事实的重要性是根据信息论来衡量的，每个数据事实都在图表中可视化，并附有自动生成的描述。

随着自然语言处理技术的发展，可以探索更多自然的交互形式，帮助非技术背景的用户更容易地探索和理解复杂的数据。在多通道的模态输入和多形式输出方面，现有的人机交互对于视觉与听觉通道的探索较为广泛和深入，而触觉、味觉和嗅觉方面还存在大量尚未开发的空间[41]。在未来，触觉技术或将为数据可视化带来直观和沉浸式的体验。

3.4.2　动态数据与智能交互

静态数据的数据集合是确定的，因此可视化内容和形式也是相对固定的。动态数据可视化则是一种内容随着时间的变化而改变的可视化方式[42]。在大数据的浪潮中，动态数据可视化技术得到了高度重视和广泛应用。静态数据可视化的数据采集、数据处理和数据呈现技术[43]在许多领域已较为成熟，而动态数据可视化技术仍然在研究和探索之中。动态数据的处理更加复杂，因此静态数据中使用的方法并不适用[44]。

动态数据可视化常被应用在金融市场分析、网络安全监控、物联网设备监控、社交媒体分析、交通运输管理、医疗健康检测、能源管理和环境检测中[45]，如表 3.3 所示。

表 3.3　可视化应用案例

可视化领域	可视化作用	可视化形式
金融市场分析	实时监控并分析股票、期货、外汇等市场价格波动、成交量和市场趋势，为投资决策提供支持	交互式 K 线图、成交量图、热力图等可视化图表
网络安全监控	实时监控网络流量、入侵检测和异常行为等，快速发现和应对安全威胁	使用实时数据可视化展示安全事件和告警
物联网设备监控	实时查看传感器、摄像头等设备的状态、数据和警报信息，更好地管理和维护设备	交互式仪表盘和地图可视化应用
社交媒体分析	实时监控和分析用户行为、舆论动态和热点话题，为市场营销和公关策略提供支持	交互式时间线图、词云图和网络图等可视化图表
交通运输管理	实时监控和分析道路、公共交通等交通设施运行状况、拥堵情况和事故信息，更好地调度资源和优化交通流	交互式地图可视化应用、堵塞热力图和实时路况图等
医疗健康检测	实时监控和分析患者生命体征、病历和床位信息，医生和护士可以更好地关注患者状况，为诊断和治疗提供支持	交互式仪表盘、趋势图和热力图等可视化图表
能源管理与环境检测	实时监控和分析能源消耗、设备运行状况和环境污染等信息，相关部门可以更好地管理能源资源和保护环境	交互式仪表盘、趋势图和地图可视化应用等

相对于静态数据，动态数据的核心处理技术有两类：一是对数据的处理，即实时数据筛选技术；二是动态数据的应用，用于动态预测与异常检测。

1. 实时数据筛选

用户可以在可视化系统中根据实时数据动态调整过滤条件，聚焦当前最相关的数据。Sicat 提出了一种基于非线性特征保持细节层次的技术[46]，可以在不同细节层次之间平滑地过渡，同时最大程度地保留地质模型中的关键非线性特征，如断层、褶皱和地层边界，从而实现大规模地质模型的实时可视化。这一研究有利于对地球科学、资源勘探等领域的实时地质模型进行三维交互与分析，如图 3.23 所示。

图 3.23（彩图）

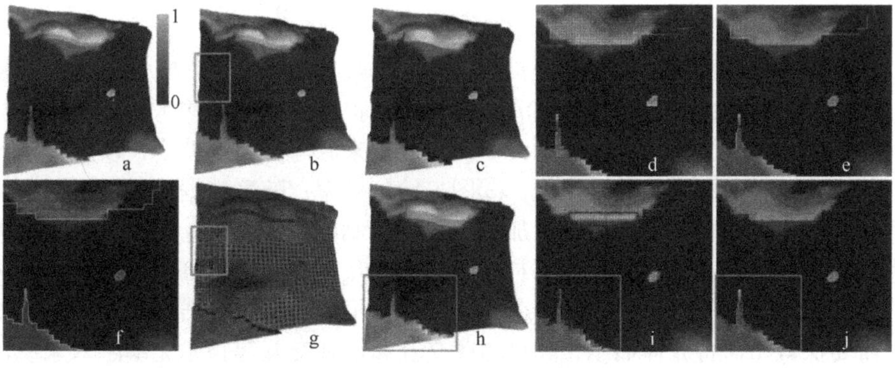

图 3.23　大规模地质模型实时可视化

Listen to Wikipedia 是一个动态可视化网站以及细节层次的保留[47]，通过声音和视觉展示维基百科的最新更新。它使用声音来表示词条的增加或删除，不同音调对应不同的编辑量，并能显示哪些词条正在实时编辑。用户可以自定义标签贡献至系统，也可以通过动态标签筛选特定的数据来源进行监听。用户甚至可以查看某个编辑者的记录，进行直接互动和交流。虚拟现实和语音交互等创新交互方式，使动态数据可视化能够更有效地帮助用户理解其背后的深层逻辑，提供更加个性化和自然的交互体验。

2. 动态预测与异常检测

可视化系统基于实时数据和历史数据动态更新预测结果，以反映数据的最新变化，并且实时监测数据中的异常情况，在检测到异常时及时提醒用户，以便用户可以立即采取行动。随着数据的不断变化，系统可以自动更新机器学习模型，以提高预测和分析的准确性[48]。

T-watcher 是一个针对交通管理和运输的动态可视化工具[49]，如图 3.24 所示，主要是为了监管和分析城市中繁杂的交通情况，并根据各种视图来展现城市中不同粒度下的交通状况，对交通拥挤度进行动态预测，引导用户从城市的宏观交通状况探寻到一个比较微观的粒度，监管少部分车辆的行车状况。

图 3.24（彩图）

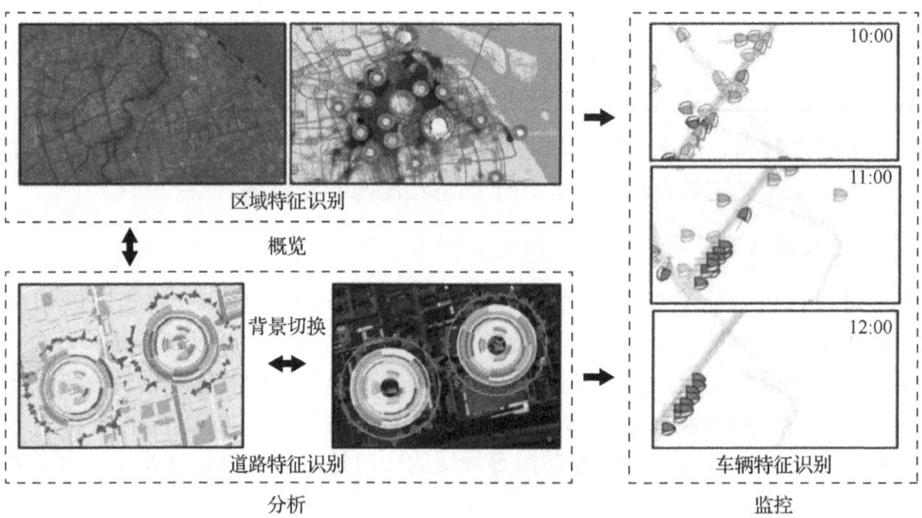

图 3.24　T-watcher 动态可视化工具

动态数据可视化面临诸多挑战，具体如下。①数据规模挑战：庞大的数据规模对有限的屏幕空间、渲染效率、图形元素清晰度及系统扩展性提出严峻考验，急需研发高效的可视化压缩技术。②数据融合难题：多样化数据来源与类型的整合，以及构建一致性的交互体验，是当前面临的重要难题。③图表绘制效率：随着数据量激增，图表绘制效率成为关键，同时跨平台需求进一步加剧了数据绘制的复杂性。④产品多样性缺失：现有动态数据可视化产品缺乏足够的多样性，难以满足用户多元化需求，特别是在探索性数据分析方面。⑤智能交互手段：动态数据可视化相较于静态数据可视化的核心差异化需求，需要探索如何将立体显示、高自由度交互和语音交互等技术无缝融入系统，以提供直观高效的数据展示与丰富互动的数据探索体验。

3.4.3　叙事智能构建与可视化展示

传统的故事构建并非易事，即使对于经验丰富的可视化设计师来说，也是一项耗费精力的工作。基于源数据的故事智能构建可以通过机器学习的方法来解决这个问题，让计算机来辅助设计师制定可视化设计决策，在给定数据集后自动挑选或推荐可视化形式（柱状图、折线图、散点图等），并能自动决定在 X 轴和 Y 轴上分别放置什么数据，帮助设计师更好地实现数据故事的呈现。

叙事智能构建的应用场景非常广泛，包括教育、金融、新闻、医疗、环保等领域。在教育领域，可视化工具可以帮助教师更好地了解学生的学习情况，为其提供个性化的学习方案和课程推荐；思维可视化等工具可以将抽象的概念可视化，使学生更容易理解和记忆；通过结合虚拟现实技术可以为学生提供沉浸式的学习体验，促进知识传递和对复杂概念的理解。在金融领域，智能可视化可以帮助分析师更好地理解市场趋势和投资机会。在新闻领域，时局变化地图的实时更新可以帮助人们了解世界政治动态。在医疗领域，医生可以通过可视化方式了解患者的病情，并基于智能交互方法与患者进行深入的沟通。在环保领域，动态数据的展示可以帮助监测环境污染和资源利用情况。可视化叙事的智能构建还有很多应用需求，以下案例从不同的应用场景领域切入。

1. 自动生成

1）信息简报与故事生成

用户输入数据或提供数据表格后，基于人工智能技术可以自动生成对数据的解读。Wang 等提出了一整套自动生成可视化信息简报的方法——DataShot[50]，输入信息为表格数据，输出则是美观的信息简报（FactSheet）。该方法分为如图 3.25 所示的三个阶段：事实抽取、事实组合和视觉合成。DataShot 可以有效降低数据处理与制作信息简报的难度，并且通过具有表现力的视觉设计来提升数据的可读性。

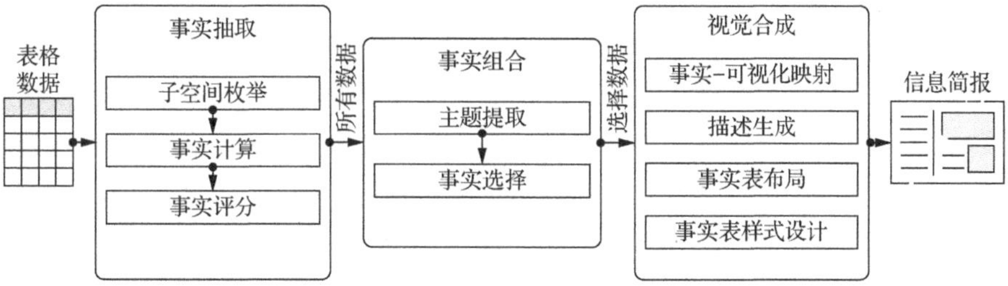

图 3.25　DataShot 方法流程图

Calliope 是一种更通用的可视化故事生成方法，用户输入一个表格数据后就可以自动生成可用的数据故事[51]，这能够降低数据故事创作的门槛。不同于 DataShot 的随机组合，Calliope 要求故事是一个连贯的整体，前后片段之间保持逻辑关联。

Calliope 有两个核心模块，分别是故事生成引擎和故事编辑器。故事生成引擎部分使用蒙特卡罗树搜索（Monte Carlo tree search，MCTS）方法，使用故事中的逻辑关联自动生成一连串的数据事实（data fact）。故事编辑器模块提供了一个基于 Web 的方式，支持三种不一样的展示形式：信息图、手机滑动页面、数据海报，如图 3.26 所示。

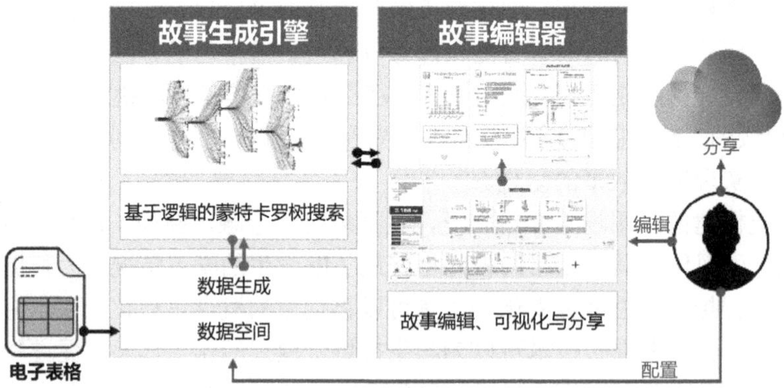

图 3.26　Calliope 的系统框架图和故事编辑器

2）动画生成

AutoClips 是一种自动生成数据视频的创新方法，通过输入的数据事实，能够智能地从动画库中挑选并合成相应的视频内容[52]。数据视频的制作流程主要分为三个阶段：首先，从数据中挖掘出关键的数据事实；接着，将这些数据事实转换为动画片段（clips）；最后，将这些动画片段组织成完整的视频。为了支持这一过程，基于数据研究和一系列专家访谈，AutoClips 设计并构建了一个由数据事实驱动的图表动画库。该库包含 36 种常见的图表动画片段，能够表现包括相关性、分布、趋势等在内的 10 种常见数据事实类型。在此基础上，AutoClips 还提出了一种自动化算法，通过输入的数据事实，能够高效地从动画库中挑选合适的片段，并将其合成数据视频。该自动化算法涉及三个核心步骤：数据动画的选择、数据动画的编排以及数据动画时长的设置。

3）故事线和时间线

Shi 等提出了一个设计空间框架，用于支持数据视频的动画形式叙事设计 [53]。这一设计空间通过两个维度来描述语料库中 82 个数据视频的特征：动画技术和视觉叙事策略。作为一种构思工具，该设计空间不仅能够激发创作者的创造力和设计表现力，还能够有效降低数据视频的制作成本，从而吸引更多受众。通过这一框架，用户可以探索动画视觉叙事的新方法，进一步提升数据视频的传播效果和影响力。

2. 叙事可视化评价

Nowak 等提出了微现象学方法（micro-phenomenological methods，MPM）[54]。MPM 能够科学地分析观众的情感变化和评价叙事式可视化，有助于用户了解可视化内容如何引起情感共鸣。该方法在很大程度上依赖于受访者对情感分享的层次深度和专注度。同时，MPM 对提问者有较高要求，需要专业人员进行提问，并要求提问者对可视化设计十分熟悉。访谈结束后提问者需要结合录音、录像、笔记等记录，整理和分析访谈内容而获得结论，整个过程费时、费力。

3.4.4　沉浸式可视化体验升级

依托于屏幕和印刷媒介的二维（two-dimensional，2D）可视化技术，已在地质学、气象学、智慧城市等领域得到了广泛应用。有时以三维（three-dimensional，3D）形式对跨时间的、具有物理性质的数据进行可视化的效果更佳。与 2D 可视化技术相比，3D 可视化技术具有许多优势，如能够提供位置信息、情境描述、更加写实等[55]，常被应用在流体力学可视化和医学可视化等领域。

尽管 3D 可视化增加了数据维度，但仍受限于 2D 界面，基于鼠标、屏幕或投影进行信息展示。研发人员尝试将新技术应用于三维数据呈现，随着头戴式显示器（head mounted display，HMD）和其他沉浸式技术的普及和成本降低，增强现实（augmented reality，AR）和虚拟现实技术（virtual reality，VR）等沉浸式技术能够提供真实立体的渲染和稳定定位，支持与数据的直接交互。沉浸式技术使数据可视化从被动观察转向互动探索，因此，提升用户界面的自然性和交互技术的流畅性变得至关重要。传感技术和计算能力的提升推动了空间三维交互技术的发展，相关研究尝试采用有形界面、手势追踪等三维输入设备，实现自然流畅的 3D 空间交互。

1. *有形交互*

有形用户界面（tangible user interface，TUI）借助物理实体进行交互，旨在运用自然流畅的方式，改变或优化周围的物理环境。通过这种有形交互，用户仅凭简单而真实的肢体动作，便能驾驭复杂的 3D 操作。实践证明，这种方式能够显著加快交互速度，提升控制精度。有形道具既是数据的实体化身，又是与之互动的媒介，其物理形态可以设计得比较抽象，以提供界面被动的触觉上下文感知，无须过多关注道具本身的视觉反馈。

在沉浸式环境中，有形交互通常用于跟踪 VR 控制器、AR 标记等。Cordeil 等制作了一款名为 Embodied Axes（具身轴）的有形交互设备[56]，如图 3.27 所示，每个轴由一对有形的驱动滑块和旋转按钮组成，其设计初衷是为了帮助医学专业人员查找切片，直观连续地观察数据。

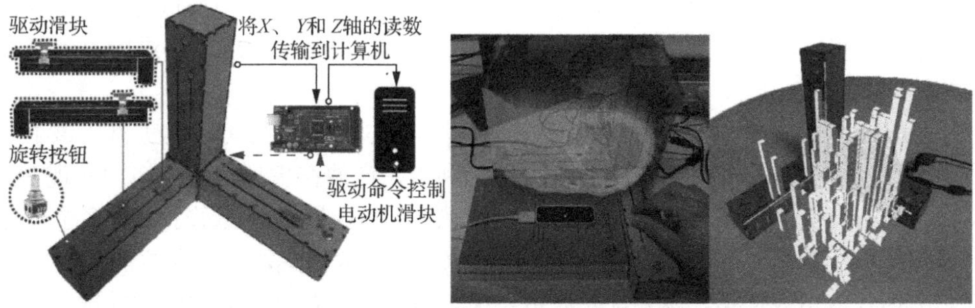

图 3.27　基于有形交互的沉浸式三维可视化在医疗领域的应用案例

GeoGate 是一个增强现实桌面系统[57]，如图 3.28 所示。GeoGate 将时空立方体置于桌面地图上方的增强现实空间中，并在其周围辅以立方体中的轨迹投影，从而降低用户对复杂轨迹观察的难度。该设备将显示传统 2D 地图的桌面系统与微软公司混合现实头戴式显示器 HoloLens 结合使用，并利用环形有形用户界面来探索多个位置数据集合中的实体之间的相关性，扩展了呈现数据的单一视图。

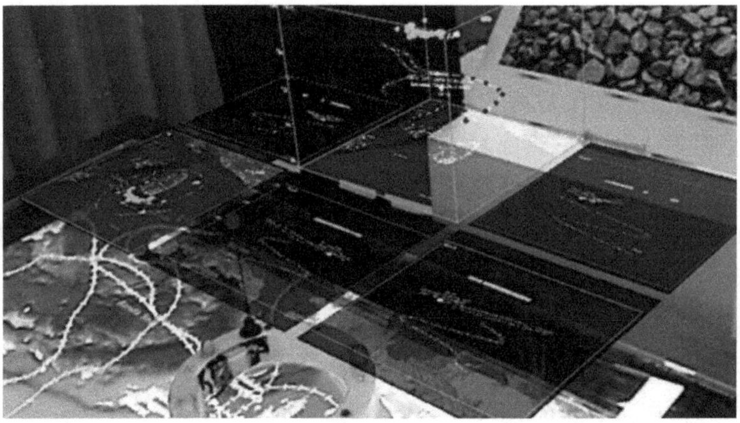

图 3.28（彩图）

图 3.28　基于空间交互的沉浸式三维可视化在自然地理信息领域的应用案例

2. 空中手势交互

空中手势交互技术模拟了人们在现实环境中执行的物理动作。该交互方式专注于在半空中进行的输入操作，无须物理接触或握持任何物体，能够提升操作的准确性。与有形交互类似，空中手势交互旨在为用户提供自然的 3D 操作体验，区别在于用户在实际操作中并不直接握持他们正在虚拟操控的对象。用户的手势动作可以通过可穿戴设备（如手势识别手套）或光学追踪技术来捕捉和识别。

微软公司的 Kinect 和 Leap 公司的 Motion 等设备支持精确的手部和手指跟踪[58]，从而实现更丰富的手势或身体姿势交互，用户无须佩戴任何标记或设备。使用空中手势交互时，最重要的设计决策之一就是选择单手还是双手交互，选择时要考虑应用领域的限制。例如，在手术室环境中，外科医生可能需要将一只手专注于当前进行的手术操作，因此单手交互可能更为适宜；而进行诊断的医生，可能倾向于利用双手进行更为复杂和精细的操作与控制。

Bhardwaj 等采用空中触觉技术，开发了一款交互式 3D 数据可视化工具。该工具能够依据用户的手势调整并提供空中触觉反馈，利用超声波在虚拟现实环境中实现 3D 数据可视化的有形交互[59]。如图 3.29 所示，该工具通过 3D 散点图展示了包含多个肺癌组织的计算机断层扫描（computed tomography，CT）肺数据集，以及包含肌肉层的人体头部解剖体积渲染数据集。该装置允许用户在与数据集交互时感受到触觉反馈，并将数据点的密度映射为触觉感知的强度，以增强用户对数据的理解和认知。

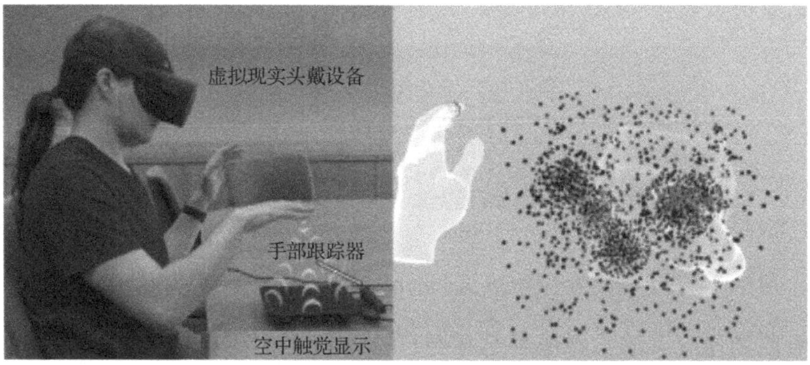

图 3.29　基于空中触觉交互的沉浸式三维可视化在医疗领域的应用案例

Fleury 等将空中手势交互技术应用于协作空间，实现了对数据的操纵功能[60]，如图 3.30 所示。他们对比了远程协作操作技术与单个用户操作技术在完成特定任务时的表现，这些任务包括定位切片平面，以展示数据内部的多个兴趣点。实验结果表明，在多个兴趣点彼此相距甚远的情况下，远程协作操作技术相较于单个用户操作技术展现出了更高的效率。

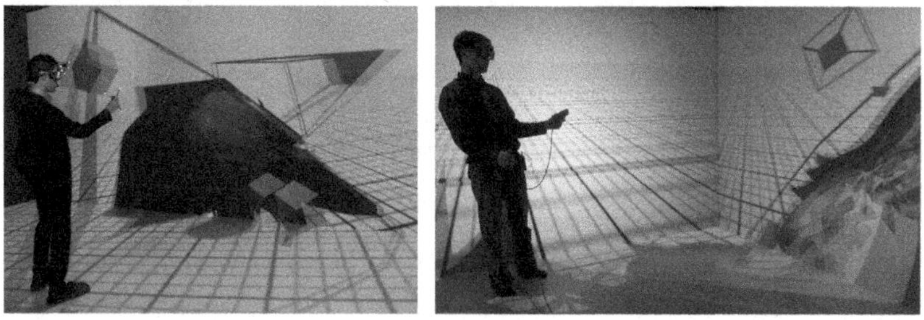

图 3.30　基于空中手势交互的沉浸式三维可视化在协作工作模式中的应用案例

3. 混合交互

混合交互技术融合了触控、有形交互或空中手势交互，旨在突破设备的局限性，拓展交互空间，增加操作自由度，并减少遮挡限制[61]。混合交互技术的概念最早可追溯至 1990～2000 年的学术文献。研究者认为，通过向移动设备集成低成本附加组件[62]，或可推动该技术实用化。Reitinger 等在平板电脑上设计了一个利用精确 2D 操作与高效 3D 操作相结合的系统[63]，实验结果表明混合交互范式对用户来说并不困难。

由于缺失语音、手势、面部表情或全身动作等自然交互方式，虚拟协作很难达到共享同一物理位置的效果。为了提升信息传达效率与沟通效果，有形交互和空中手势交互技术开始应用于虚拟环境，以模拟并补充物理世界的交互姿态。Uplift 是一种用于“休闲协作视觉分析”的原型系统[64]，旨在促进共同设计与开发流程，如图 3.31 所示。该系统集成了中央桌面显示屏上的 3D 模型、直观的有形交互，以及基于增强现实的空中数据可视化。用户可通过有形交互小部件选择时间粒度，实时呈现校园建筑能耗的逐时变化，为高层决策者在能源预测、成本效益分析等协作讨论中提供直观且高效的支持。

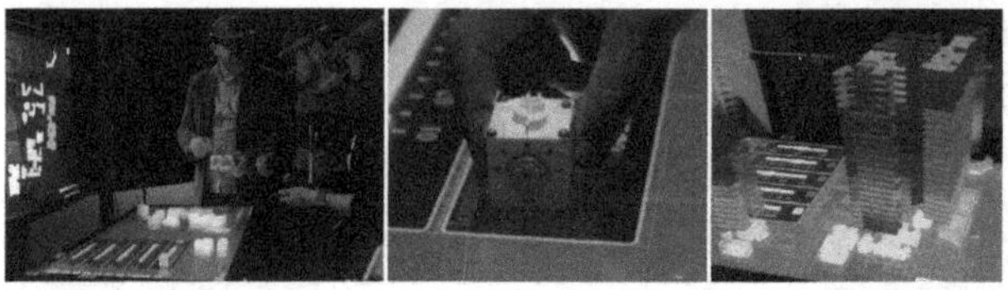

（a）（b）（c）

图 3.31 基于混合交互的沉浸式三维可视化在协作工作模式中的应用案例

尽管当前物理交互的实践应用已相当广泛，但空中手势交互技术的应用却相对有限，这主要归因于其对手势跟踪与识别设备的依赖，导致实施成本较高。然而，部分研究人员认为，空中手势交互技术凭借其提供的数据交互方式的高度自然性和直观性，在对数据交互的急迫性和实效性要求较高的场景（如医学等重要领域）展现出了巨大的应用潜力。同时，混合交互技术在促进协作方面已初显成效，混合交互在支持沉浸式环境中的协作方面，将迎来更多样化的研究与探索。

参 考 文 献

[1] WOHLFART M. Story telling aspects in medical applications[C]//Central European Seminar on Computer Graphics. Mikulov: CESCG, 2006: 91-98.

[2] SEGEL E, HEER J. Narrative visualization: Telling stories with data[J]. IEEE Transactions on Visualization and Computer Graphics, 2010, 16(6): 1139-1148.

[3] HULLMAN J, DIAKOPOULOS N. Visualization rhetoric: Framing effects in narrative visualization[J]. IEEE Transactions on Visualization and Computer Graphics, 2011, 17(12): 2231-2240.

[4] CAIRO A. US gun deaths and the challenge of uncertainty[M]. San Francisco: Peachpit Press, 2013.

[5] LEE B, RICHE N H, ISENBERG P, et al. More than telling a story: Transforming data into visually shared stories[J]. IEEE Computer Graphics and Applications, 2015, 35(5): 84-90.

[6] HULLMAN J, DRUCKER S, RICHE N H, et al. A deeper understanding of sequence in narrative visualization[J]. IEEE Transactions on Visualization and Computer Graphics, 2013, 19(12): 2406-2415.

[7] DIAKOPOULOS N, KIVRAN S F, NAAMAN M. Playable data: Characterizing the design space of game-y infographics[C]//Proceedings of the SIGCHI Conference on Human Factors in Computing Systems. Vancouver: ACM, 2011: 1717-1726.

[8] BREHMER M, LEE B, BACH B, et al. Timelines revisited: A design space and considerations for expressive storytelling[J]. IEEE Transactions on Visualization and Computer Graphics, 2016, 23(9): 2151-2164.

[9] LIDAL E M, HAUSER H, VIOLA I. Geological storytelling: Graphically exploring and communicating geological sketches[C]//Proceedings of the International Symposium on Sketch-Based Interfaces and Modeling. Annecy: ACM, 2012: 11-20.

[10] MARJANOVIC O. Empowering business users to explore visual data through boundary objects and storytelling[C]//49th Hawaii International Conference on System Sciences (HICSS). Koloa: IEEE, 2016: 5032-5041.

[11] OH J, LIM H S, COPPLE J G, et al. Harnessing the persuasive potential of data: The combinatory effects of data visualization and interactive narratives on obesity perceptions and policy attitudes[J]. Telematics and Informatics, 2018, 35(6): 1755-1769.

[12] BRYAN C, MA K L, WOODRING J. Temporal summary images: An approach to narrative visualization via interactive annotation generation and placement[J]. IEEE transactions on visualization and computer graphics, 2016, 23(1): 511-520.

[13] METOYER R, ZHI Q, JANCZUK B, et al. Coupling story to visualization: Using textual analysis as a bridge between data and interpretation[C]//23rd International Conference on Intelligent User Interfaces. Tokyo: ACM, 2018: 503-507.

[14] SHI D, XU X, SUN F, et al. Calliope: Automatic visual data story generation from a spreadsheet[J]. IEEE Transactions on

Visualization and Computer Graphics, 2020, 27(2): 453-463.

[15] 北京大学可视化与可视分析实验室．新型冠状病毒肺炎疫情-可视分析系列[R/OL].（2021-05-01）[2024-11-18]. http://vis.pku.edu.cn/ncov/home.html.

[16] CARD S K , MACKINLAY J D , SHNEIDERMAN B .Readings in information visualization: Using vision to think[M]. San Francisco: Morgan Kaufmann Publishers Inc. 1999.

[17] 邱南森．数据之美：一本书学会可视化设计[M]．北京：中国人民大学出版社，2014.

[18] BRAUN S. Data visualization for success: Interviews with 40 experienced designers[M]. Mulgrave: The Images Publishing Group, 2017.

[19] 汪琳琪，数据叙事的交互可视化设计研究与实践[D]．长沙：湖南大学，2022.

[20] CHEN L C, WANG H, YU X, et al. Recovery time of soil carbon pools of conversional Chinese fir plantations from broadleaved forests in subtropical regions, China[J]. Science of the Total Environment, 2017, 587: 296-304.

[21] ANDRIENKO G, ANDRIENKO N, DRUCKER S, et al. Big data visualization and analytics: Future research challenges and emerging applications[C]//Proceedings of the BigVis 2020-3rd International Workshop on Big Data Visual Exploration and Analytics. Fukuoka: IEEE, 2020: 1-15.

[22] LI Y, QI Y, SHI Y, et al. Diverse interaction recommendation for public users exploring multi-view visualization using deep learning [J]. IEEE Transactions on Visualization and Computer Graphics, 2022, 29(1): 95-105.

[23] WU A, WANG Y, ZHOU M, et al. MultiVision: Designing analytical dashboards with deep learning based recommendation [J]. IEEE Transactions on Visualization and Computer Graphics, 2021, 28(1): 162-72.

[24] 苏选良．管理信息系统[M]．北京：电子工业出版社，2003.

[25] LEE B, SRINIVASAN A, STASKO J, et al. Multimodal interaction for data visualization[C]//Proceedings of the 2018 International Conference on Advanced Visual Interfaces. Castiglione della Pescaia: ACM, 2018: 1-4.

[26] 夏佳志，李杰，陈思明，等．可视化与人工智能交叉研究综述[J] 中国科学：信息科学，2021，51：1777-1801.

[27] SRINIVASAN A, LEE B, RICHE N H, et al. InChorus: Designing consistent multimodal interactions for data visualization on tablet devices[C]//Proceedings of the CHI Conference on Human Factors in Computing Systems. Honolulu: ACM, 2020: 1-13.

[28] 陶钧，张宇，陈晴，等．智能可视化与可视分析[J]．中国图象图形学报，2023（4）：1909-1926.

[29] 陈鹏，李擎，张德政，等．多模态学习方法综述[J]．工程科学学报，2020，42（5）：557-569.

[30] SPENCE C. Crossmodal correspondences: A tutorial review[J]. Attention, Perception, & Psychophysics, 2011, 73(4): 971-995.

[31] 钟鸣，何人可，赵丹华，等．基于通感转化理论的交互装置体验设计[J]．包装工程，2021，42（4）：109-114.

[32] BAE S S, ZHENG C, WEST M E, et al. Making data tangible: A cross-disciplinary design space for data physicalization[C]//CHI Conference on Human Factors in Computing Systems. Honolulu: ACM, 2022: 1-18.

[33] PATNAIK B, BATCH A, ELMQVIST N. Information olfactation: Harnessing scent to convey data[J]. IEEE Transactions on Visualization and Computer Graphics, 2019, 25(1): 726-736.

[34] BATCH A, PATNAIK B, AKAZUE M, et al. Scents and sensibility: Evaluating information olfactation[C]//Proceedings of the 2020 CHI Conference on Human Factors in Computing Systems. Honolulu: ACM, 2020: 1-14.

[35] CHOWDHURY I, MOEID A, HOQUE E, et al. MIVA: Multimodal interactions for facilitating visual analysis with multiple coordinated views[C]//2020 24th International Conference Information Visualisation (IV). Melbourne: IEEE, 2020: 714-717.

[36] SRINIVASAN A, LEE B, RICHE N H, et al. InChorus: Designing consistent multimodal interactions for data visualization on tablet devices[C]//CHI Conference on Human Factors in Computing Systems. Honolulu: ACM, 2020: 1-13.

[37] SHARIF A, WANG O H, MUONGCHAN A T, et al. Voxlens: Making online data visualizations accessible with an interactive javascript plug-in[C]//Proceedings of the 2022 CHI Conference on Human Factors in Computing Systems. New Orleans: ACM, 2022: 1-19.

[38] LIU C, XIE L, HAN Y, et al. AutoCaption: An approach to generate natural language description from visualization automatically[C]//2020 IEEE Pacific Visualization Symposium (PacificVis). Tianjin: IEEE, 2020: 191-195.

[39] LAI C, LIN Z, JIANG R, et al. Automatic annotation synchronizing with textual description for visualization[C]//Proceedings of the 2020 CHI Conference on Human Factors in Computing Systems. Honolulu: ACM, 2020: 1-13.

[40] SHI D, XU X, SUN F, et al. Calliope: Automatic visual data story generation from a spreadsheet[J]. IEEE Transactions on Visualization and Computer Graphics, 2021, 27(2): 453-463.

[41] OBRIST M, VELASCO C, VI C, et al. Sensing the future of HCI: touch, taste, and smell user interfaces[J]. Interactions, 2016,

23(5): 40-49.
[42] COTTAM J A, LUMSDAINE A, WEAVER C. Watch this: A taxonomy for dynamic data visualization[C]//2012 IEEE Conference on Visual Analytics Science and Technology (VAST). Seattle: IEEE, 2012: 193-202.
[43] 崔蓬. ECharts 在数据可视化中的应用[J]. 软件工程，2019，22（6）：1-13.
[44] 邱恒，李红云. 基于 Ajax 与 Echarts 的动态数据可视化的研究[J]. 电脑编程技巧与维护，2020（10）：148-150.
[45] YADRANJIAGHDAM B, POOL N, TABRIZI N. A survey on real-time big data analytics: Applications and tools[C]//2016 International Conference on Computational Science and Computational Intelligence (CSCI). Las Vegas: IEEE, 2016.
[46] SICAT R, IBRAHIM M, AGEELI A, et al. Real-time visualization of large-scale geological models with nonlinear feature-preserving levels of detail[J]. IEEE Transactions on Visualization and Computer Graphics, 2023, 29(2): 1491-1505.
[47] HASHEMI S L M. Hatnote listen to Wikipedia[EB/OL]. (2013-07-30) [2024-11-18]. http://listen.hatnote.com/.
[48] 沈恩亚. 大数据可视化技术及应用[J]. 科技导报，2020，38（3）：68-83.
[49] PU J, LIU S, DING Y, et al. T-watcher: A new visual analytic system for effective traffic surveillance[C]//2013 IEEE 14th International Conference on Mobile Data Management. Milan: IEEE, 2013.
[50] WANG Y, SUN Z, ZHANG H, et al. DataShot: Automatic generation of fact sheets from tabular data[J]. IEEE Transactions on Visualization and Computer Graphics, 2020, 26: 895-905.
[51] SHI D, XU X, SUN F, et al. Calliope: Automatic visual data story generation from a spreadsheet[J]. IEEE Transactions on Visualization and Computer Graphics, 2020, 27: 453-463.
[52] SHI D, SUN F, XU X, et al. Autoclips: An automatic approach to video generation from data facts[C]//Computer Graphics Forum. Oxford: Wiley, 2021: 495-505.
[53] SHI Y, LAN X, LI J, et al. Communicating with motion: A design space for animated visual narratives in data videos[C]//Proceedings of the 2021 CHI Conference on Human Factors in Computing Systems. Yokohama: ACM, 2021: 1-13.
[54] NOWAK S, BARTRAM L, SCHIPHORST T. A micro-phenomenological lens for evaluating narrative visualization[C]//2018 IEEE Evaluation and Beyond-Methodological Approaches for Visualization (BELIV). Vancouver: IEEE, 2018: 11-18.
[55] ROBERTS J C, MEARMAN J W, BUTCHER P W S, et al. 3D visualisations should not be displayed alone—Encouraging a need for multivocality in visualisation[C]//Computer Graphics and Visual Computing (CGVC) 2021. Graz: The Eurographics Association, 2021: 1-9.
[56] CORDEIL M, BACH B, CUNNINGHAM A, et al. Embodied axes: Tangible, actuated interaction for 3D augmented reality data spaces[C]//Proceedings of the 2020 CHI Conference on Human Factors in Computing Systems. Honolulu: ACM, 2020: 1-12.
[57] SSIN S Y, WALSH J A, SMITH R T, et al. Geogate: Correlating geo-temporal datasets using an augmented reality space-time cube and tangible interactions[C]//2019 IEEE Conference on Virtual Reality and 3D User Interfaces (VR). Osaka: IEEE, 2019: 210-219.
[58] CHAARAOUI A A, PADILLA-LÓPEZ J R, CLIMENT-PÉREZ P, et al. Evolutionary joint selection to improve human action recognition with RGB-D devices[J]. Expert Systems with Applications, 2014, 41(3): 786-794.
[59] BHARDWAJ A, CHAE J, NOESKE R H, et al. TangibleData: Interactive data visualization with mid-air haptics[C]//Proceedings of the 27th ACM Symposium on Virtual Reality Software and Technology. London: ACM, 2021: 1-11.
[60] FLEURY C, DUVAL T, GOURANTON V, et al. Evaluation of remote collaborative manipulation for scientific data analysis[C]//Proceedings of the 18th ACM Symposium on Virtual Reality Software and Technology. Toronto: ACM, 2012: 129-136.
[61] KRATZ S, ROHS M, GUSE D, et al. PalmSpace: Continuous around-device gestures vs. multitouch for 3D rotation tasks on mobile devices[C]//Proceedings of the International Working Conference on Advanced Visual Interfaces. Capri: ACM, 2012: 181-188.
[62] BUXTON W. Integrating the periphery and context: A new taxonomy of telematics[C]//Proceedings of Graphics Interface. Quebec: 1995: 239-246.
[63] REITINGER B, SCHMALSTIEG D, BORNIK A, et al. Spatial analysis tools for virtual reality-based surgical planning[C]//3D User Interfaces (3DUI'06). Alexandria: IEEE, 2006: 37-44.
[64] ENS B, GOODWIN S, PROUZEAU A, et al. Uplift: A tangible and immersive tabletop system for casual collaborative visual analytics[J]. IEEE Transactions on Visualization and Computer Graphics, 2020, 27(2): 1193-1203.

第 4 章　机器学习启发创意灵感

随着人工智能技术的飞速发展，特别是深度学习领域的显著突破，人工智能技术逐步参与到设计流程的多个关键环节，为设计创造力提供强有力的支撑。相比之下，传统的计算机辅助设计则主要运用设计领域的专业知识，并依靠计算机的高速计算与建模能力来辅助设计工作的进行。创造力具有“新颖、独创、合适”的特点，创造力研究优先考虑的不是创意实施过程，而是创意构思过程与环境构建过程。与 AI 生成系统直接输出作品不同，创造力支持系统支持艺术家从多维度进行设计探索，激发灵感火花、产生极具创意的优质作品。

具体而言，人工智能技术能够协助分析和提取背景数据或用户数据，预测市场的发展态势与用户的偏好趋势；可以与人类设计师协作，共创新颖独特的设计方案；可以基于用户需求对现有设计草稿进行改良与优化，基于上下文内容判断用户的喜好和情感；还可以应用于快速内容生成领域，为文化的新媒体传播提供支持。当前，基于机器学习技术的灵感启发研究已成为热点话题。机器学习技术可以从知识支撑、信息刺激、结构化创作过程、批量生成等多个维度促进灵感的涌现与启发，有效支持人类创造性活动。

4.1　灵感启发与机器学习基础

4.1.1　灵感启发

1. 创造力的定义和类型

创造力通常被认为是一个互动过程，包含以下五个要素的各个方面：行动者、过程、结果、领域和空间[1]，如图 4.1 所示。富有创造力的行动者是这个概念的核心。

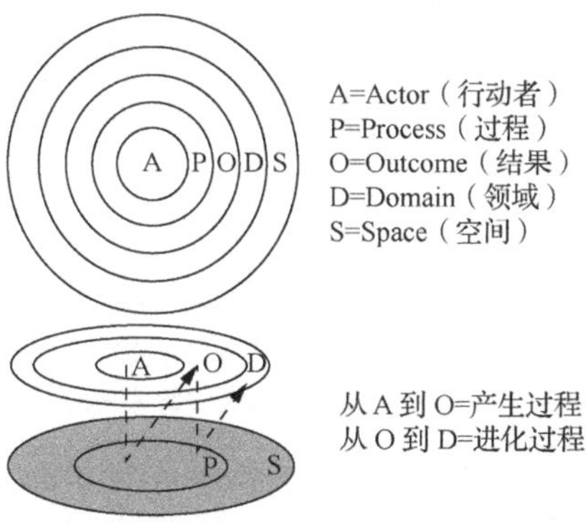

图 4.1　创造力定义中要素的简化概念图

在创造力研究领域，Margaret Boden 是早期探索人工智能创造性行为的研究者之一。她在其著作 *The Creative Mind: Myths and Mechanisms* 中提出创造力的标准包括原创性（或新颖性）和有效性（或有用性）[2]。但“新颖”在这里有两个重要的不同含义：如果一个想法只是相对于个人或人工智能系统而言是新颖的，称为 P-创造力（P 代表心理层面），是较为基础的概念；如果该想法在整个历史背景下都是前所未有的，则称为 H-创造力（H 代表历史层面），是更高层次的创造力。自 20 世纪 50 年代以来，这些术语已出现在多种关于创造力的定义中。表 4.1 列举了一些广为人知的创造力定义示例。创造力作为一个多维度的概念，涉及个人特质、心理状态、认知过程和社会环境等多个方面。此类定义同样适用于人工智能领域的相关研究。

表 4.1　创造力定义示例

维度	创造力定义	作者及时间
组成要素	个人动机 专业知识 创造性思维技能	Teresa Amabile（2018）
过程	提出新颖、令人惊讶且有价值的想法或作品	Margaret Boden（2004）
组合	已知想法的新组合 通过对概念空间探索而开发出新想法	Margaret Boden（2004）
心理状态	个体享受发现过程，体验心流	Mihaly Csikszentmihalyi（1997）
环境因素	域、场与个体交互社会支持和压力	James Melvin Rhodes（1961）

Boden 提出了关于创造力的理论，特别是“概念空间探索”的理论。她对创造力给出了宽泛的定义，分为组合性创造力（combinatorial creativity，C）、探索性创造力（exploratory creativity，E）和变革性创造力（transformational creativity，T）三种主要类型（CET 模型），涉及生成新颖想法的不同方式。Gero 则对创造性设计的定义和示例提供了更多细节[3]，如表 4.2 所示。其中，变革性创造力被认为最具原创性和潜在影响力。Wiggins 提出了描述创意系统特征的框架，认为变革性创造力实际上是元层面的探索性创造力，并对使用形式主义描述的创造性系统行为进行了分类和对比[4]。

表 4.2　创造力的类型、提出作者和时间

<table>
<tr><th>创造力的类型</th><th>Boden（2004）</th><th colspan="2">Gero（2000）</th></tr>
<tr><td rowspan="2">组合性创造力</td><td rowspan="2">将熟悉的想法重新组合成不熟悉的组合，并有意或无意地产生新的创意</td><td rowspan="2">两组设计概念或其子集的添加</td><td>组合具有类似设计的想法（如两把椅子）</td></tr>
<tr><td>组合来自不同设计的想法（如椅子和摇篮）</td></tr>
<tr><td>探索性创造力</td><td>探索结构化的概念空间来生成新颖想法</td><td>探索结构化的概念空间来生成新颖想法，改变设计概念变量的适用范围</td><td>扩展设计过程变量值的正常范围，以引入意想不到的行为（如增加机翼的尺寸，可能导致飞机变得太重）</td></tr>
<tr><td>变革性创造力</td><td>改变空间的一些（一个或多个）维度，以便生成以前不可能出现的新结构</td><td>改变当前设计对象的一个或多个结构变量，以产生新变量的过程</td><td></td></tr>
</table>

CET 创造力模型广泛应用在设计领域，如爵士乐即兴创作、故事写作等，旨在揭示人类在艺术创作中的创造力本质。Sawyer 通过整合心理学和相关科学领域的研究，解释了绘画、写作、科学研究、舞台表演、商业创新和日常生活中的创造力，并在此过程中考虑创造力的社会和文化背景，强调协作在创作过程中的作用[5]。Boden 的研究强调了创造力作为人类智能的一个重要表现，她认为创造力不仅仅是人类自身的一种能力，而且是与人类思维和认知紧密相关的一种现象。在 *Creativity: Flow and the Psychology of Discovery and Invention* 一书中，作者探讨了创造力的心理学和心流概念，提供了对创造力的深入理解[6]。*The Cambridge Handbook of Creativity* 是关于创造力的综合性参考书，汇集了多位学者对创造力的定义、理论和研究成果[7]。

2. 人工智能创造力

人工智能创造力领域，特别是人智共创的理论与实践，已经引起了广泛的关注。Colton 和 Wiggins 的研究强调了计算创造力作为计算机科学子领域的重要性，这一领域旨在利用神经网络和深度学习技术的进步，充分开发创造性人工智能[8]。“人工创造力”，是一个通过开发计算系统来研究人类创造力的领域，这些计算系统可以在特定条件被认为具有创造力[9]。计算创造力领域有两种主流观点：独立创造性人工智能和共同创造性人工智能。

独立创造性人工智能侧重于模拟人类的创造力。例如，构建绘画、草图等创作系统。人工智能系统的创造力需要通过结果来评估，如 Lovelace 测试[10]，但 Gioti 等表示此类测试未能考虑结果的原创性和有效性，同时独立创造性人工智能的观点可能导致人类和人工智能之间的“竞争关系”，引发人工智能是否可以取代人类成为创造性参与者的问题[11]。

共同创造性人工智能旨在将人类和人工智能的创造力融合在“实时共享任务”的交互过程中[12]。共同创造性人工智能侧重于协作能力。这种人工智能可以与人类互动、学习并实时调整其功能，这种互动也被称为“人在循环”[13]。相较于创造力研究的悠久历史，共同创造性人工智能的研究起步较晚，大多数实证研究集中在艺术相关领域（包括设计）内预先组织的环境中进行共同创意模型测试[14]。

3. 创造力支持工具和方法类型

20 世纪 90 年代，人机交互（human-computer interaction，HCI）领域对创造力研究的关注，推动了创造力支持工具（creativity support tool，CST）研究的兴起[15]。Candy 与 Hori 提出了“理解 CST 支持的创造性阶段”，旨在服务于“任何领域的任何人”[16]。目前，CST 已发展成通过技术增强创造力的一种方式，并逐渐演变为一个新兴领域。Frich 等结合 HCI 社区对 CST 的探索，给出了初步定义：“创造力支持工具指在一个或多个数字系统上运行的工具，它包含一个或多个以创造力为中心的功能，以对创意过程具有不同专业知识的用户在一个或多个不同阶段产生积极影响。”他们从工具的复杂性、成熟度、可用性、目标用户、所支持的设备、所支持的创作过程这六个角度进行分类和剖析，探讨 CST 的本质属性和发展趋势[17]。

尽管创造力是一项高度复杂的活动，但其本质可以概括为通过唤起并重组既有知识来生成新属性的过程[18-19]，这也是大部分创造力支持工具的底层逻辑。这些工具普遍采用浏览大量图像的方式运作，图像展示对于激发设计灵感是有益的。设计师能够凭借其长期积累的认知经验，检索与图像线索相关的信息，并进行加工处理，从而孕育出新想法。例如，Pinterest 和 Behance 等在线图库，可以呈现此类图像，并根据设计类型对图像示例进行分类。

创造力支持指数（creativity support index，CSI）[20]常被用于评估创造力的水平。随着人机交互评估技术范畴的不断拓展，创造力评估标准已不再局限于传统的特征指标（如灵活性和流畅性），还融入了经典的可用性原则。例如，原型工具包评估策略的调查[21]、人机交互可持续性的评估方法[22]、 针对新手用户的简单 CST[23]等。

4.1.2 机器学习

1. 机器学习概述

自计算机问世以来，人们一直期望能够创造出具有人类般思考和交流能力的机器。然而，尽管计算机技术在过去几十年飞速发展，但其互动性依然远未达到科幻电影所展现的水平，如《黑客帝国》中的 Matrix 或《2001 太空漫游》中的 HAL 9000（一台通用人工智能计算机）。机器学习作为人工智能的一个重要分支，正经历着跨越式的发展。它采用算法和统计模型，旨在使计算机系统能够通过学习和自动化推理，从数据中获取知识和经验，进行模式识别、预测和决策，而无须进行明确的编程。

以计算机视觉为例，计算机识别物体的工作原理与人类视觉系统颇为相似。人类从出生起，逐渐学会利用眼睛捕捉视觉信号作为输入，通过视觉神经来辨认各种物体。这是一种与生俱来的行为，目前的研究仍难以准确揭示大脑在处理视觉数据时的具体机制。与日常生活中的一些简单任务（如刷牙、洗澡、烹饪等）相比，物体的识别过程因其高度的复杂性和多样性而很难用具体的步骤或规则来统一描述。当需要识别一张图片中的物体时，不同种类物体之间、同种类物体在不同位置或状态时，图像特征有显著差异，这些复杂性使得传统的基于规则的方法难以胜任。机器学习算法通过训练，使计算机能够从海量数据中自动学习并识别图像。这一过程包括进行数据预处理、设计算法模型（如卷积神经网络等），并在模型训练期间不断调整和优化参数，最终达到准确识别输入物体图像的目标。

机器学习是一种基于数据驱动的方法，其核心优势在于能够从数据中自动学习和优化。它通过提供数据来训练模型，而不是针对特定问题编写具有特定规则的代码。机器学习会从数据中学习模式和规律，并将其用于预测、分类等多种任务。以分类任务为例，机器学习算法能够将数据准确划分为不同类别，如手写数字识别、垃圾邮件检测和医学图像病变分类等。强大的处理能力使其能够应对大量复杂数据，并广泛应用于自然语言处理、计算机视觉、语音识别等多个领域。

为了更直观地理解机器学习，可以将其比作指导学生解决数学问题的过程。在教学结束后，通过考试来检验学生的学习成果，量化评估其解决实际问题的能力。类似地，在机器学习中，首先提供训练数据集，然后训练算法模型去理解和分析这些数据，从中挖掘出特征与变量之间的关联。训练完成之后，使用测试数据集对模型进行验证和评估，通过计算模型分数来衡量其在执行特定任务时的性能优劣。

2. 机器学习基本方法

1）机器学习系统的构建

创建机器学习系统是应用机器学习算法的第一步。机器学习技术路径通常包含六个步骤，如图 4.2 所示。

（1）数据采集：可以从各种来源收集数据，如传感器、数据库或互联网。数据质量对于任何机器学习项目的成功都至关重要。

（2）数据预处理和数据分析：准备用于训练的数据。这可能涉及清理数据、删除异常值，以及将数据转换为机器学习算法可以使用的格式。

（3）模型选择：选择适合解决当前问题的机器学习算法。机器学习算法种类繁多，特定问题的最佳算法取决于数据的特定特征。

（4）模型训练：训练过程可能需要几个小时甚至几天，具体取决于数据量的大小和算法的复杂度，并且需要深入理解所选算法。充足且高质量的数据是高效训练的关键。

（5）模型评估：通过引入新的、未见过的数据集来评估模型的性能，这有助于验证模型的泛化能力。

（6）模型部署：模型经过严格验证并达到预期效果，就可以将其部署到生产环境中。部署方式多样，包括但不限于在线服务、移动应用后端或企业级服务器。

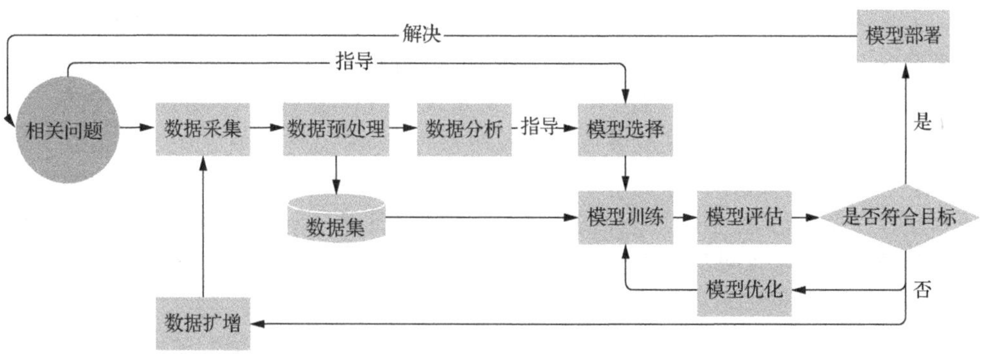

图 4.2　机器学习系统构建的简单流程示意

2）机器学习的分类

考虑机器学习系统可用于学习的数据性质，机器学习可分为四大类[24-25]，如图 4.3 所示。

（1）监督学习。监督学习是通过一组已标注的输入-输出对来训练模型，使其学会如何将新的输入映射到正确的输出。模型通过观察一系列训练样本（每个样本包含输入特征及其对应的期望输出）来学习映射规则。监督学习的目标是在给定足够多的训练数据后，能够准确预测未见过的输入对应的输出。函数的输出可以是连续的数值（这种情况称为回归），也可以是离散的分类标签（这种情况称为分类）。

（2）无监督学习。无监督学习是一种在从未标记的数据中进行推断的方法。它主要解决两大类问题：聚类和降维。聚类是根据数据的内在特征将分散的数据分组，使组内的数据相似，不同组的数据相异。常用的距离度量标准包括欧氏距离（空间中两点的直线距离）、曼哈顿距离（类似城市街区的距离）、马氏距离（基于数据协方差的距离）和余弦相似度（通过夹角衡量相似性）。降维则是在保留数据主要特征和分布信息的前提下，将高维数据映射到低维空间，常用于提升存储效率、降低计算复杂度和数据的可视化。无监督学习模拟了人类在没有明确类别标签时，区分对象或事件所属类别的能力。例如，在医疗领域，可以利用无监督学习技术来分析患者的性别、年龄等特征数据，发现患者群体中的潜在分组。

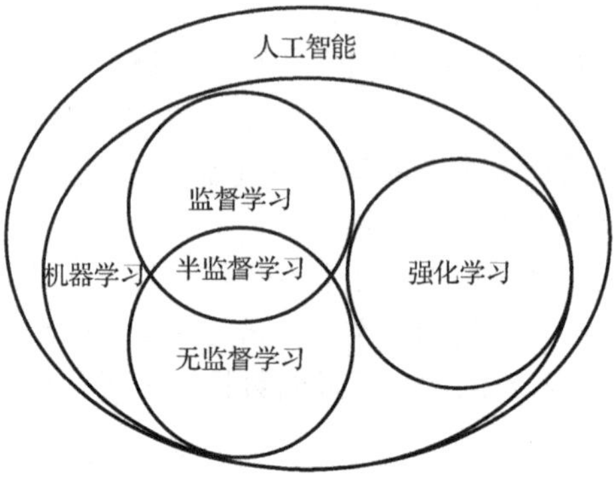

图 4.3　机器学习的分类

（3）强化学习。强化学习是机器学习的一个关键分支，其核心是通过智能体与环境的不断交互，学习如何选择能够最大化长期回报的策略。与传统的监督学习不同，强化学习不依赖于预定义的输入-输出对，而是通过试错过程和来自环境的及时反馈，逐步优化智能体的决策能力，使其能够在复杂且动态的情境中做出最优决策。在智能交互设计领域，强化学习的应用显著提升了系统的自适应性和智能化水平。例如，智能推荐系统不再仅仅依赖于静态的用户画像或历史数据快照，而是实时分析用户的浏览行为和购买记录，通过强化学习算法不断试验不同的推荐策略，并根据用户对推荐内容的反馈进行动态调整，使其更加符合用户的个性化需求。

（4）半监督学习。半监督学习是一种结合少量标记数据和大量未标记数据以提升模型性能的训练方法。这意味着训练集包含部分已标注（带标签）和大量未标注的样本。它介于无监督学习和监督学习之间。半监督学习可细分为归纳学习和直推学习。归纳学习基于"开放世界"假设，旨在构建能泛化至未见数据的模型；而直推学习基于"封闭世界"假设，试图对学习过程中观察到的特定未标记数据进行预测。

4.1.3　人工智能创造力支持工具

AI-CST 是创造力支持工具的一个独特类别，它基于人工智能算法，以协助用户做出创造性决策或直接为用户生成创新结果。艺术创作领域的 CST 可分为四类：用户、角色、交互和技术。AI-CST 具有特殊的设计模式和设计空间，并随着技术发展变得越来越普遍和复杂。与传统的 CST 相比，AI-CST 可以代替用户完成部分工作，甚至整个创作。Chung 等提出了七种"人-物"之间的支持关系网络[26]，如表 4.3 所示。

表 4.3　七种“人-物”之间的支持关系网络

七种概念	概念定义
分包关系	参与者扮演拼图角色，大部分工作为体力劳动，创意有限
主演关系	在得到首肯后，参与者应该能够展示他们的个人创造力
共创关系	亲密的伙伴，平等的关系
编撰关系	在同一作品中贡献相同，参与者有高度的创意主人翁感
管理关系	参与者需要迎合艺术家的偏好，并直接得到艺术家的支持，如“资金”。AI 也是如此，它会迎合美工的偏好，但需要美工输入“材料”
批判关系	在这种关系中，人工智能最初与艺术家谈论想法，并不直接参与创作。在批判关系中，AI 对艺术家创作的作品进行观察和评论，并协助艺术家进行迭代
导师关系	通常采取传授知识或提供反馈和指导建议的形式。与批判关系不同，导师关系更持久，通常会持续存在于整个艺术阶段

基于不同关系所设计的共创工具层出不穷。Hwang 对商业 AI-CST 进行了分析，强调了 AI 的“非人类”特质，并指出人智共创工具在问答交互阶段存在的挑战[27]；Ning 等从创意阶段、支撑形式、支撑技术、角色多样性四个方面对 AI-CST 设计空间的现状和趋势进行了比较分析，讨论了 AI-CST 对传统工作流程的影响，为理解 AI-CST 的未来前景提供了新的视角[28]。然而，我们还面临许多问题：人工智能参与的 CST 是否能提高创造力？人类和人工智能在共同创造中分别扮演什么角色？与 AI-CST 的交互形式将如何演变？

通过分析 2016～2022 年的 49 篇与 AI 支持创造力有关的文献，并根据创意阶段、关注领域、用户群体、支持形式、技术类型、输入与输出数据模态、工具创意评估等维度进行编码分析，如表 4.4 所示。

表 4.4　大类编码和子类编码

大类编码	子类编码
创意阶段	促进创意概念生成：寻找问题；检索信息；探索概念 促进创意概念发散：发散概念；收敛概念 协助创意概念落地：挑选概念；展现概念 协助创意概念修改：获得反馈；寻找新形式
关注领域	产品领域：产品设计 图形领域：绘画；服装设计；用户体验设计；Logo 设计 工程领域：程序设计；室内设计 通用领域：写作；音乐；跳舞；讲故事
用户群体	新手用户；一般用户；专家用户；不明确用户
支持形式	应用系统；可视化策略；物理设备；机器人
技术类型	知识工程；机器学习；自然语言处理；计算机视觉；生成对抗网络；智能机器人
输入与输出数据模态	TXT-TXT（文本-文本）；TXT-PIC（文本-图片）；PIC-TXT（图片-文本）；PIC-PIC（图片-图片）；VOICE-IR-PIC（声音-智能机器人-图片）；OBJ-PIC（物理交互对象-图片）；ACT-PIC（用户动作-图片）；未定义
工具创意评估	是；否

AI-CST 工具按照关注领域主要分为产品领域、图形领域、工程领域和通用领域，图 4.4 展示了四个领域的详细分布情况。

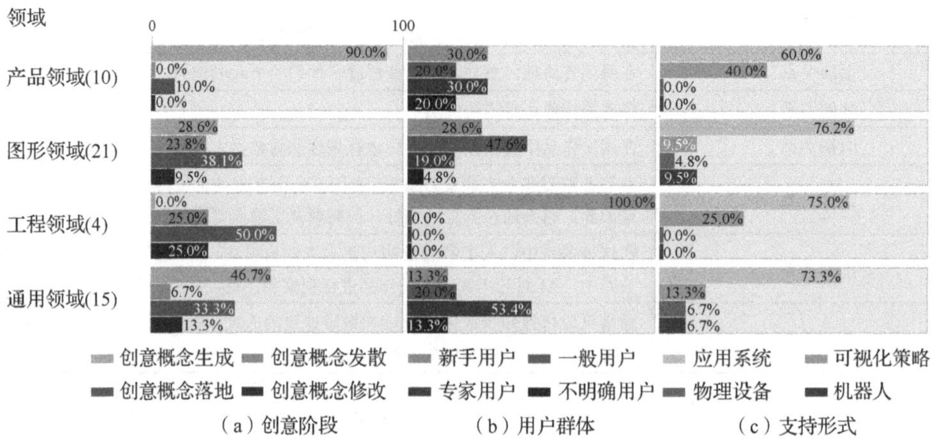

图 4.4　AI-CST 在不同领域的分布情况

在创意阶段，产品领域和通用领域更注重概念生成，而图形和工程领域则将重点放在概念落地上。在用户群体方面，产品领域的用户群体分布均衡，而一般用户更多集中在图形领域，可能与商用文生图工具的大量出现有关。工程领域的用户群体主要为新手用户，通用领域的则主要为专家用户。在支持形式方面，应用系统形式在四个领域中占比最高，其次是可视化策略形式。物理设备和机器人支持的形式主要出现在图形领域和通用领域，如绘画机器人和智能对话代理机器人。

图 4.4（彩图）

图 4.5（彩图）

图 4.5 展示了 AI-CST 在技术类型、输入与输出数据模态和工具创意评估方面的现状。在技术类型方面，知识工程技术在产品领域占比最高。机器学习技术在工程领域占比最高，这与它对创意落地阶段的支持有关，可以降低创意实施阶段重复性工作的人工成本。自然语言处理技术一般与知识工程、智能机器人等技术相结合。

在输入与输出数据模态方面，产品领域主要通过文本进行探索，图形领域主要通过图片进行探索。工程和通用领域探索模态较为丰富，存在多种数据模态转化情况。工具创意评估很少在工程领域进行，因为对于工程领域，评估可用性和实用性比评估创造性相对更重要。

构建 AI-CST 需要创意设计师和 AI 工程师之间更紧密地合作。具体而言，创造者需要参与数据构建，而 AI 工程师需要参与用户研究。通过跨界合作，可以更精确地确定 AI-CST 在创意过程中的具体角色和功能[29]。图 4.6 展示了构建 AI-CST 的协作过程框架。

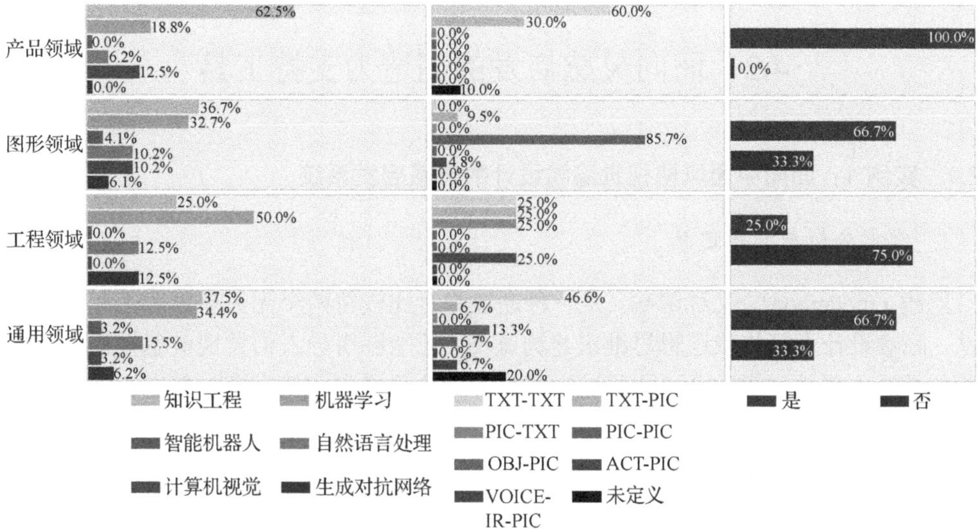

（a）技术类型　　（b）输入与输出数据模态　　（c）工具创意评估

图 4.5　基于编码分类的 AI-CST 分布详情

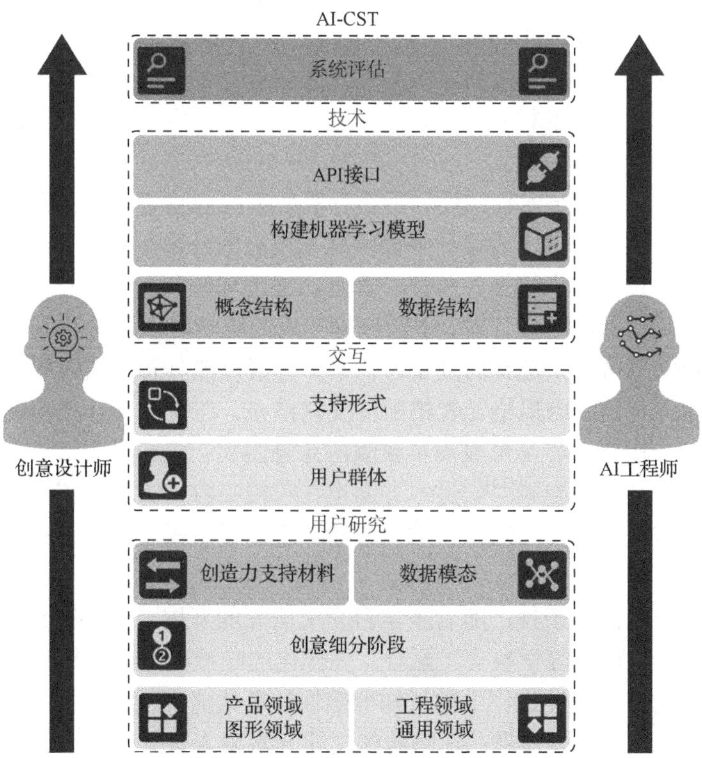

图 4.6　构建 AI-CST 的协作过程框架

4.2　面向灵感启发的创造力支持工具

4.2.1　实例 1：面向中国风格视觉隐喻设计的灵感启发系统

1. 需求分析与问题定义

隐喻（metaphor），又称暗喻，是一种通过隐含比较将两个无关事物联系起来的修辞手法。隐喻设计不仅依赖逻辑思维来建构意义，还能够引导人们发现被忽视的事物之间的相似性或关联性。新手设计师通过学习设计理论形成心智模型[30]，并在设计实践中不断积累经验，逐步完善这一模型。相比之下，经验丰富的设计师通常拥有更深层次的心智模型，能够借助概念隐喻拓展概念模型，从而激发创新的设计行为。然而，如果缺乏广泛的设计实践，新手设计师往往难以通过概念隐喻来理解和构建设计问题，也难以有效推动隐喻设计的发展。

隐喻设计不仅要求设计师在设计认知阶段具备上述能力，还需要设计师在设计实施阶段构造视觉隐喻来呈现具体的设计结果。视觉隐喻通过视觉图像来表示人、地点、事物或想法，以表达特定关联或相似点。在构建视觉隐喻的过程中，设计师需要寻找图像素材之间的相似性，并通过同构或异构的方式进行组合[31]。尽管海量的图像检索系统能为设计师提供丰富的图像素材和灵感，但筛选出符合设计意图的素材十分耗时，从海量素材中寻找相似点也存在困难。

因此，如何运用智能技术辅助设计师进行高效率的隐喻设计成为研究重点。现有的解决方法是通过知识工程技术为设计师提供文本模态的外部刺激[32]。知识工程技术常用于专家系统构建，包括知识挖掘、验证、表示、推理和解释等过程[33]。

在探讨中国风格的隐喻设计时，中国风格元素的隐喻提取和构建具有文化性和专业性壁垒：一是中国风格元素选择的复杂性，单一元素可能具备多层隐喻，单一隐喻也可以对应多个元素；二是中国风格元素搭配的文化壁垒，在缺少文化语境的情况下，设计师在中国风格设计实践中容易形成简单狭隘的意象图式；三是设计师一方面深受中华传统文化中隐喻修辞观念的影响[34]，另一方面也在积极吸收西方现代设计理念，东西方隐喻观念的碰撞和差异，对作品创作和文化传播都造成了阻碍。具体而言，中国风格隐喻设计主要存在以下困境。

（1）认知与表达的复杂性：随着多学科交叉研究的开展，隐喻研究逐渐与语言学、认知科学、哲学、心理学等学科交叉融合。多样化的隐喻概念，使得设计师难以准确界定隐喻，从而影响其在设计过程中的认知准确性和表达清晰度。

（2）传统与现代的融合难题：在将传统文化元素融入设计时，设计师需要考虑如何平衡中国传统文化和现代化元素的融合，让设计既要彰显中国风格的文化特色，又要符合现代社会的审美和文化价值。

（3）创新与可持续的挑战：中国风格隐喻设计通过运用中国风格元素传递深层次文

化内涵，其创新不是简单地堆砌文化符号，而是需要设计师充分理解文化内涵，并在设计中避免刻板套用。一旦设计师陷入思维定式，缺乏新的创意和创新，产出雷同的设计风格，就极易造成用户审美疲劳，降低设计的吸引力和文化深度，进而影响设计的长期可持续发展。

2. 研究内容与方法

1）设计师构建视觉隐喻的调研

为了了解设计师在构建中国风格海报视觉隐喻时的思维路径与侧重的设计要素，我们通过调研问卷对设计师群体进行了中国风格海报赏析及视觉隐喻理解情况的调研。问卷结果如表 4.5 所示。

表 4.5　构建中国风格海报“视觉隐喻”问卷结果

视觉隐喻设计要素	设计要素说明	视觉隐喻思维路径	视觉隐喻重要性评分
文字	文字指具有主题的文本表达，如关于传统节庆等文化性主题的介绍等	⑥	3.64
元素	元素指具有文化代表性的创作素材，如龙、凤、太极、瓷器等	②	4.27
隐喻	隐喻指元素寓意或海报传达的思想内涵，如牛寓意勤劳	①	4.59
色彩	色彩指具有中国风格的颜色搭配，如水墨黑白配色、中国红配色等	③	4.07
形态	形态指海报元素的轮廓及其大小，如月亮与月饼都具有的圆形轮廓等	④	3.73
技法	技法指特殊画面效果，如刺绣、剪纸、印章、水墨晕染、青铜失蜡法等	⑤	3.39
构图	构图指对画面元素的编排形式，如留白、元素大小的对比等	⑦	3.70

设计师更倾向于将隐喻作为思维路径的起点。大部分参与者倾向于先明确符合海报主题的隐喻关键词，再根据隐喻关键词联想“元素”；小部分参与者则倾向于直接根据海报主题联想元素，但当元素缺乏文化性与创新性时，这部分参与者也会从隐喻维度联想元素。参与者提到，现有检索系统能够精确检索元素，但以“隐喻”为关键词的检索结果往往显得平淡乏味，缺乏启发性。总之，参与调研的设计师群体具备构建“隐喻”和“元素”双向关联的丰富先验知识，这能够支持他们完成中国风格海报的设计构思。同时，参与者表示，除了从隐喻联想元素，“色彩”与“形态”设计要素也能启发元素联想。

2）“灵知”创造力支持系统架构设计

现有的网络搜索引擎可作为设计师普遍使用的创造力支持系统，但目前支持构思阶段的创造力支持系统仍较为匮乏[35]。在此阶段，设计师需要对先验知识进行唤醒与重组，而隐喻可以作为唤醒知识的重要手段。

“灵知”系统致力于填补这些功能上的空缺。它基于 C-Metaphor 数据集与海报主体元素标签，可以为中国风格海报自动生成包含隐喻的高级语义标签。“灵知”创造力支持系统架构如图 4.7 所示，满足设计师对构建中国风格海报视觉隐喻的需求，包括隐喻关联、生成标签、范例探索和海报发散等功能。

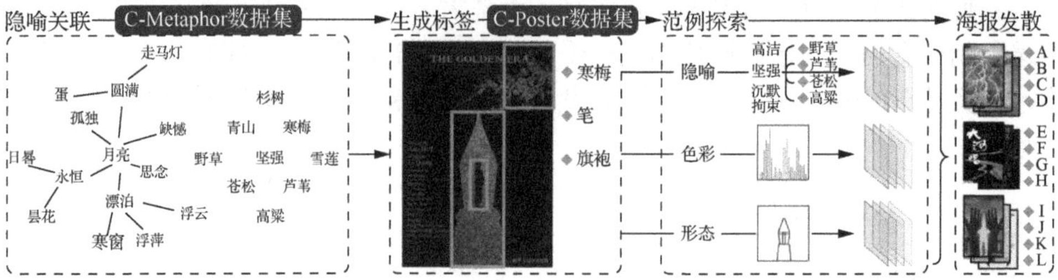

图 4.7　“灵知”创造力支持系统架构

研究人员通过中国风格元素筛选、建立中国风格隐喻和数据集构建三个阶段构建 C-Metaphor 数据集。

（1）中国风格元素筛选。

构建视觉隐喻的难点在于理解“隐喻”与寻找契合设计主题的“元素”。隐喻是一种修辞手法，而元素在中国古诗词中也被称作“意象”[36]。通过意象，人们可以迅速产生通感和共情。因此，我们试图通过古诗词中的意象来确定中国风格元素与隐喻。中国古诗词意象具有诸多细分类别，是筛选中国风格元素的数据基础。

该阶段的研究主要由设计师与古汉语文学专家协作完成。古汉语文学专家建议使用古汉语文学研究领域的类书《事类赋》分类中国风格元素。《事类赋》是中国以赋体形式编辑的一部综合性类书，记录了前朝诗词创作过程中的“意象”，是古人创作诗词的“古代字典”。基于《事类赋》中记载的 14 类“元素”，邀请了 3 位古汉语文学专家对其中包含的中国风格元素进行“象征意义”即“隐喻”的标定，标注的部分结果如表 4.6 所示。

表 4.6　《事类赋》中国风格元素分类与象征意义提取

事物类别	意象元素	象征意义提取
天部	天、日、月、星、风、云、雨、雾、露、霜、雪、雷	广阔、光明、孤独、希望、困难、迷茫、惆怅
岁时部	春、夏、秋、冬	希望、严酷、伤感、困苦
地部	地、海、江、河、山、水、石、井、冰、火	广阔、和谐、坚韧、规则、热烈
宝货部	金、玉、珠、锦、丝、钱	财富、高贵、柔软
乐部	歌、舞、琴、笛、鼓	优雅、飘逸、灵性
服用部	衣、冠、弓、箭、剑、几、杖、扇	朴素、战争、智慧、权力
什物部	笔、砚、纸、墨、舟、车、鼎	文化、坚强、沉稳、权力
饮食部	茶、酒	文化、悠闲、豪爽
禽部	凤、鹤、鹰、鸡、雁、乌、鹊、燕、雀	吉祥、长寿、勇猛、爱情、小人
兽部	麟、象、虎、马、牛、羊、狗、鹿、兔	祥瑞、勇猛、朴实、忠诚、灵性
草木部	草、竹、木、松、柏、槐、桐、桑	坚强、高洁、思念、丰收
果部	桃、李、梅、杏、柿、枣、梨、栗、柑、橘	爱情、坚强、多子、分离、丰收
鳞介部	龙、蛇、鱼	祥瑞、威武、恶毒、神秘、喜庆、丰收
虫部	虫、蝉、蜂、蚁	卑微、勤劳、坚强

总体来看，古汉语文学专家能够有效提炼意象元素的象征意义，通过标注实验得出

了“隐喻”与“元素”多对多的对应关系。尽管古汉语文学专家作为领域专家有丰富的领域知识，但在数据标注或者排序上依然存在个性化差异。因此，在后续古汉语文学专家协作标注隐喻时，需要引入一个基准查询系统来统一词汇并提供参考。

（2）建立中国风格隐喻。

在与 3 位古汉语文学专家共同讨论后，确定了在其隐喻标注过程中采用 “汉典”（www.zdic.net）作为基准查询系统。该系统收录并提供了超过八万个汉字、二十万个词语以及词语的隐喻信息，能有效提供元素的隐喻解析，并且在统一词汇表达上具有优势。图 4.8 为“汉典”查询结果示例。

雪 详细解释

详细字义

· 雪 xuě

名

(1) (会意。从雨，从彗，彗(huì)省声。本义:空气中的水汽，冷却到摄氏零度以下时，就有部分凝结成冰晶，由空中降下，叫做雪)

(2) 同本义 [snow]

今我来思，雨雪霏霏。——《诗·小雅·采薇》

春泱气为雨，雨凝为雪。——谢惠莲《雪赋》题注引《五经通训》

平地尺为大雪。——《左传·隐公九年》

麻衣如雪。——《诗·曹风·蜉虫游》

[孟冬之月]行秋令，则雪霜不时，小兵时起，土地侵削。——《礼记·月令》

平生所娇儿，颜色白胜雪。——杜甫《北征》诗

又如:雪案萤窗(比喻勤学苦读);雪里鸿(即雪泥鸿爪);雪浪纸(一种有波浪形暗纹的宣纸)

形

(1) 借喻白色 [white]

雪衣雪发青玉嘴，群捕鱼儿溪影中。——唐·杜牧《鹭鸶》

君不见高堂明镜悲白发，朝如青丝暮成雪。——李白《将进酒》

又如:雪丸(白银);雪练(色泽像雪白的绸一样);雪花银(白银);雪肌(白细如雪的肌肤);雪色(白色)

形

(1) 比喻高洁 [noble and unsillied]

松品落落，雪格索索。——前蜀· 贯休《送姜道士归南岳》

一别高人又十年，霜筋雪骨健依然。——宋· 杨万里诗

松品落落，雪格索索。——唐· 贯休《送姜道士归南岳》

又如:雪格(比喻高洁的品格);雪淡(态度淡满，不热心)

(2) 姓

图 4.8（彩图）

图 4.8　“汉典”查询结果示例

（3）数据集构建。

“中国全诗词数据集”是目前国内较为全面的诗词数据资源之一，涵盖了三国时期至清代的诗、词和曲等类型的诗词。基于“中国全诗词数据集”，通过众包法构建了中国风格隐喻关联数据集，并命名为“C-Metaphor 隐喻关联数据集”。其构建步骤如下：

① 元素提取：通过词性标注和分词对“中国全诗词数据集”进行名词元素的筛选和去重，最终提取到 22204 个名词元素。

② 典型元素筛选：典型中国风格元素既有文化价值，也具备视觉表现价值。古汉语文学专家通过衡量元素是否具备传递思想精神的隐喻来衡量元素的文化价值；设计师则通过衡量元素的形态特征和可塑性来衡量元素的视觉表现价值。

③ 分类统计：以《事类赋》[37]类书的元素分类标准统计典型中国风格元素，最终筛选出 6 类、共 425 个典型中国风格元素，详见表 4.7。

表 4.7　典型中国风格元素筛选

类别	数量	范例
器物类	122	棋；宝剑；瓷器；秤砣…
人物类	37	僧；财神；皇；将军；船家；观音菩萨…
动物类	68	鸡；鹤；龙；鲤鱼；凤凰；寒鸦；兔…
自然类	145	星；月；金乌；云烟；风雨；江河；竹…
地点类	42	寺庙；草房；篷船；黄土地；桑田…
食物类	11	面；粥；薯；白米饭；糍粑；粽子…
总计	425	

④ 隐喻标注：使用“汉典”提供的工具检索查询，为每个典型中国风格元素标注不少于 2 条且不多于 5 条隐喻，最终获得 1251 条隐喻标注。

⑤ 隐喻值评分：使用语义差异法（semantic differential，SD）五级语义量表为 425 个典型中国风格元素进行了隐喻值的量化表示。SD 方法是一种用于测量人们对某个概念或对象的态度和情感反应的心理学量表。我们邀请了 10 名中国语言文学专业学生参加元素隐喻值评分实验。SD 隐喻值评分示例如图 4.9 所示。

类别	元素	隐喻差异量表					
		很不符合 −2	不符合 −1	两可 0	符合 1	很符合 2	
器物类	旗袍		朦胧	含蓄	高雅	礼节	1
	鼎				家国；崇高	权力	2
	⋮			⋮			⋮
人物类	将军				家国	骁勇	123
	⋮			⋮			⋮
动物类	蚕		爱情		民生；勤劳	无私	160
	龙		坚强	威严	豪迈	祥瑞；权力	161
	⋮			⋮			⋮
自然类	菊	傲视		坚贞	长寿；清净	归隐	228
	月			孤独；永恒	圆满；缺憾	思念	229
	金乌				热情	温暖	230
	⋮			⋮			⋮
地点类	草房				民生	凄凉	373
	黄河			壮美；广阔	豪迈	家国	374
	孤舟				凄凉	孤独	375
	寒窗		思归		惆怅；孤独	漂泊	376
	⋮			⋮			⋮
食物类	白米饭		平淡	亲缘	辛勤	民生	415
	⋮			⋮			⋮

图 4.9　SD 量表评分示例

基于隐喻值评分，通过近义词聚类得到 266 条标准化的隐喻标注，并计算典型中国风格元素相关度排序，构建“C-Metaphor 隐喻关联数据集”，如表 4.8 所示。

表 4.8　C-Metaphor 隐喻关联数据集

隐喻	元素			
家国	黄河：0.60	长城：0.50	将军：0.27	鼎：0.25
豪迈	江河：0.90	龙：0.60	酒：0.40	拳脚：0.37
民生	白米饭：0.85	蓑衣：0.65	蚕：0.50	草房：0.20
归隐	僧：0.95	菊：0.85	大雁：0.40	青山：0.38
孤独	孤舟：0.85	寒窗：0.75	寒鸦：0.50	月：0.27
⋮	⋮	⋮	⋮	⋮

为了实现“灵知”系统基于视觉元素的创造力支持，研究者构建了 C-Poster 中国风格海报数据集。研究使用“元素+中国+海报”规则，从站酷、大作、视觉中国、Behance、Pinterest 等国内外设计社区中检索并抓取海报数据。从初步获取的 71655 张海报样本中筛选出 1680 张符合中国风格样式的海报数据。在筛选中排除了大量自然图像和素材图像，以确保所选数据质量的准确性和代表性。

研究人员使用两种方式对 1680 张海报的主体元素进行识别和标注。对于已有标签的海报图像，在设定的检索规则的基础上，获取海报的初始元素标签，并将其作为主体元素标签进行标注。对于新增不存在标签的海报图像，基于主体元素目标检测技术来识别中国风格海报的主体元素并自动标注。同时，基于众包法招募了 10 名中国设计师，对搜集的海报数据集中除主体元素外的辅助元素进行识别、框选与人工标引。最终完成 C-Poster 中国风格海报数据集的构建。

3）交互设计与系统实现

“灵知”系统用户界面含有 4 个功能组件。隐喻检索组件交互界面如图 4.10（a）所示，具有推荐与记录功能，为用户推荐与检索关键词相似或相反的隐喻关键词，并为用户记录检索历史。图 4.10（b）为海报推荐组件交互界面，具有海报元素注解功能。基于用户输入的“隐喻”关键词进行双重路径的推荐。例如，当输入“思念”关键词时，查询其关联的元素，推荐包含“月”“柳”“红豆”等对应元素标签的海报，能获得文化层面的准确见解。

灵感启发组件交互界面如图 4.11（a）所示，具有多维度范例发散探索功能。用户选择范例海报进入灵感启发，从隐喻、色彩、形态三个维度推荐海报辅助灵感发散。隐喻维度探索侧重主题层面的发散与收敛，如通过对“月”元素的隐喻发散，使“思念”主题进一步收敛到“分离”，或者通过对“酒”元素的隐喻发散，使“思念”主题进一步收敛到“对抗”。色彩和形态维度探索侧重视觉层面的发散与收敛。灵感空间组件交互界面如图 4.11（b）所示，具有灵感海报收藏与收敛功能，用户基于元素标签筛选收藏的灵感海报以确定构思元素，并根据构思元素检索全局海报收敛灵感。

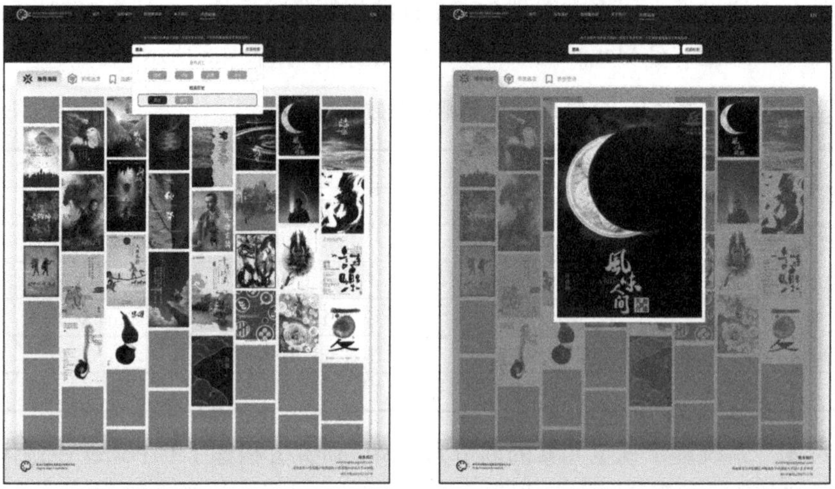

（a）隐喻检索组件交互界面　　（b）海报推荐组件交互界面

图 4.10（彩图）

图 4.10　“灵知”系统用户界面 1

（a）灵感启发组件交互界面　　（b）灵感空间组件交互界面

图 4.11（彩图）

图 4.11　“灵知”系统用户界面 2

3. 实验与系统验证

为了评估“灵知”系统的可用性与有效性，研究人员进行了三个步骤的实验测试：系统功能测试、系统可用性测试以及系统启发性测试。结合数据分析和用户访谈的方法进行评估。

1）系统功能测试

为了评估系统的有效性，在设计构思实验中记录了参与者创意探索的数量与时间。实验要求参与者以“生命”或“和平”为主题，基于中国风格元素进行设计构思。参与者需要先后使用传统方法（生命主题）和“灵知”系统（和平主题）进行头脑风暴。采用不同设计主题能够有效避免前项实验对后项实验的影响。实验的参与人员均为设计专业硕士二年级学生，对中国风格设计有一定程度的理解，并且有过参与头脑风暴的经验。

实验过程中，实验人员为每位参与者分发了一张 A4 纸，并要求在 10 分钟内写出尽可能多的关于“和平”主题的中国风格元素，10 分钟过后参与者停止书写，记录元素数量。5 分钟过后要求参与者补充 5 个与上一轮不同且符合主题的中国风格元素，记录时间。第二项实验与第一项实验在流程设置上相同，差异在于添加了“灵知”系统作为头脑风暴过程检索支持。

在元素数量和新元素补充用时方面，对照组平均创造出 7.75 个元素，补充新元素平均用时 6.616 分钟；实验组平均创造出 14.75 个元素，补充新元素平均用时 2.542 分钟。独立样本检验结果显示，两组数据的均值存在显著差异，表明“灵知”系统在支持创意探索方面具有显著效果。

2）系统可用性测试

为了探究“灵知”系统对绘制隐喻设计草图时的影响，实验招募了 6 名新手设计师，参加了为期一天的中国风格海报隐喻设计工作坊。本研究选择“视觉中国”作为基线系统进行对照实验，是因为相比于 Pinterest 检索系统，其返回检索结果与中国风格更相关。参与实验的新手设计师需要在上午使用视觉中国系统进行设计构思与产出，在下午使用“灵知”系统进行相同过程的设计构思与产出。记录新手设计师系统操作数据（检索、收藏数量等）与草图绘制数据（想法文本描述、想法草图数量等），进一步分析系统对创意支持的效率。让新手设计师在实验过程中填写问卷，进一步分析系统的可用性。

每项任务中，参与者首先使用检索系统以“生命”或“和平”为主题进行 30 分钟的头脑风暴。随后收集参与者对产生想法的评分，包括三个维度：满意度、参与感、有用性。同时，配合访谈对参与者的检索部分进行深入了解。在参与者完成访谈后，分配其一张 A4 纸进行创意想法绘制。两个时段创作任务持续时间均为 1 小时 30 分钟。图 4.12 为参与者实验现场图。

图 4.12　参与者实验现场

实验结果表明，所有参与者都对使用满意度给予了肯定评价，认为“灵知”系统在想法数量、想法多样性等细分方面均存在显著优势。在参与感评估方面，相比于视觉中国系统，参与者认为“灵知”系统在提升信心、增强平静感、认为时间过得快、提高内在动力等方面存在优势，而在提高注意力、增强沉浸感、提高任务清晰度等方面未表现出显著差异。这是因为“灵知”系统引入了多维交互探索功能，初次使用可能会遇到选择困难的问题，影响参与者的注意力与任务清晰度。在可用性和有效性方面，“灵知”

系统仍然展现出了更优的整体性能。

所有参与者都认为"灵知"系统具有更好的启发性。一半的参与者喜欢元素的探索功能，认为"能更好地建立起各种元素之间的关联"。参与者还提出了一些有价值的建议。例如，在"海报推荐"中可以提供判断依据并可视化元素之间的隐喻关系；检索方式可以结合隐喻和元素关键词；推荐的内容可以包括海报作品和独立元素，以拓展用户的思考空间。

3）系统启发性测试

为了了解"灵知"如何支持用户的创造力，研究人员基于测试中的用户草图进行了进一步的评估。为了避免个体绘制能力对草图评估的影响，招募具有草图绘制经验的学生对草图进行重新绘制，以确保传达效果一致。在实验中共收集 56 幅草图，其中基于视觉中国系统启发创作的为 21 幅，基于"灵知"系统启发创作的为 33 幅。每位参与者选出了他们认为最满意的一幅，共 12 幅，重绘后作为专家评分的基本数据。

专家评分环节中，3 位专家需要就文化表现性（S1）、隐喻合理性（S2）、视觉美观性（S3）三方面优度评分指标给出评分，评分使用李克特五级量表。最后，在专家完成评分后，对其进行访谈，以进一步了解评分背后的具体意见和建议。如图 4.13 所示，分别为"生命"与"和平"两个主题的部分草图结果示例，并根据参与者探索历史记录标记了使用的中国风格元素，以及参与者头脑风暴过程中受到启发的探索范例。

图 4.13　参与者草图示例

图 4.13（彩图）

相比视觉中国系统启发的草图绘制结果，专业设计师更认可"灵知"系统启发的草图绘制结果，在 S1、S2、S3 三方面均给出高于视觉中国系统的评分。具体而言，在"生命"主题上，相比视觉中国系统推荐的"鲤鱼""辣椒""向日葵"等元素，"灵知"系统推荐的"肚兜""瓷器""剪纸"等更具中国风格，这些元素的组合也隐喻传达了"生命"主题。在"和平"主题的检索与表现上，推荐“将军”“弓箭”“兰花”等元素构成海报，引导设计师从将军头盔与兰花进行联想，进而将头盔与花盆形态重构，描绘出战争过后希望“和平”的主题。

4）用户创造力支持流程

用户的创意流程可被分为四个步骤，如图 4.14 所示。新手设计师由于缺乏实践经验，在提问与回答阶段难以合理切入和多角度剖析设计主题。例如，在对“和平”主题的理解上，使用视觉中国系统创作的草图用到的元素能够直接依靠“和平”关键词检索得出，而使用“灵知”系统创作的草图则使用了“战争”相关的元素，从对立角度切入“和平”主题。“灵知”系统能在创意的提问与回答阶段辅助新手设计师多角度切入主题，并辅助新手设计师学习掌握相关设计原则与思维方式。

用户任务	元素搜索	创意构思	画面编排	成品展示
创意阶段	①提问与回答阶段	②思绪漫游阶段	③绘制与创作阶段	④展示阶段
用户行为	搜寻素材和灵感	组合素材和创意	确定构图和呈现	优化效果和细节

图 4.14　经典创意流程图

在思绪漫游阶段，新手设计师具备对多种设计素材的组合能力，但在构建视觉隐喻的过程中存在隐喻映射混乱的情况，即构建视觉隐喻的相关能力不足。例如，图 4.13 中使用视觉中国系统检索元素并构建的“生命”主题海报，其中“鲤鱼”与“辣椒”存在隐喻映射关系的同时，还存在“太阳”与“向日葵”的隐喻映射关系。当画面中的映射关系过多后将出现隐喻映射混乱问题，在信息传递过程中“鲤鱼”还有可能通过隐喻映射成为“红花花瓣”，导致信息传达不明，使观者难以理解主题思想。相比之下，使用“灵知”系统能在检索素材的同时明确其隐喻类型，能够有效控制构思草图的隐喻映射数量。“灵知”系统能够根据隐喻映射类型，从多维度提供设计素材，辅助新手设计师在思绪漫游阶段控制思维发散方向，提供具有隐喻映射类型的设计素材。

新手设计师在绘制与创作阶段，一般不容易出现大问题，但在完成的草图中能够明显发现，在使用视觉中国系统检索草图创意中很少考虑利用图形的正、负空间进行构图与呈现。在使用“灵知”系统检索过程中能够探索到优质海报参考范例，不仅仅是单独提供设计元素。例如，图 4.13 中使用“灵知”系统检索元素并构建的“生命”主题草图，巧妙利用了“陶瓷”元素的负形，构建了父母为新生儿张贴“剪纸”、镌刻“长命锁”的场景，虚实结合传达“生命”主题。基于“灵知”系统提供的优质设计范例，新手设计师在使用中能够学习并借鉴其他设计师的设计思路与技巧。

在展示阶段，由于“灵知”系统具有基于元素的收敛功能，可以有效提供包含某个元素的多个范例，辅助此阶段针对该元素的细节或整个画面的效果优化。

4.2.2　实例 2：基于 AI“错误”的图像灵感启发系统

1. 需求分析与问题定义

随着人工智能的迅猛发展，尤其是像 ChatGPT 这样的模型的出现， AI 的智能和高效决策能力引起了人们的广泛关注，并被视为设计过程中的合作伙伴。然而，由于 AI

工作模型的不透明性、数据噪声和模型差异等因素，很难保证结果百分百准确，人工智能错误（简称 AI“错误”）在未来一段时间内是不可避免的。

在设计和创意领域，现有的设计灵感素材往往让设计师陷入直接相关或熟悉的材料之中，容易导致思维固化并限制创意发展[38]。在基于人工智能生成内容（artificial intelligence generated content，AIGC）的文本-图像生成中，提示词（prompt）也容易使设计师陷入信息茧房，强化固有观念，从而在创作过程中限制他们挖掘新的设计思路。

AI“错误”在多种应用场景中可能具有意想不到的价值，而不应被简单地忽视或纠正。AI“错误”的不确定性不仅能带来独特的见解，而且其与真实结果之间的特殊关联能够有效引导设计思维，成为挖掘新视角、促进创造力的重要设计材料。已有研究表明，AI“错误”可以作为一种意外的材料，帮助设计师在设计干预下探索新的设计空间[39]，并通过惊喜带来设计反思[40]。

AI“错误”并非完全随机，如图 4.15 所示。每张图像上方的黑色文字为实际结果，红色文字为 YOLOv4 模型的预测结果及其置信度。每个“错误标签”都与实际结果有一定程度的关联性，比如两者的某些特征具有相似性。这种关联可以成为一种有助于设计创新的灵感材料。因此，尽管人工智能模型的偏见和错误难以避免，但设计师需要思考的是如何与不完美的 AI 协同工作，并“变废为宝”来启发设计灵感。

图 4.15（彩图）

（a）　（b）　（c）　（d）　（e）　（f）

图 4.15　目标检测任务中的 AI“错误”示例

2. 研究内容与结果

AI“错误”可以被视为一种与传统判断结果不同的、具有价值敏感性的内容。我们将“错误”的研究载体放在图像上，选择在设计领域应用广泛的目标检测任务作为研究案例，并将 Hoorn 对于 AI“错误”激发创造力的研究[41]作为基础，探究创意生成阶段中应用 AI“错误”的设计师视角。通过广泛的用户调查，凝练出了设计师视角下 6 个 AI“错误”启发维度；定义了应用 AI“错误”的 4 种创造力模式[42]。

研究阶段 1：设计师视角下基于 AI“错误”的灵感启发维度

该阶段从设计的视角归纳 AI“错误”的灵感启发维度，以指导后续设计师与 AI 构思共创的研究。

1）构建 AI“错误”检测图像数据库

Pinterest 是一个开放的灵感图像资源平台。团队首先从 Pinterest 中收集了 1526 张初始图像，等分成动物、植物、产品、艺术和环境图像 5 大类。为了确保图像的质量，每次仅收集 Pinterest 推送首页的图片，以保证高相关性。其次，去除了背景比较复杂的图像。技术上采用 YOLOv4 目标检测模型，该模型图像训练集具有 80 个标记类别，能够检测出与训练集类别相似的物体。使用该模型获取了 256 张 AI“错误”检测的图像，随后考虑到部分图像的视觉内容具有相似性，以及检测结果和实际结果的关联性，最终筛选出 100 张 AI“错误”检测实验图像。

2）邀请设计专家分析 AI“错误”检测图像产生的不同启发效用

实验邀请了 8 位设计经验丰富的专业设计师，并将 100 张 AI“错误”图像分成 4 份，确保每张图像获得两位专家的评论。一张 AI“错误”图像由多个元素构成：图像本身的视觉特点、模型给出的“错误标签”以及人类认知下的实际结果。专家被要求思考实际结果和“错误标签”之间的相关性或相似性，结合图像本身的视觉特点，在问卷中填写评论，指出图像从哪些维度有助于灵感启发。例如，其中一位专业设计师基于图 4.15（c）给出的评论：“图像元素局部的轮廓识别激发了我对大众认知中‘盘子’的创新思考。我认为可以在盘子设计中运用这种造型和配色方案，创造出一个可爱又幽默的产品形象。”

3）采用扎根编码方法总结维度

研究人员基于扎根理论进行了编码分析，使用开放编码和分层编码的方法。首先从专家的评论中过滤掉抽象和几何说明类短语（如“散点”、“线”和“图案”等），选取精练的短语进行编码（如“颜色”、“饱和度”和“对比度”等）。在此阶段，两位编码人员共同总结出 780 个词条。随后，研究人员对词条进行迭代。经过多轮讨论后，最终总结出 6 个 AI“错误”的灵感启发维度，如表 4.9 所示。每个灵感启发维度分别对应图 4.15 的 6 张图像。

表 4.9　设计师视角下的 6 个 AI“错误”灵感启发维度

类别	维度	描述	案例
目标选取	局部	目标对象的局部被错误检测为另一对象，后者对象可能通过关联原始对象来产生灵感	将松果的局部与勺子关联起来
	整体	整体目标对象被错误检测为另一对象，后者对象可能通过关联原始对象来产生灵感	将整个火山和烟雾与人物形象关联起来
视觉关联	颜色	对象的颜色可产生对相似颜色的灵感	将盘子的颜色与大象关联起来
	轮廓	对象的轮廓可产生对相似轮廓或边缘的灵感	将海豚的轮廓与滑板关联起来
	结构	对象的结构可产生对相似结构的灵感	将台灯的结构与牙刷关联起来
	纹理	对象的颜色可产生对相似材料、纹理、风格的灵感	将蘑菇的纹理与斑马关联起来

维度主要包括“目标选择”和“视觉关联”两类。“目标选择”包括“局部”和“整体”两个启发维度，旨在从图像目标对象的选择偏差来启发设计师，例如，将图 4.15（b）中的整个火山和烟雾与人物形象相关联。“视觉关联”旨在从“错误”检测图像中特定的视觉特征偏差来启发设计师，例如，将图 4.15（d）中的海豚轮廓与滑板相关联。设计师视角下的这六个启发维度揭示了 AI“错误”的潜在价值，为后续应用 AI“错误”

提供了指导方针。

研究阶段 2：设计师基于 AI“错误”的灵感启发应用研究

为了进一步探索 AI“错误”在设计实践中的应用，探讨了三个研究问题：①想法质量——AI“错误”是否会激发创造力？②创造力模式——AI“错误”会如何影响创造力？③影响因素——哪些因素会影响 AI“错误”的应用？实验邀请了 20 位设计师基于原图和 AI“错误”图像进行灵感启发。随后对结果进行了分析，研究方法包括电子问卷和半结构化面对面访谈。

1）实验对象和流程

为了保证实验参与者具备基本的设计经验，招募要求参与者接受过至少一年的设计教育，并具备使用图像进行构思和发表体验见解的实践经验。实验最终招募了 20 名符合条件的设计专业学生，其中 14 名为本科生，6 名为硕士生，专业设计教育时长为 1～5 年，平均值（*M*）为 270，标准差（SD）为 1.34，设计背景包括产品设计（50%）、交互设计（25%）和平面设计（25%）。

实验要求参与者使用两种类型的图像进行灵感启发，分别为一张原始图像（无“错误标签”）和同一张经过“错误”检测的图像（有“错误标签”）。在实验开始前，研究团队通过随机抽样从 AI“错误”图像数据集中筛选出 40 张高质量图像。这些图像被随机分配到 4 份独立的问卷（每份问卷包含 10 对图像：原始图像和 AI“错误”图像）中，然后随机分配给参与者。参与者基于每对图像独立进行灵感启发和构思。为了确保每对图像构思的时间相同，实验问卷采用网页形式，并设置了自动跳转时间。实验问卷主要由以下三部分组成：①写下基于图片灵感启发后的想法；②选择 AI“错误”激发灵感的 1～2 个维度；③相关/相似水平评分——基于所选择的灵感启发维度，对实际结果和“错误”标签之间的相关/相似水平进行评分，这个分数能反映出从中获取灵感的强度（李克特十级量表，极度不相关/不相似-极度相关/相似）。

参与者需要为每张图像构思出尽可能多的想法，并以文本形式进行记录。在半结构化访谈阶段，实验人员深入了解参与者问卷创作的详细过程以及他们对 AI“错误”的态度。访谈阶段持续时间为 20～30 分钟。

2）数据与分析方法

在实验问卷的第一部分中，每位参与者至少为每张图像提供了 1 个想法。研究团队通过整理数据，最终得到了 642 个想法，其中从原始图像中获得的想法归类为“无错误标签”（*N*=262），从“错误”检测图像中获得的想法归类为“错误标签”（*N* = 380）。随后，通过评估想法的质量和创作过程来回答先前设立的三个研究问题。

（1）研究问题①：想法质量分析。

实验邀请了两位设计专家从新颖性和实用性角度，对“无错误标签”和“错误标签”两个条件下的想法进行质量评估。如表 4.10 所示，参与者在“错误标签”的图像上产生了更多高质量的想法。基于“错误标签”条件下图像产生的想法质量综合分数为 *M*=11.76（SD = 2.89），高于“无错误标签”条件。采用 Cohen 的 *d* 值分析以上两种条件下产生的想法质量综合分数［Cohen’d 分析标准（0.20=小，0.50=中，0.80=大）］，发现存在显著性差异（*d*=0.790）。基于“错误标签”条件下的新颖性得分有相对更大的标准差（SD =

1.76），这表明参与者对于 AI“错误”进行灵感启发的接受程度，可能会影响构思想法的新颖性。

表 4.10　“无错误标签”和“错误标签”条件下参与者的灵感想法分析

质量维度	“无错误标签”（N=262）		“错误标签”（N=380）		Cohen’d
	M	SD	M	SD	
新颖性	4.76	1.38	6.01	1.76	d=0.790
实用性	5.02	1.01	5.75	1.42	d=0.592
总分	9.78	2.01	11.76	2.89	d=0.795

在实验问卷中，参与者使用 10 分量表评估实际结果和“错误”检测结果之间的相关/相似水平，得分为低（0～3）、中（4～6）和高（7～10）三个级别。不同灵感启发维度下相关/相似水平对产生想法数量的影响如图 4.16 所示。图中的数据单位为百分比，百分比越大表示在对应条件下产生的想法越多。构思想法数量主要来自“轮廓”维度（32%），其次是“纹理”（17%）和“结构”（17%）。在中高相关/相似水平下，产生的想法相对较多，尤其是“轮廓”维度在高相似水平下占比最高（21%）。在低相关/相似水平下产生的想法普遍较少，但“整合”维度在低相关/相似水平下产生的想法数量较多（3%）。这是因为视觉组合是设计师普遍使用的一种思维形式和设计手段，所以设计师对“整合”维度的接受度更高。

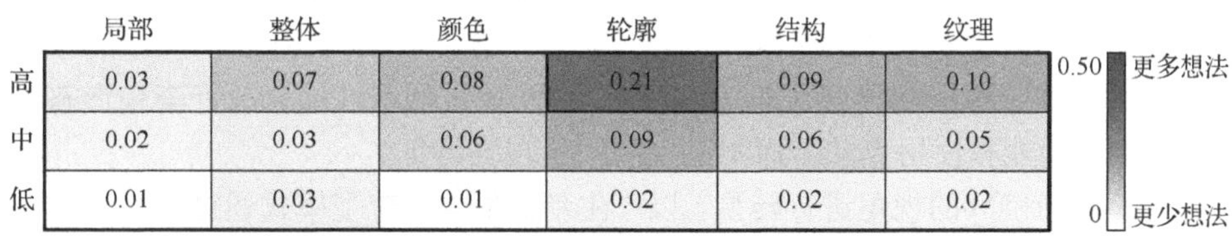

图 4.16　相关/相似水平对产生想法数量的影响

（2）研究问题②：创造力模式分析。

为探索 AI“错误”如何影响设计师的创造力，研究团队通过编码方式拆解参与者在构思和输出想法时的关键思维路径。编码人员参考 Boden 创造力分类法[43]和 Gero[44]理论总结受 AI“错误”影响的不同创造力形式。编码人员最终确定了 4 个代码，并提出了 CETR 设计模型，其定义了应用 AI“错误”的 4 种创造力模式，即组合（combination，C）、探索（exploration，E）、转型（transformation，T）和重新诠释（reinterpretation，R），分别反映了设计师在强化视觉特征、修改视觉形式、产生新概念和发现新特征方面的创造力。表 4.11 展示了 CETR 概念的基本图式和实例。在实验中发现，设计师通常应用实际结果或“错误标签”作为构思想法的灵感起源，因此本研究使用Ⓣ（目标）指代实际结果，使用Ⓜ指代“错误标签”结果，使用箭头（→）符号指代设计思维的演变进展，能够更清晰地展示 CETR 设计模型。

表 4.11　CETR 设计模型的基本图式和实例

创造力模式	组合（C）	探索（E）	转型（T）	重新诠释（R）
图示	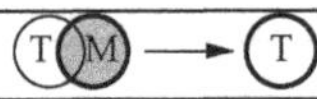	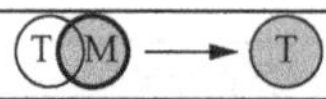	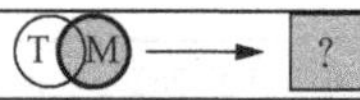	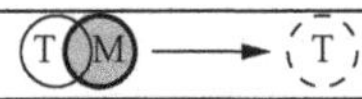
实例	lava elephant(0.48) 	accordion　suitcase(0.51) 	goldfish tank　clock(0.43) 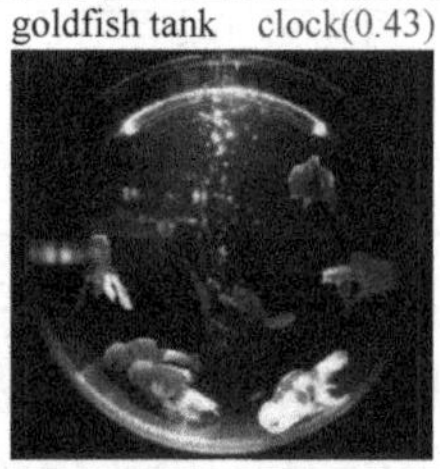	jellyfish　bowl(0.14) 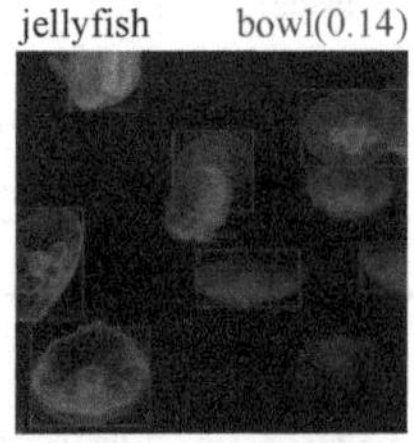
	熔岩从大象皮肤流出的动画（Ⓜ作为灵感起源）	方便收纳的手风琴式折叠行李箱（Ⓜ作为灵感起源）	将动物设计为分针的时钟，传达保护动物免于灭绝的概念	一个水母形式的俄罗斯方块游戏，水母可以改变颜色和自由移动（Ⓣ作为灵感起源）

组合：将Ⓜ的部分特征与Ⓣ结合起来，以加强Ⓣ的形式。组合模式的关键是利用两个新关联元素共有的固有特征。在表 4.11 所示的示例中，参与者受到火山（即Ⓜ）和大象（即Ⓣ）之间纹理的启发，想出“熔岩从大象皮肤流出的动画”的创意，通过添加大象纹理来加强熔岩的表现力。

探索：在Ⓜ的基础上，探索Ⓣ的一些特征，以修改Ⓣ的形式。表 4.11 所示的示例介绍了参与者的创意——“手风琴式折叠行李箱，方便收纳”。基于手风琴的拉伸结构（即Ⓜ），并将其应用于行李箱（即Ⓣ）。这一想法通过创造性地修改行李箱形态，获得了意想不到的功能和使用方法，而不是仅局限于视觉特征。

转型：将Ⓣ和Ⓜ的视角进行转型，以产生新的概念。转型模式通过改变当前设计空间的一个或多个维度来产生创意想法。表 4.11 所示的示例介绍了参与者的创意“将动物设计为分针的时钟，传达保护动物免于灭绝的概念”。在应用转型模式时，该想法通过思考图中元素的深层语义解释，结合金鱼（即Ⓣ）和时钟（即Ⓜ）产生了一个具有生命和时间的新设计空间。

重新诠释：在Ⓜ的影响下，重新诠释Ⓣ的部分特征，以发现新的特征。在表 4.11 所示的示例中，一群水母被分别识别为一个碗，从而引导参与者将观察视角从原来的整体转变为独立的个体，产生创意“游戏元素就像俄罗斯方块里的水母，可以改变颜色，自由移动”。在应用重新诠释模式时，碗（即Ⓜ）只是一个刺激 ，而水母（即Ⓣ）则基于碗被重新解释为俄罗斯方块。

两位编码人员使用创造力模式标签 C、E、T 和 R 分别标记每个想法。图 4.17 为不同 AI“错误”的灵感启发维度和不同层次的相关/相似水平如何影响创造力模式 CETR。每个堆叠条形图表示在相应条件下生成的想法比例，而边框加粗的堆叠条形图表示其中的最大比例。例如，在“局部”灵感维度且相关水平高的条件下，以组合模式产生的想法比例最大（46%）。

总体来看，每种 AI“错误”灵感启发维度条件下都呈现出 4 种创造力模式，其中当实际结果和“错误”结果具有高相关/相似水平时，4 种创造力模式均有出现，这使得设计师的创造力在这种情况下最为多样化。随着实际结果和“错误”结果之间相关/相似水平的降低，各种创造力模式的占比会根据不同的 AI“错误”灵感启发维度出现变化。

图 4.17（彩图）

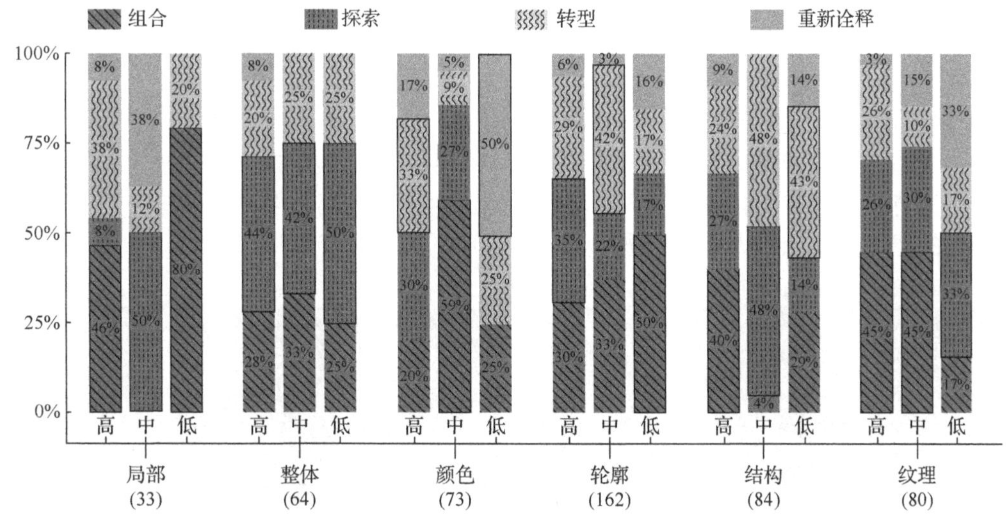

图 4.17　不同 AI“错误”的灵感启发维度和不同层次相关/相似水平（高、中、低）影响下的 CETR 设计模型分析

目标检测任务中的 AI“错误”示例如图 4.18 所示。其中，每张图像上方的黑色文字为实际结果，红色文字为 YOLOv4 的预测结果及其置信度。

在“局部”启发维度下，设计师更常使用模式 C，其次是 T。尤其是 C 在该维度下实际结果和“错误”结果间为低相关性时比例最高（80%）。在图 4.18（a）中，参与者 1（简称 P1，下文采取类似的编号方式）基于“错误”结果“甜甜圈”观察到了实际结果“算盘”的结构特征。P2 认为两者虽然具有很低的相关性，但是“不给我提供这样的错误提示，我完全想象不到‘甜甜圈’”。

在“整体”启发维度下，C、E、T 这三种创造力模式在不同层次的实际结果和“错误”结果间相关水平中所占比例较为相似。重新诠释模式（R）仅出现在该维度下结果间为高相关水平时。在图 4.18（b）中，P13 得到“信号灯”的启发（水平分数=8），从语义上理解实际结果“鹦鹉”可能具有的“指示”“引导”等意义，并最终描述出“引导鹦鹉参与儿童趣味教学”的想法。这在一定程度上让设计师跳出“鹦鹉只能作为动物生命体”的固有印象，重新思考鹦鹉在日常生活中的互动性。

在“颜色”启发维度下，C、E、T、R 四种创造力模式在实际结果和“错误”结果间为高相似水平时较为相似。然而在结果间为低相似水平时，R 占比最高（50%）。与其他灵感启发维度相比，R 在该维度下也表现出相对较高的比例。在图 4.18（c）中，P16 产生“拍摄金鱼鱼鳞微观照片”的想法。“油画被识别成金鱼，让我突然发现金鱼的色彩可以如此亮丽。”这幅油画启发了 P16 将金鱼重新诠释为一些具有相似颜色组合的艺术品。

在轮廓和纹理这两种启发维度下，C、E、T、R 这四种创造力模式的比例相对相似。

从对比创作实验分析中发现，设计师经常同时选择“轮廓”和“纹理”启发维度。在图 4.18（d）中，P6 认为“青蛙”和“电话”的轮廓相似性不高，但新的组合可以给人带来更大的惊喜。“我们可以想象一个青蛙形状的电话在电话打进来时发出‘呱——呱’的声音，这会产生强烈的视觉冲击和新奇的体验。”在图 4.18（e）中，虽然 P19 认为结果元素的纹理具有较低的相似性，但该结果支持 P19 思考“可以应用隐形材料到行李箱，让行李箱在公众场合实现隐形保护模式”。

在“结构”启发维度下，当实际结果和“错误”结果间为中相似性时，E、T 的比例较高，C 的使用率相对较低。在图 4.18（f）中，P18 输出了想法“火车蒸汽盖能随时起伏并演奏音乐”，该想法通过挖掘笛子闭合出声的结构特点进行转化并赋予到火车蒸汽盖上。对于同一幅图像，P10 有其他新的想法，比如“火车从乐谱中开出，表达了希望和喜悦”。

图 4.18（彩图）

（a）　（b）　（c）　（d）　（e）　（f）

图 4.18　目标检测任务中的 AI“错误”示例

（3）研究问题③：影响因素分析。

通过对后续访谈内容进行分析，研究人员得出了三个可能影响用户接受和应用 AI“错误”进行灵感启发的因素：设计项目类型、设计经验丰富度、设计的不同阶段。拥有不同设计项目参与背景的被试者对 AI“错误”应用提出了不同看法。其中，具有产品设计背景的被试者将该灵感启发材料与仿生设计相关联进行了讨论。年龄较大、设计经验较丰富的被试者更容易接受将 AI“错误”作为灵感启发材料，更容易挖掘出错误标签和正确标签之间的关联性，也更擅长使用中低相似水平的图像。被试者提出可以根据设计的不同阶段来使用不同材料。例如，在概念发散阶段，更适合使用 AI“错误”图像；而在深化概念和造型迭代时，更适合进行相似图像检索。

3. 洞察与讨论

将人工智能技术整合到创意设计过程中是一个快速发展的研究和开发领域。近年来在创意产业中采用的生成模型，包括 DALL-E 和 Midjourney 等，证明了人们对这些工具在创意实践中的强烈兴趣。AI“错误”也可以视为一种远距离联想（far-association）。本节工作探讨了如何利用 AI 为设计师提供丰富的远距离联想素材和灵感启发，从一个全新的视角提出了人智协同机制和灵感启发策略，使 AI 能够多维度地支持设计师创造力，唤起人们对 AI“错误”的新见解，在未来探索出更多类型的人机协同共创模式。

与人类在遭遇误导性信息时可能犯错类似，AI 在模拟人类工作模式的过程中，同样难以在普遍意义上完全无误。例如，标签偏差被认为是数据标注中众所周知的副作用，常源于人类有意或无意地将内隐刻板印象融入 AI 决策之中，进而产生带有偏见的主观训练数据集。这不仅会削弱 AI 模型的性能，也会导致不公平或不正确的预测。若将 AI“错误”的发生视为 AI 感知世界内容的某种反映，分析 AI“错误”也可以作为培养“非人类中心主义思维”的一个切入点，有助于人类更好地理解 AI 决策和人智关系。AI 和人类决策通过推断出不同结果，共同塑造了人们感知世界的方式，例如车辆检测和音乐推荐等，从而构建了复杂的“我-技术-世界”关系。此外，AI 具有影响和转变人类思维的能力，AI“错误”的不透明性和不确定性，提供了持续不断的设计刺激，有助于缓解设计思维固化问题，在人智协作中激发新的灵感火花。 综上，AI“错误”提供了一个与人类决策截然不同的新视角，这一视角挑战了“需要完全消除 AI 错误”的观念，为重新评估 AI 的设计价值开辟了新路径。这一观点并非将 AI 技术推上圣坛，而是在 AI 不可阻挡的演变过程中保持高度的批判性思维，以应对未来人智关系中可能出现的不可预测性挑战，并致力于维护一个健康和可持续的人智协作生态系统。

4.3　面向智能设计的启发式工具包

人工智能与设计创新密不可分。很多设计师如果对 AI 产品及应用背后的算法原理或技术体系缺乏一定的理解，在设计实践中将难以充分利用 AI 技术进行创新。如何减轻设计师对智能算法、机器学习、深度学习等复杂概念和技术的认识负担，提升他们在创新设计中应用人工智能技术的能力，是智能设计人才培养所面临的新挑战。

4.3.1　启发式工具包概述

启发式教学在教育领域拥有着悠久的历史。早在两千年前，我国古代伟大的思想家、教育家孔子在《论语·述而》中提出的“不愤不启，不悱不发”，倡导老师应该在学生独立思考的基础之上进行启发及开导，这也是启发式教学的源头。启发式通过“发现法”、“问题教学”和“范例教学”等方式促进学生的合作与学习，从而激发学生的自主思考能力、创新思维能力、记忆能力、实践能力和沟通能力。目前，在设计领域中，以卡片为特征的启发式工具包已广泛运用在产品设计、工程设计等领域中。启发式工具包的使用不仅能够帮助设计师快速掌握关键要素和概念，还可以促进创新思维和创作力的提升。

随着信息化与智能制造的高速发展，传统的设计行业面临着技术的冲击与思维的变革。过去，设计师主要致力于解决设计问题而非技术问题。但随着 AI 技术从实验室场景逐渐转移到现实场景，人工智能不断渗入产品、服务与系统中，已成为设计师在设计流程中的重要考虑因素。近年来，人工智能在改善产品和服务的用户体验上发挥着重要作用，除了常见的直接使用人工智能生成工具，具有前瞻性的研究者与设计师也逐渐开始有意识地培养应用人工智能算法和技术的能力，以应对技术进步带来的设计领域的持续变革和创新。

设计学专业背景的学生由于缺乏信息技术相关知识，难以理解人工智能算法的基本概念和机制原理。但是，如果学生在考虑产品或服务的技术实现方式时，仅停留在技术应用层面的理解，而没有深入了解技术的原理和实现过程，可能会导致后期与开发人员的合作中出现理解偏差和知识壁垒，从而难以实现有效的沟通和推进设计方案的优化。此外，设计专业学生需要不断学习和适应新技术，培养交叉学科的能力，才能更好地运用智能技术创作出更具创意和实用性的作品。目前，我国的智能设计教学还处于探索阶段，“人工智能+设计”相关的课程框架与规范尚未完善。

一些团队从不同角度探索了智能技术的启发式教学方法。Chandel 和 Kátai 的团队分析了游戏和多媒体系统如何促进学生对算法的理解，并增强他们对算法的学习兴趣，从而提升学习效果[45-46]。Deng 提出了 ARCat 编程卡片[47]高效地帮助儿童掌握算法；Bilstrup 以卡片游戏的方式帮助高中生反思 AI 应用中可能出现的道德困境[48]；Fontes 和 Vega 介绍了在课堂上通过带有挑战性谜题的教学卡片来帮助降低编程类任务的复杂性，提升学生对算法的理解[49]。在众多方法当中，卡片作为一种低成本、易操作的启发式工具，备受研究人员的喜爱。在建筑设计领域，Mavros 等开发了一套卡牌帮助设计师从用户视角更好地看待建筑理念[50]。在服务设计领域，胡莹等基于服务启发式创建了卡片工具包（SDHCs），以培养学生的服务设计创新能力[51]。

4.3.2　实例：智能设计启发式工具包 Hello!AI

1. 需求分析与问题定义

为了进一步研究和探索设计师在学习和应用人工智能技术时所遇到的具体问题和真实诉求，研究团队面向两类人群（学习者和教学行为发起者）进行了调研[52]。面对学习者用户，邀请了 9 位有人工智能技术学习或应用经验的在校学生（本科生 3 位，研究生 3 位）及职业设计师（3 位），使用半结构化访谈主要询问了四个问题：①对人工智能技术的了解情况；②对现有人工智能技术资源和工具的评价；③对学习人工智能技术的态度和观点；④对未来智能设计教学工具的期待。面向教学行为发起者，研究人员邀请了湖南大学设计艺术学院智能设计方法课程的教学团队（2 位任课老师、4 位助教）进行访谈，了解在智能技术教学课程中所面临的问题。

基于访谈结果，学习者对于智能技术学习的现状以及需求如下。

（1）学习目的。设计学专业学生主要从课程、设计竞赛及课题研究中学习；在职设计师则出于增强职场竞争力的目的从网络资源中学习。其中有 6 位受访者提到，受 Midjourney 和 ChatGPT 等 AI 工具的影响，他们主动学习了 AI 生成相关技术概念。

（2）技术掌握。绝大部分受访者表示对技术仅限于简单认识，难以对算法展开细节性描述。受访者通常通过互联网上的技术科普帖学习技术细节，或在实际项目中了解部分内容，但局限于技术在产品中的可行性。大部分受访者在学习过程中需要花费大量时间，对技术内容普遍感到困难，无法理解相关资料和长段文字的解释。

（3）态度与观点。受访者普遍意识到学习智能技术的重要性。尤其是对于职业设计师而言，对智能技术的掌握可以帮助提升与工程师的沟通效率。受访者认为 AI 技术是双刃剑，既可以提供灵感、优化工作流程，同时也可能存在限制设计思维等负面作用。

（4）学习者期望。受访者的期望主要包括四个方面：提高学习效率、分辨技术差异、提供有针对性的技术关键词、匹配与技术相关的设计应用。

授课中老师们面临的挑战如下。

（1）难以掌握学生的学习进度。如果采用传统方式，通过展示与人工智能相关的设计案例，向学生讲解相关技术的概念与原理。此类单向输出无法很好地获得学生反馈，难以了解学生对知识的真实掌握情况。

（2）技术教学的深度难以把控。受访者指出，调整匹配当前年级的智能技术难度存在一定挑战。如果讲得太浅，学生难以形成对 AI 算法原理、实现及应用的具体认知；如果讲得太深，则会因为缺少足够的计算机基础背景难以消化知识。

（3）技术教学的形式需要调节。设计学科本身强调发散性、创意性的思维模式，与算法学习所注重的逻辑性、确定性的理念差异较大。在深入学习算法知识的过程中，不仅要丰富人工智能的知识储备，还需要转变思维模式。这个过程可能会让学生感到吃力、疲惫甚至紧张。

（4）跨学科协作能力的教学挑战。老师们认为跨学科的沟通与协作的能力培养是学生职业技术能力发展的重要方向。学习和理解机器学习相关的算法、原理、流程和对应的 AI 任务模型，有助于设计师在与工程师的交流中更加流畅地表达想法，并更清晰地了解产品的可行性。

2. 方案与原型设计

研究人员设计了一套面向设计学专业学生的人工智能教学启发式卡片——Hello!AI。如图 4.19 所示，该工具包有三类关键组件：启发式卡片、游戏地图组件和 AI 设计冲刺组件。启发式卡片包括算法卡和任务卡，前者介绍与算法相关的基础知识，后者则架起现实世界应用和算法模型之间的桥梁，弥合用户与 AI 算法之间的认知鸿沟。游戏地图组件主要采取桌面游戏的形式，从寓教于乐的角度出发，旨在通过趣味化的学习互动体验加强学生对算法卡与任务卡内容的记忆和理解。学生能够在游戏过程中理解 AI 应用场景、任务模型和算法之间的关联性，在潜移默化中提升他们的算法思维。AI 设计冲刺组件针对具体的问题需求，引导学生快速产出智能设计方案，有助于他们在实践中应用 AI 知识，构建智能设计技术路径图，并为未来与工程师协作积累经验。

这些组件为设计师提供了丰富的资源和支持，帮助他们更好地理解和运用人工智能技术。在不同的教学阶段，可以使用不同的模块组合。在教学前期，可以使用算法卡、任务卡与游戏地图组件，通过游戏互动体验提升学生在学习理解阶段对人工智能技术的学习兴趣；在教学后期，主要使用任务卡与 AI 设计冲刺组件，激发学生在原型设计阶段产生创意灵感，拓展智能设计思路。当概念方案生成后，还可以在此基础上引入算法卡，进一步理清技术路径。

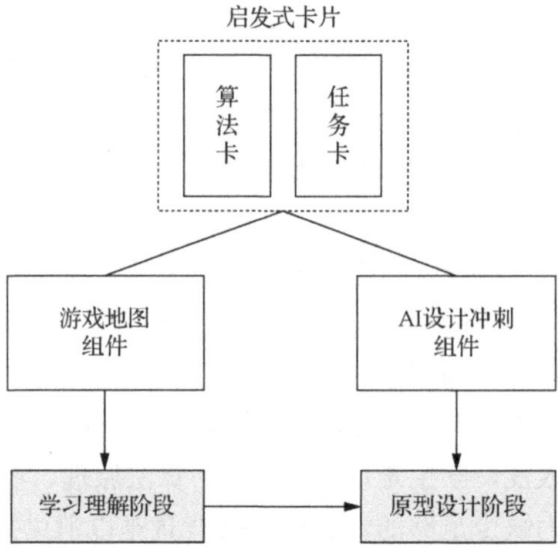

图 4.19　Hello!AI 启发式工具包总体构成

1）算法卡

算法卡主要用于描述算法的概念、原理、应用领域、输入数据类型等。研究人员首先梳理了机器学习常见的 6 大任务类型，其中包括分类、回归、聚类、关联、降维和强化学习，然后再对每一类型的常用算法进行整理归纳。由于算法的广泛适用性，在某些情况下，一个算法能解决多个任务，例如支持向量机算法既可以用于分类任务，也可以用于回归任务。在描述算法的应用领域时，考虑到卡片版面大小有限，因此只列举出 1～3 个较为常见的任务类型。最终归纳了 24 种算法，如表 4.12 所示。

表 4.12　算法卡所包含的算法类型

卡片类别	相关算法	
算法卡	朴素贝叶斯算法	循环生成对抗网络
	支持向量机	K-均值算法
	线性回归	反向传播（BP）算法
	随机森林	Mask R-CNN 算法
	逻辑回归	深度残差网络
	K 最近邻分类	LaMa 算法
	自适应神经网络	神经辐射场
	长短期记忆（LSTM）	Mobilenet 算法
	卷积神经网络	Retinex 算法
	主成分分析法	生成式对抗网络
	循环神经网络	图神经网络
	人工神经网络	遗传算法

为了帮助使用者快速理解算法，卡片正面以漫画的形式把算法的实现效果或技术原

理具象化，融入日常生活中常见的人、事、物元素。

如图 4.20 所示，算法卡的正面信息自上而下分别是：

（1）输入数据类型参考，以图标和文字展示算法能够处理的数据类型。

（2）插图解释，以漫画的形式介绍算法的功能。

（3）算法名称，包括中文名称以及英文名称。

（4）算法概述，以文字的形式概括算法的功能和应用。

图 4.20 算法卡视觉设计效果示例

算法卡背面信息自上而下分别是：

（1）算法原理，以文字的形式介绍算法原理。

（2）相关应用，以文字的形式介绍算法的相关应用场景。

2）任务卡

任务卡主要用于描述 AI 任务模型的概念、应用领域及其关联算法。设计师在接触 AI 技术的过程中，一般从应用角度出发，基于产品或服务的具体功能需求，思考所匹配的技术算法，然后进一步探究其算法原理。因此，在启发式工具包设计中，任务卡主要用来桥接应用领域与算法，缩短学生对 AI 算法的认知距离。

由于 AI 任务模型数量众多，无法对现有的知识逐一展示。为了确定卡片的内容范围，研究人员从开源模型资源网站（如阿里巴巴达摩院开源模型平台 ModelScope、华为 AI 开发平台 ModelArts 等）归纳总结了经典的 AI 任务模型。随后进一步筛选和删减了一些在设计领域不常用的 AI 任务模型。一个任务可以使用多种不同的算法来解决。例如，图片分类任务可以使用支持向量机、随机森林、朴素贝叶斯等多种算法。为了帮助学生认识 AI 任务模型背后的技术原理，每张任务卡尽可能地保留 AI 任务模型所关联的算法及模型名称信息，以引导使用者进一步了解算法之间的关联与差异，从而加深对算法的理解。本研究最终归纳了 21 类任务模型，如表 4.13 所示。

表 4.13　任务卡所包含的所有 AI 任务模型

卡片类别	相关内容	
任务卡	图像分类 目标检测 三维重建 图像填充 图像检索 图像/视频风格迁移 图像增强 姿态识别 文字识别 视频分割 视频目标追踪	视频摘要 文本生成图像 文本分类 情感分析 序列标注 机器翻译 意图识别 语音识别 数据挖掘 回归预测

任务卡尺寸与算法卡一致。任务卡具有正反面，如图 4.21 所示。

任务卡的正面，自上而下分别是：

（1）任务类型，共包含图像、视频、文本、语音和数据五大类型任务。例如，图 4.21 中的图像分类任务类型为图像类的 AI 任务。

（2）任务名称，以文字的形式介绍任务的中英文名称。

（3）案例插图，以插图的形式展示实现任务的案例。

（4）应用领域，以文字的形式介绍任务对应的应用场景。

任务卡的背面，自上而下分别是：

（1）任务释义，以文字的形式介绍任务的具体定义。

（2）参考算法/模型，以文字的形式介绍能够实现该任务的算法或模型。

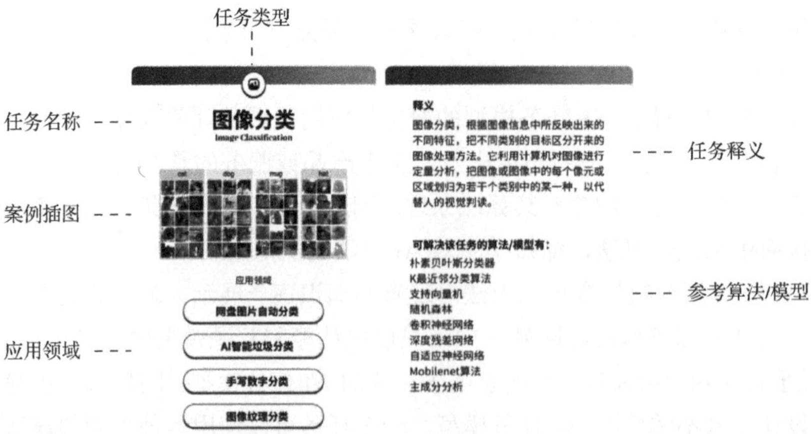

（a）正面　　（b）背面

图 4.21　任务卡信息布局设计效果示例

3）游戏地图组件

团队参考 Abbott 提出的以教学为目的的桌游设计流程[53]，构建了游戏地图组件设计模式，如图 4.22 所示。

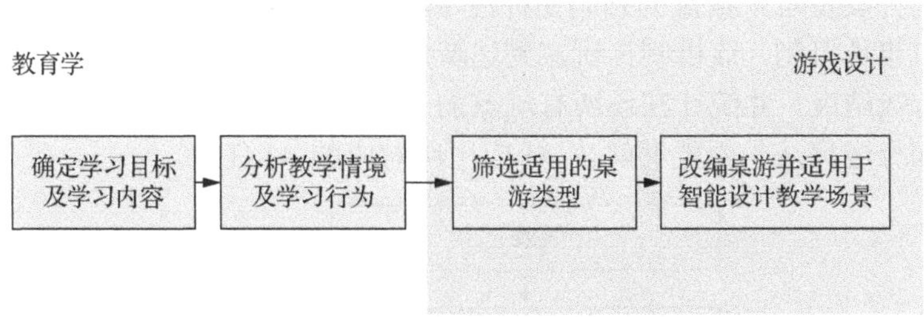

图 4.22　以教学为目的的桌游设计流程

（1）确定学习目标及学习内容。考虑到算法卡及任务卡数量较多，且课堂时间有限，如何通过游戏方式引导学生进行高效学习，是游戏地图和游戏环节设计的出发点。结合先前的调研结果，学习目标主要有以下四点：知道相关的算法或 AI 任务模型；理解算法及 AI 任务模型的概念；理解不同算法和 AI 任务模型的差异；了解算法、AI 任务模型以及 AI 应用的关联性。

（2）分析教学情境及学习行为。游戏主要面向本科或研究生的“智能设计方法”课程教学，单次课堂时长为 45 分钟，课堂人数约为 50 人。考虑到课堂的可控性和学生的兴趣度，游戏要足够简单，流程容易解释。根据课程教学安排，游戏主要应用于前期教学阶段，能够让学生了解智能算法和技术的相关概念，为后期教学阶段中的设计创作打好基础。游戏应尽可能调动学生积极性，鼓励学生以竞争或合作的形式参与游戏。通过增强游戏的趣味性、挑战性、社交性和成就感，让学生主动探索、描述、讨论、分类和联系知识点。

（3）筛选适用的桌游类型。根据所确立的教学目标，团队分析了现有的广泛使用的桌游类型，包括“大富翁”（版图类）、“德州扑克”（卡牌类）和“狼人杀”（桌面角色扮演类）等。其中，版图类游戏具有较多的游戏元素，需要基于手中的道具与其他用户进行互动，涉及合作和对抗，所以团队以版图类游戏为基准设计了智能设计教学工具。团队从“大富翁”类游戏中吸取了如下设计点：玩家通过掷骰子的方式在游戏板上移动，并触发相关事件；玩家在游戏过程中做出各种决策，例如可以利用手中的资源获取更大的回报；在游戏中设计机会、命运等特殊事件，增强了游戏的趣味性和不确定性；增加筹码和角色等元素，增加游戏的竞技性。

（4）改编桌游并适用于智能设计教学场景。桌游的改编包括两个方面：一是游戏主题；二是游戏机制与流程。

游戏主题： 研究人员将主题设计为“机器学习之旅”。参与者需要运用算法卡和任务卡，破解旅途中所遇到的每个 AI 应用任务背后的算法原理。

游戏机制与流程：“机器学习之旅”是采取积分制的竞技类卡牌地图游戏，并融合了策略类游戏的元素。一局游戏包括多个回合，每回合流程如图 4.23 所示。游戏支持 4～5 人一组，其中包含 1 名裁判和 3～4 名玩家。在游戏过程中，裁判手持任务卡，玩家手持算法卡。每一轮游戏中，裁判角色应根据 AI 应用选取任务卡、把算法卡分发给玩家，以及进行玩家分数的统计。玩家角色的主要操作为出卡、押注和放置筹码。在每一回合中，每位玩家需要根据任务需求出卡、押注，并说明出卡理由。其他玩家则需要判断是否正确并放置若干数量的筹码在押注卡上。为了增强游戏的趣味性，游戏过程中还设置了随机事件机制，该机制在玩家到达特定位置时被触发。当某个玩家角色到达终点后，一轮游戏结束，并统计在场所有玩家的总得分。在游戏过程中，同学们需要主动陈述、关联和分辨算法是否能够解决 AI 应用所对应的 AI 任务。

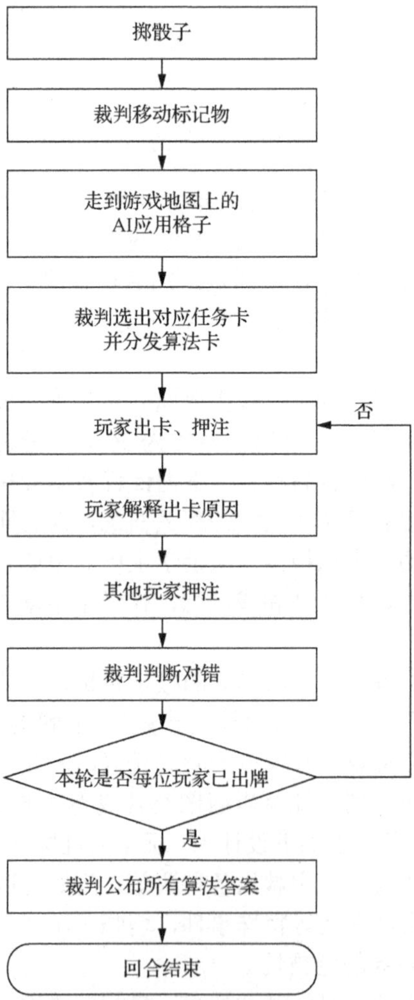

图 4.23　“机器学习之旅”每回合游戏流程图

游戏各部分组件：游戏包含多个组件，如图 4.24 所示。具体包括：

（1）1 张游戏画布，共包含 35 个游戏格子，其中 31 个格子包含机器学习任务，4 个格子代表随机事件区域。

（2）2 套启发式卡片，其中包含 1 套算法卡（24 张）和 1 套任务卡（21 张）。

（3）4 张随机事件卡，3 张免扣分卡。随机事件卡的内容包括“焕然一新”、“逆风翻盘”、“未知之数”和“普天同庆”，如表 4.14 所示。

（4）1 枚棋子，用于定位游戏地图中任务的位置。

（5）1 枚骰子，用于决定玩家的移动步数。

（6）若干筹码，用于玩家押注。每小组每人 10 个。

（7）1 张决策板，包含两个区域（能/不能），用于玩家放置筹码。

（8）1 张游戏流程图，用于介绍整个游戏流程。

（9）1 张计分表，用于统计游戏中每名玩家的得分。

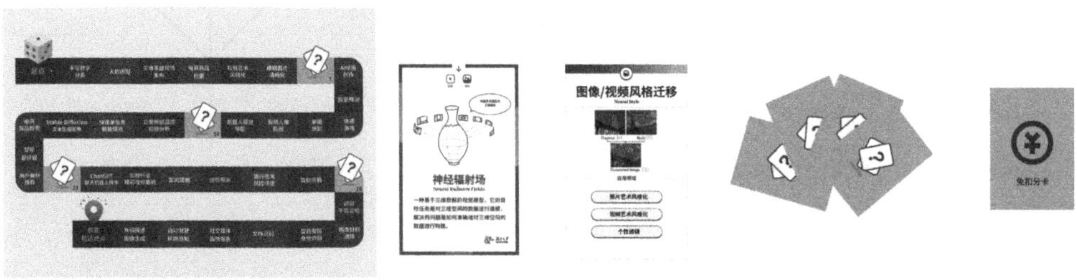

（a）游戏画布×1张　（b）算法卡×24张　（c）任务卡×21张　（d）随机事件卡×4张　（e）免扣分卡×3张

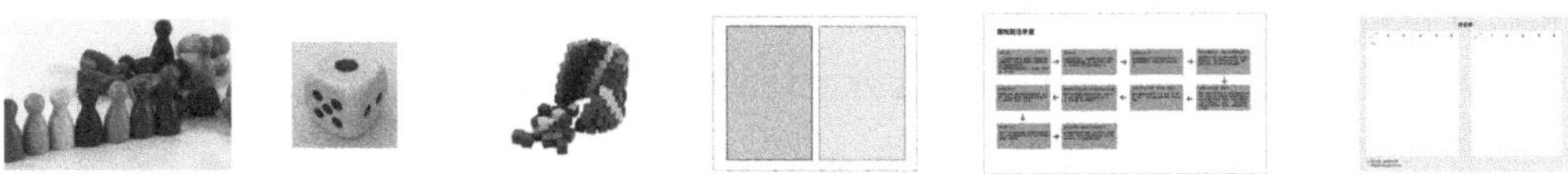

（f）棋子×1枚　（g）骰子×1枚　（h）筹码若干　（i）决策板×1张　（j）游戏流程图×1张　（k）计分表×1张

图 4.24　游戏地图组件

表 4.14　随机事件卡功能汇总

随机事件卡类别	含义
焕然一新	下一回合，算法卡重新洗匀，并平均分给在场的其他玩家
逆风翻盘	下一回合，轮到场上分数最低的玩家决策时，可选择阻止其他玩家放置多个押注筹码
未知之数	下一回合，玩家本轮游戏所获分数翻倍。如本轮游戏中，玩家放置 1 个筹码。若回答正确，最终+2 分；若回答错误，最终−2 分
普天同庆	下一回合，每位玩家都有一次免扣分机会，如玩家同时答错两张卡，那仅限其中一张卡牌免扣分

4）AI 设计冲刺组件

AI 设计冲刺组件主要用于支持学生在设计冲刺阶段进行智能产品或应用原型的概念构思。设计冲刺源于谷歌创投，其作用是帮助产品开发团队在短时间内基于关键的业务问题，以用户为中心，完成最小化产品的创新流程。与传统方法不同的是，设计团队需要根据项目背景，识别能够通过 AI 技术解决问题的设计机会点，了解 AI 技术如何发挥作用及预期效果，确认构建项目成功的技术路线图，以便与工程师团队快速设计 AI 模型以实现项目目标。

为帮助学生深入理解 AI 算法并将其应用到设计实践的流程中，研究人员借鉴谷歌创投设计冲刺流程和 Nexocode 公司的 AI 设计冲刺工作坊，构建适用于课堂场景的 AI 设计冲刺流程，共分为以下六个阶段，如图 4.25 所示。前四个阶段以设计问题为出发点，通过发散和收敛，最终产生概念设计方案。AI 设计冲刺画布通过设定具体的冲刺问题，引导学生逐步探讨设计方案。

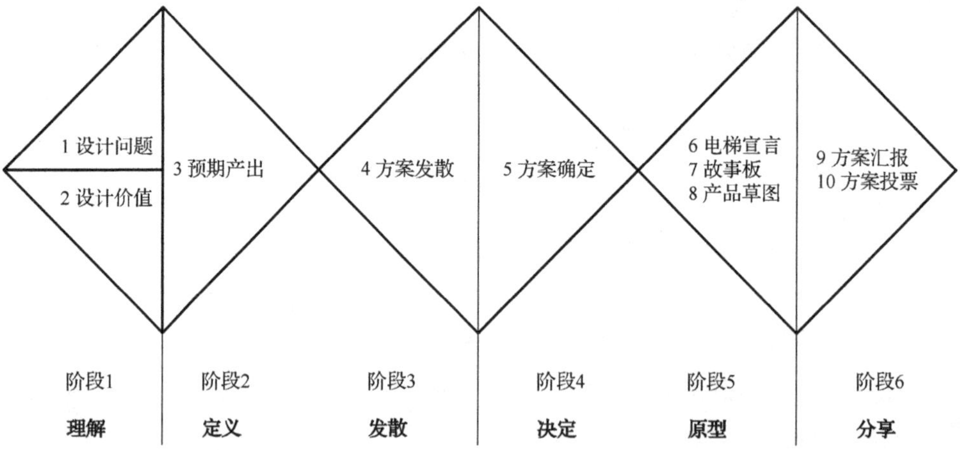

图 4.25　AI 设计冲刺流程

（1）理解阶段：确定 AI 冲刺的问题或挑战，明确设计所面向的用户、活动和需求，分析设计价值。

（2）定义阶段：明确设计对象，选择设计的切入点。预期产出包括实体产品、数字化产品等功能或服务的优化升级。

（3）发散阶段：通过头脑风暴探索潜在设计方案，考虑相关 AI 技术支持与实现效果。

（4）决定阶段：确定设计方案，包括定义方案中的产品功能、AI 技术及效果、AI 能力评估以及所需要的数据源和潜在的问题。

（5）原型阶段：通过电梯宣言梳理产品愿景，以故事板及产品草图的可视化方式表达方案，传达 AI 产品的功能与形态。

（6）分享阶段：各小组轮流对设计方案进行快闪汇报，并对非本组方案进行打分。

结合六个设计阶段，研究人员设计了三个画布以实现不同功能：①AI 设计冲刺画布 1，通过问题引导学生在前 4 个阶段进行设计思考，以逐步确定最终方案；②AI 设计冲刺画布 2，用于阶段 5 的原型设计和阶段 6 的快闪分享；③AI 设计冲刺发散画布，用于方案发散阶段进行头脑风暴的细分步骤指引，帮助学生在头脑风暴阶段记录和迭代概念想法。结合一套任务卡、一张计分表以及若干便利贴、画笔等工具，对头脑风暴的概念进行讨论、梳理与决策。

3. “机器学习之旅”课堂实践

研究团队在湖南大学设计艺术学院本科二年级“智能设计方法”课堂上，连续两年开展了游戏教学实践。以 2023 年春季学期为例，共有两个班级的 110 名同学参与。学生通过自行组队组成了 24 个小组，每个小组包含 4～5 名成员，包括 1 名裁判角色和 3～4 名玩家角色。在游戏开始前，任课老师首先对机器学习、算法等课程基础知识进行讲授。在游戏环节，给每组同学发放桌游物料，并对游戏目的、游戏机制和游戏组件进行讲解。游戏总时长为 60 分钟，前 20 分钟为试玩阶段，后面 40 分钟各个小组自主进行游戏。课堂游戏结束后，团队向学生们发放了在线调查问卷，以评估启发式工具包对课堂学习 AI 算法的支持效果。

1）课堂观察与分析

研究团队在课堂现场对游戏过程进行观察，在不影响游戏进程的前提下以拍照和录像的形式记录了游戏过程。从现场情况来看，课堂氛围十分活跃。在游戏介绍结束之后，各个小组都能迅速进入游戏状态。所有小组在正式游戏阶段均能在无协助下自主开展游戏。图 4.26 为课堂中的部分拍摄记录。

图 4.26　“机器学习之旅”课堂实景

研究团队观察到，玩家在不同的游戏步骤有不同的学习行为。在个人回合的出卡阶段，玩家会聚焦于对算法卡片内容的对比与筛选；而在非个人出卡回合，玩家在进行押注时，除了对算法卡及任务卡本身内容的判断，还会基于其他玩家对算法的理解诠释以及筹码放置情况进行综合分析。因此，玩家的学习过程不仅依赖于算法卡片本身所提供的知识，还融入了小组互动学习过程所产生的集体经验。

随着游戏的进行，玩家们在后期阶段对彼此的卡片逐渐了解，导致推进速度和出卡准确率显著提升。学生们会更灵活自如地向在场其他玩家讲述算法卡片，并尝试帮助他人解除在卡片学习上的认知误解。游戏地图组件工具包有效增强了同学们的互动学习，能够在较短时间内促进学生们对多个算法知识点的理解。

2）问卷数据统计与分析

游戏地图课堂结束后，团队向所有参与者发放匿名问卷，共回收 83 份问卷。问卷一共 13 题，包括 11 道量表题以及 2 道开放式问题。问卷以 USE 可用性量表为基础进行改进，使用七级量表，目的是对启发式卡片以及游戏地图组件包的有用性、易学性和满意度进行评估。研究人员对问卷的定量数据进行描述性统计，分析出数据均值、标准差与中位数，如表 4.15 所示。

表 4.15　Hello!AI 启发式工具包运用在课堂游戏中的反馈情况

题号	评估内容	均值	标准差	中位数
1	我认为这套卡片对于算法学习很有用	5.82	1.01	6
2	我很容易通过正面插图去记忆算法内容	5.10	1.31	5
3	在出卡阶段，我能清晰理解所运用的算法卡含义	4.63	1.25	5
4	在决策阶段，我认为判定他人算法卡正确性的过程能促进对算法的理解	5.66	1.09	6
5	我对使用算法卡进行学习感到愉快	6.29	0.94	7

续表

题号	评估内容	均值	标准差	中位数
6	我认为游戏的总体设置难度是？（1-非常困难，7-非常容易）	4.51	1.06	4
7	我认为这套游戏对理解算法原理是有帮助的	5.57	1.18	6
8	我能很容易掌握游戏的玩法流程	5.90	1.04	6
9	我认为游戏的交互方式友好，适合算法初学者	5.78	1.13	6
10	我认为游戏机制能够促进我对算法学习的兴趣	5.80	1.12	6
11	我很乐意以后在学习过程中使用这套游戏	5.98	1.02	6

从问卷数据来看，卡片在促进学生的AI算法学习方面的作用是值得肯定的。从“卡片对于算法学习很有用”和“对使用算法卡进行学习感到愉快”这两个问题的得分可以看出Hello!AI启发式工具包能给参与者带来有趣且有用的学习体验。从“在决策阶段，我认为判定他人算法卡正确性的过程能促进对算法的理解”的数据结果可以看出，参与者对以小组模式开展算法学习的效果较为满意。

大部分参与者对游戏地图的玩法表示满意，认为游戏难度处于中等偏易水平。参与者对游戏玩法的有用性、易学性、易用性较为认可，认为其能够帮助初学者理解算法原理。大部分同学认为游戏机制能促进学习兴趣，并愿意在日后的学习中使用这套工具。

4. “AI设计冲刺”课堂实践与测试

1）课堂实践与测试流程

在课堂上进行AI设计冲刺的流程和时间安排如图4.27所示，同学们以团队的形式共同完成设计实践，六个阶段的课堂总时长约170分钟。

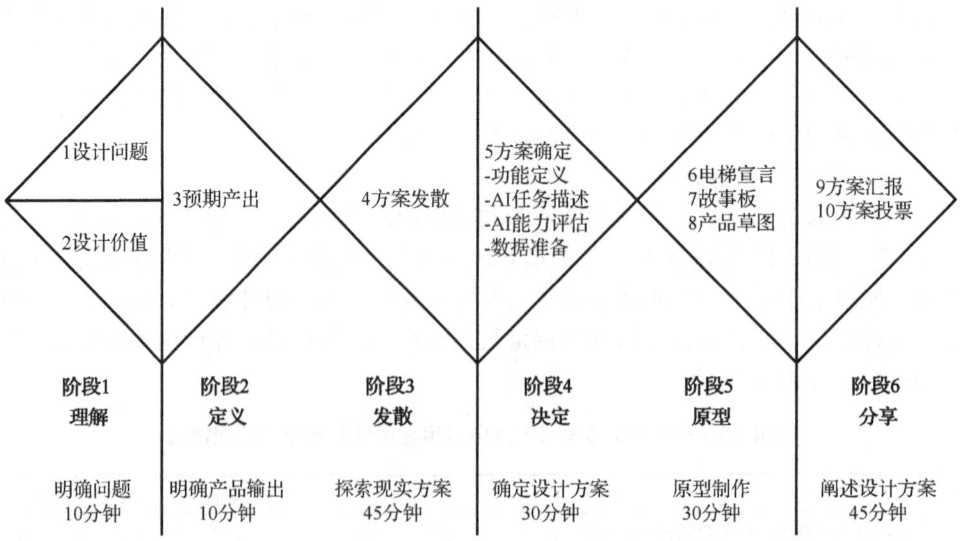

图4.27　AI设计冲刺流程

（1）阶段1：理解阶段。在本阶段，AI设计冲刺小组需要明确设计问题和设计价值。在课程中以“改变”为主题，让学生提前调研好博物馆在未来产品与服务上存在的机遇与挑战。其中设计问题包括设计机遇与设计挑战；设计价值包括意义与价值、联动性以及利益相关者及其需求。完成一系列讨论后，小组成员可以把整理好的内容绘制在设计冲刺画布的区域 1 和区域 2 中，如图 4.28 所示。

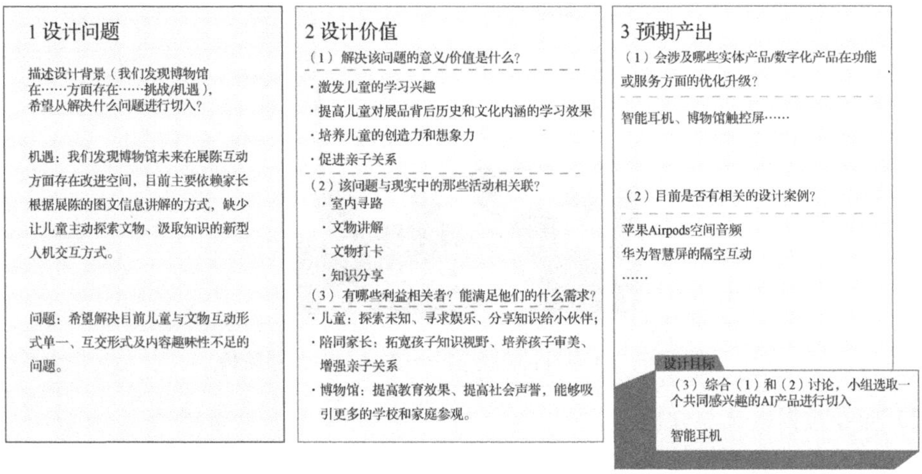

图 4.28　AI 设计冲刺——问题理解阶段和方案定义阶段示例

（2）阶段 2：定义阶段。在本阶段，AI 设计冲刺小组需要针对所定义的问题开展调研与讨论，完成设计冲刺画布区域 3 预期产出的内容。最终选择一个最感兴趣的 AI 产品设计方向进行设计。

图 4.28（彩图）

（3）阶段 3：发散阶段。在本阶段，每个小组成员先独立思考 5 分钟，在便利贴上写下各自的概念方案，并将其贴在发散画布上。随后 5 分钟，每人随机抽取任务卡，并思考卡片信息与设计目标之间的关联性。接着进入 30 分钟的讨论环节，各成员可依次阐述个人概念。讨论时，同学们需要结合任务卡评估 AI 技术在实现过程中的支持作用及效果。最后，小组成员依次对所有提案进行投票，选出得票最高的概念，将其作为设计亮点。

（4）阶段 4：决定阶段。在本阶段，小组需要进一步明确阶段 3 中的概念。在画布的功能定义与 AI 任务描述模块中，小组成员需要对功能概念及其背后的 AI 任务进行描述。在功能定义上，针对博物馆的个性化导览服务，提出了为儿童设计的“寻宝模式”概念。博物馆可提供智能穿戴设备，带有语音指令功能，为儿童安排个性化的参观路线，优先引导他们前往那些最受儿童欢迎的热门藏品展区。针对这项概念功能，在技术层面上，需要通过语音识别、回归预测等技术进行支持。每个小组需要在该环节对概念方案的技术效果进行分析。随后，小组需要对 AI 技术能力进行评估，标记功能点与 AI 能力之间的关联，明确 AI 技术在该功能点实现过程中发挥的作用。最后，通过填充数据准备单元，依次确认每个功能点的输入数据形式、数据格式和数据来源。

（5）阶段 5：原型绘制。在本阶段，小组大约有 30 分钟的时间梳理设计方案并将其绘制在 AI 设计冲刺画布 2 上，包含方案名称、电梯宣言、故事板、产品草图在内的多个板块。

（6）阶段 6：分享汇报。在本阶段，各个小组派出一名代表进行时长约 5 分钟的方案分享，如图 4.29 所示。方案分享后，设置了提问环节，老师和同学对部分方案提出了相关问题及建议，以促进每组同学对方案的完善。各组同学也在相互分享的过程中了解到更多人工智能技术参与设计场景的可能性。

图 4.29　AI 设计冲刺方案——方案分享汇报阶段

2）问卷数据统计与分析

在 AI 设计冲刺课堂结束后，研究团队向所有参与者发放匿名问卷，共回收 71 份问卷。问卷一共 11 道问题，包括 9 道量表题和 2 道开放式问题。问卷以 USE 可用性量表为基础进行改进，同样采用七级评分，目的是对 AI 设计冲刺组件包的有用性、易用性和满意度进行评估，结果如表 4.16 所示。

表 4.16　AI 设计冲刺课后反馈

题号	评估内容	均值	标准差	中位数
1	我觉得该工具在构思智能设计原型的过程中是有用的	6.18	0.98	6
2	我觉得该工具促进发现 AI 技术与设计结合的机会点	5.99	0.98	6
3	我觉得该工具有利于理清技术路径	5.93	1.01	6
4	我觉得该工具激发我产生更多的想法	5.86	1.18	6
5	我觉得该工具促进了方案的完整性	6.09	0.89	6
6	我觉得该工具使方案更富有创新性	5.80	1.10	6
7	我觉得该工具流程清晰，通俗易懂	5.91	1.01	6
8	我乐意以后在设计过程中使用该工具	6.01	1.05	6
9	我对该工具的效果感到满意	5.96	1.05	6

从问卷数据可以看出，同学们认为 AI 设计组件包在构思智能设计原型上具有较高的实用性，能够帮助设计师理清技术路径，促进发现 AI 技术与设计结合的机会点，并提升方案的完整性。同时，该工具在一定程度上能够激发设计师产生更多的想法，使方案更富有创新性。

3）课程输出方案分析

研究团队在课后对所有 AI 设计冲刺画布进行回收，以进一步分析学生对 AI 设计冲刺的理解程度与完成度。从结果来看，大多数小组能够顺利完成 AI 设计冲刺方案。在方案发散阶段，小组能够通过任务卡深化初始概念，并在方案确定阶段对 AI 任务、AI 能力和数据需求进行较为清晰的梳理。有部分小组由于在理解阶段难以统一设计问题，在发散阶段难以进行概念收敛，因此需要老师及助教及时介入，帮助小组顺利完成最终方案的确定。

为了进一步检验 AI 设计冲刺工具包在辅助学生进行原型设计中的作用，研究团队为学生布置了绘制“AI 设计技术路径图”的课后作业，主要从问题调研、方案设计、数据采集与预处理、处理过程和输出效果这五个维度，结合具体的小组方案和网上搜集的技术内容对技术实现方案进行细化，要求注重技术路径的逻辑性和清晰度。

从作业结果来看，大多数小组在数据采集与输出效果方面表现出良好的实施能力。大多数小组在数据处理过程中遇到难点，虽然进行了针对性的技术内容搜索，但仍感困惑，需要在教师答疑和助教辅导中，确定技术与设计方案的结合。有部分小组在作业过程中主动提出，希望能提供算法卡与任务卡的电子版材料，以提升技术资源搜索过程中的效率，协助完成方案的绘制。

5. 线上平台开发

基于上述功能，研究团队设计了 Hello!AI 启发式工具包线上平台。用户可以在网页端了解工具包的整体介绍，如图 4.30 所示。单击“下载体验”按钮后，用户可以获取以下资源：①工具包的三类组件（启发式卡片、游戏地图组件及 AI 设计冲刺组件）的电子版，供打印后线下使用；②工具包使用指南，帮助用户了解游戏地图的玩法和 AI 设计冲刺的流程；③启发式卡片制作指引，供用户自主进行卡片的创作。

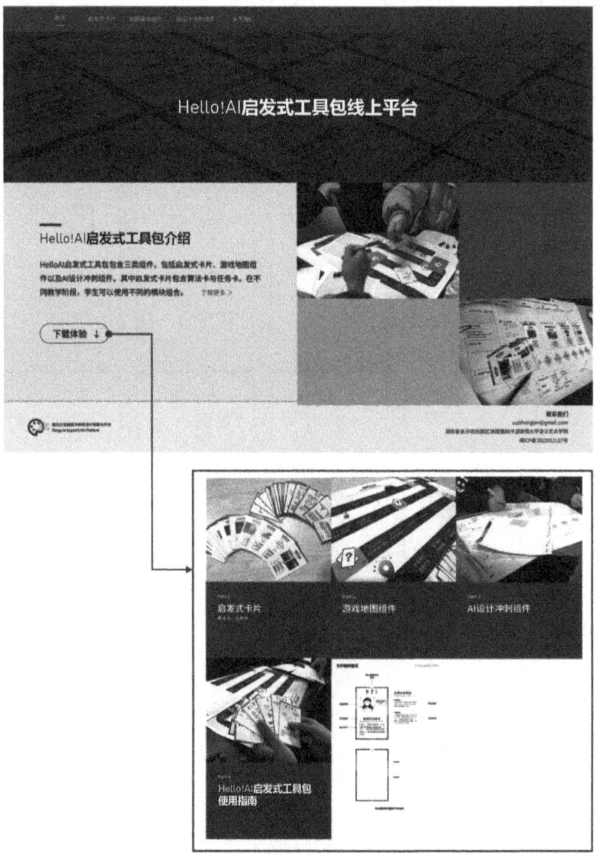

图 4.30　交互界面及资源下载内容

启发式卡片线上平台交互界面如图 4.31 所示。页面上方区域设置了搜索栏，用户可以输入具体的算法或 AI 任务模型的完整名称或关键词进行搜索。中间区域有“算法卡”与“任务卡”按钮，用户单击其中一个按钮，下方的卡片展示区域将展示对应的卡片信息。卡片展示区的上方设置了“按照数据输入类型筛选”的标签，包括图片、语音、视频、数值及文本。用户单击标签后，可以直接筛选出对应类型的卡片，方便对相同数据源的算法进行比较和分析。

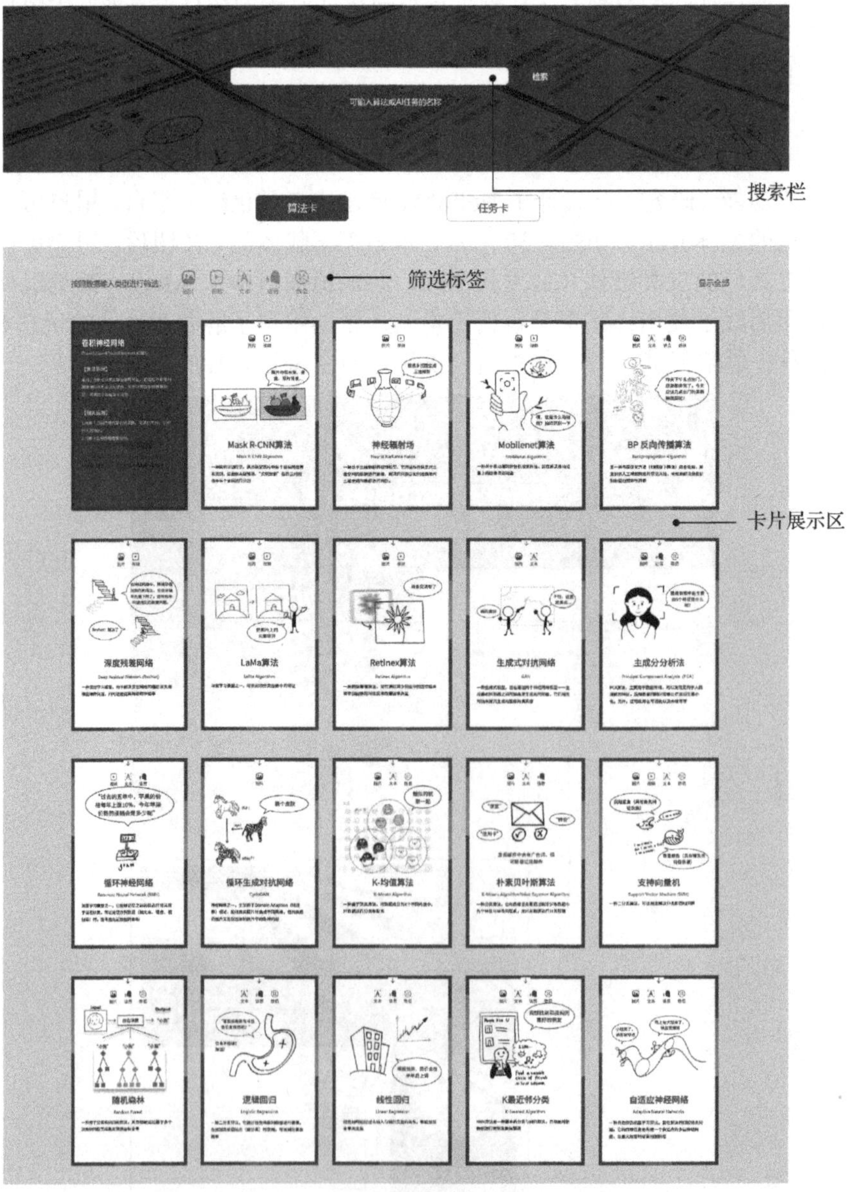

图 4.31　启发式卡片线上平台交互界面

线上平台还提供了游戏地图组件与 AI 设计冲刺组件的内容介绍，如图 4.32 所示。

在游戏地图组件页面中，用户可以左右切换查看各个游戏组件的介绍。在 AI 设计冲刺组件页面中，用户可以了解 AI 设计冲刺的来源、AI 设计冲刺课堂实践和 AI 设计冲刺包的构成。

图 4.32　游戏地图组件与 AI 设计冲刺组件界面

参 考 文 献

[1] WINGSTRÖM R, HAUTALA J, LUNDMAN R. Redefining creativity in the era of AI? Perspectives of computer scientists and new media artists[J]. Creativity Research Journal, 2023, 35(1): 1-17.

[2] BODEN M A. The creative mind: Myths and mechanisms[M]. New York: Routledge, 2024.

[3]GERO J S. Computational models of innovative and creative design processes[J]. Technological Forecasting and Social Change, 2000, 64(3):183-196.

[4] WIGGINS G. A preliminary framework for description, analysis and comparison of creative systems[J]. Knowledge-Based Systems, 2006, 19:449-458.

[5] SAWYER R K. Explaining creativity: The science of human innovation[M]. London: Oxford University Press, 2012.

[6] CSIKSZENTMIHALYI M. Creativity: Flow and the psychology of discovery and invention[M]. New York: Harper Perennial, 2013.

[7] KAUFMAN J C, STERNBERG R J. The Cambridge handbook of creativity[M]. Cambridge: Cambridge University Press, 2019.

[8] COLTON S, WIGGINS G. Computational creativity: The final frontier[M]. Amsterdam: IOS Press, 2012.

[9] COPE D. Computer models of musical creativity[M]. Cambridge: MIT Press, 2005.

[10] BRINGSJORD S, BELLO P, FERRUCCI D. Creativity, the turing test, and the (better) lovelace test[J]. Minds and Machines, 2001, 11(1): 3-27.

[11] GIOTI A M. From artificial to extended intelligence in music composition[J]. Organised Sound, 2020, 25(1):25-32.

[12] HERTZMANN A. Can Computers Create Art?[J]. Arts, 2018, 7(2):1-33.

[13] CHUNG N C. Human in the loop for machine creativity[C]//9th AAAI Conference on Human Computation and Crowdsourcing (HCOMP 2021). California: The AAAI Press, 2021: 1-3.

[14] CORREIA N N, MASU R, PRIMETT W, et al. Designing interactive visuals for dance from body maps: Machine learning and composite animation approaches[C]//Proc of ACM Designing Interactive Systems Conference. New York: ACM, 2022: 204-216.

[15] FRICH J, MOSE B M, DALSGAARD P. Twenty years of creativity research in human-computer interaction: Current state and future directions[C]//Proc of ACM Designing Interactive Systems Conference. New York: ACM, 2018: 1235-1257.

[16] CANDY L, HORI K. The digital muse: HCI in support of creativity, creativity and cognition comes of age[J]. Interactions, 2003, 10:44-54.

[17] FRICH J, MACDONALD V L, REMY C, et al. Mapping the landscape of creativity support tools in HCI[C]//Proc of CHI Conference on Human Factors in Computing Systems. New York: ACM, 2019: 1-18.

[18] WILKENFELD M J, WARD T B. Similarity and emergence in conceptual combination[J]. Journal of Memory and Language, 2001, 45(1):21-38.

[19] BONNARDEL N, MARMÈCHE E. Towards supporting evocation processes in creative design: A cognitive approach[J]. International Journal of Human-Computer Studies, 2005, 63(5): 422-435.

[20] CARROLL E A, LATULIPE C. The creativity support index[C]//Proc of Extended Abstracts on Human Factors in Computing Systems. New York: ACM, 2009: 4009-4014.

[21] KULTIMA A, NIEMELÄ J, PAAVILAINEN J, et al. Designing game idea generation games[C]//Proc of Conference on Future Play: Research, Play, Share. New York: ACM, 2008: 137-144.

[22] REES L D, HARBURG E, GERBER E, et al. Building support tools to connect novice designers with professional coaches[C]//Proc of ACM Conference on Creativity and Cognition. New York: ACM, 2015: 43-52.

[23] OZKAN O, DOGAN F. Cognitive strategies of analogical reasoning in design: Differences between expert and novice designers[J]. Design Studies, 2013, 34:161-192.

[24] 周志华．机器学习[M]．北京：清华大学出版社，2016.

[25] 李航．统计学习方法[M]．北京：清华大学出版社，2012.

[26] CHUNG J J Y, HE S, ADAR E. The intersection of users, roles, interactions, and technologies in creativity support tools [C]// Designing Interactive Systems Conference 2021 (DIS '21). Virtual Event: ACM, 2021: 1817-1833.

[27] HWANG A H C. Too late to be creative? AI-Empowered tools in creative processes[C]//Proc of Extended Abstracts of the 2022 CHI Conference on Human Factors in Computing Systems. New York: ACM, 2022:1-9.

[28] NING B, LIU F, LIU Z. Creativity support in AI co-creative tools: Current research, challenges and opportunities[C]//2023 26th International Conference on Computer Supported Cooperative Work in Design (CSCWD). Rio de Janeiro: IEEE, 2023: 5-10.

[29] 宁斌．面向中国风格隐喻设计的创造力支持系统研究[D]．长沙：湖南大学，2023.

[30] 王研．心智模型在界面设计中的研究综述[J]．设计，2022，35（13）：89-92.

[31] 苗深远．视觉隐喻的应用解析[J]．明日风尚，2018（9）：328-332.

[32] 王新，乔文文．基于知识工程的产品设计技术及应用[J]．机械工程与自动化，2020，218（1）：223-224.

[33] SCHREIBER G. Knowledge engineering and management: the Common KADS methodology[M]. Cambridge: MIT Press, 2000.

[34] 王飞．论传统隐喻修辞观的现代困境[J]．文学教育（上），2018（1）：128-129.

[35] ANGEL H H. Too late to be creative? AI-empowered tools in creative processes[C]//Extended Abstracts of the 2022 CHI Conference on Human Factors in Computing Systems. New Orleans: ACM, 2022: 1-9.

[36] 陈惠雯，刘雪丽．古诗词中自然景物类意象的应用[J]．汉字文化，2020（24）：49-50.

[37] 吴淑．事类赋注[M]．北京：中华书局，2021.

[38] CRILLY N, CARDOSO C. Where next for research on fixation, inspiration and creativity in design?[J]. Design Studies, 2017, 50: 1-38.

[39] BENJAMIN J J, BERGER A, MERRILL N, et al. Machine learning uncertainty as a design material: A post-phenomenological inquiry[C]//Proceedings of the 2021 CHI conference on human factors in computing systems. Yokohama: ACM. 2021: 1-14.

[40] VAN D B V, SALAH A A A, CHANDRASEGARAN R S K, et al. Ceci n'est pas une Chaise: Emerging practices in designer-AI collaboration[C]//DRS 2022. Bilbao: Design Research Society, 2022:1-17.

[41] HOORN J F. Computer-vision classification-algorithms are inherently creative when error-prone[C]//Proceedings of the 18th ACM SIGGRAPH International Conference on Virtual-Reality Continuum and its Applications in Industry. New York: ACM, 2022: 1-9.

[42] LIU F, LV J, CUI S, et al. Smart" Error"! Exploring imperfect AI to support creative ideation[J]. Proceedings of the ACM on Human-Computer Interaction, 2024, 8(CSCW1): 1-28.

[43] BODEN M A. Creativity and artificial intelligence[J]. Artificial Intelligence, 1998, 103(1): 347-356.

[44] GERO J S. Computational models of innovative and creative design processes[J]. Technological Forecasting and Social Change, 2000, 64(2): 183-196.

[45] CHANDEL P, DUTTA D, TEKTA P, et al. Digital game based learning in computer science education[J]. CPUH-Research Journal, 2015, 1(2): 33-37.

[46] KÁTAI Z. The challenge of promoting algorithmic thinking of both sciences-and humanities-oriented learners[J]. Journal of Computer Assisted Learning, 2015,31(4): 287-299.

[47] DENG X, WANG D, JIN Q, et al. ARCat: A tangible programming tool for DFS algorithm teaching[C]//Proceedings of the 18th ACM International Conference on Interaction Design and Children. New York: ACM, 2019: 533-537.

[48] BILSTRUP K E K, KASPERSEN M H, PETERSEN M G. Staging reflections on ethical dilemmas in machine learning: A card-based design workshop for high school students[C]//Proceedings of the 2020 ACM Designing Interactive Systems Conference. New York: ACM, 2020: 1211-1222.

[49] FONTES M M, VEGA Í S. An instructional card game with puzzle triggers: Guidelines for teaching software development[C]//Proceedings of the IADIS International Conference Interfaces and Human Computer Interaction, Lisbon: IADIS, 2017: 212-216.

[50] MAVROS P, CONROY D R, KULIGA S, et al. Architectural cognition cards: A card-based method for introducing spatial cognition research and user-centred thinking into the design process[J]. Architectural Science Review, 2022, 65(2):120-137.

[51] 胡莹，王钦，杜星，等．基于服务设计启发式的课堂教学模式实践与思考[J]．装饰，2020（10）：76-79．

[52] 梁晓婷．面向智能设计教学的启发式工具包设计与实践[D]．长沙：湖南大学，2023．

[53] ABBOTT D. Modding tabletop games for education[C]//Games and Learning Alliance: 7th International Conference. Dordrecht: Springer International Publishing, 2019: 318-329.

第5章　智能技术提升交互体验

5.1　智能算法与交互体验基础

结合智能算法的交互设计已经深入人们的日常生活中。例如，短视频平台会基于用户的播放历史推荐相关视频和购物链接；智能家居系统可以根据用户的日常习惯与喜好自动调节家中温度、灯光亮度等。此类智能技术可以影响生活中的多种信息载体，涉及文字、语音、图像、视频等。算法不仅可以帮助我们快速完成任务、支持设计师的创造力，还可以帮助提升系统或产品的交互体验。例如，在虚拟现实游戏设计中，引入手势识别技术，使玩家能够更加直观地操控虚拟世界；通过分析用户的行为数据和偏好，能够自动化地调整界面设计或提供个性化的建议，从而更好地满足用户的需求。

5.1.1　智能算法

智能算法是指能够模拟人类思维、利用计算机技术进行学习、判断和决策的算法。从输入数据类型来划分，智能算法包括文字、语音、图像、视频相关算法。例如，自然语言处理算法可以帮助计算机程序理解并处理文本数据；语音识别与语音合成算法能够通过语音的方式结合智能助手作为媒介与人类交流；图像分类与目标检测算法使得计算机能够识别图片中的物体、场景等；而视频内容识别和视频内容生成算法则能够帮助计算机分析和处理视频内容。在众多智能算法中，有几类常被用于交互设计、产品设计等领域。这些算法大部分被用于辅助数据分析、特征提取和信息传达，主要包括分类算法、识别算法、多模态学习算法和生成式算法。

1. 分类算法

分类算法应用广泛，能够对多种模态的数据进行分类处理，如文本、图像、语音、视频等数据。实现智能分类需要从给定的训练数据集合中学习来源于不同特征和类别的数据之间的关系，并利用类别之间关系的差异实现模型的拟合与收敛，通过将目标的视觉等特征映射到特征空间，从而实现分类目标。

在应用过程中，分类模型首先提取输入数据的特征，并将提取到的特征与各个类别空间进行相似性匹配，最后将其归类到相似性最高的类别中。分类算法具有广泛的应用场景，包括文本分类、用户聚类和个性化推荐等。

（1）文本分类：如情感分析、主题分类、垃圾邮件过滤等都是文本分类任务。通过将文本数据划分到不同的语义类别，实现自动化处理文本数据，从而极大地提升工作效率。

（2）用户聚类：根据用户的地理位置、年龄、性别、兴趣爱好等特征对用户进行分群，可以帮助设计师更好地制定针对性的营销策略和服务方案，从而满足不同群体的需求。

（3）个性化推荐：个性化推荐是目前交互系统中常用的功能。分类算法可以针对用户的历史行为和偏好将用户划分到不同的类别或群体中，从而支持个性化推荐。例如，在电商网站或视频平台中，通过分析用户购买或观看记录，将用户归类到不同的兴趣领域，然后向其推荐与兴趣相关的商品或内容进而促进购买消费。

2. 识别算法

识别算法不仅能够对数据进行简单的分类，还能从数据中提取出更为具体的特征或信息。与分类算法感知并明确类别之间的差异不同，识别算法的目的是通过识别来辨认数据中的对象、场景等内容，如图像中的物体、文本中的实体、语音中的命令等。与分类算法相比，识别算法更注重对数据的细致分析和理解。如图 5.1 所示，基于目标检测技术，可以从图像或视频中精准检测长颈鹿的位置并标记。这使得识别算法在诸如图像识别、语音识别等需要更高精度和准确性的应用场景中具有更大的优势和价值。

（1）图像识别：识别算法常被用于识别图像中的物体、场景、人脸等。例如，无人超市和智能货架系统可以通过摄像头识别商品，自动跟踪库存情况，提供实时商品管理和补货建议。

（2）语音识别：识别算法可以将语音信号转换为文本或特征向量。在教育领域，语音识别可以用于语音评测系统，帮助学生识别并纠正发音或语法错误，提供个性化学习反馈。

（3）情感识别：识别算法通过分析用户的面部表情、语音语调等来判断用户的情绪，从而实现更智能的情感交互。例如，在服务行业，情感识别技术可以用于客户情感分析，及时识别并理解客户的情感状态，从而调整服务策略，提供更人性化和个性化的服务体验。

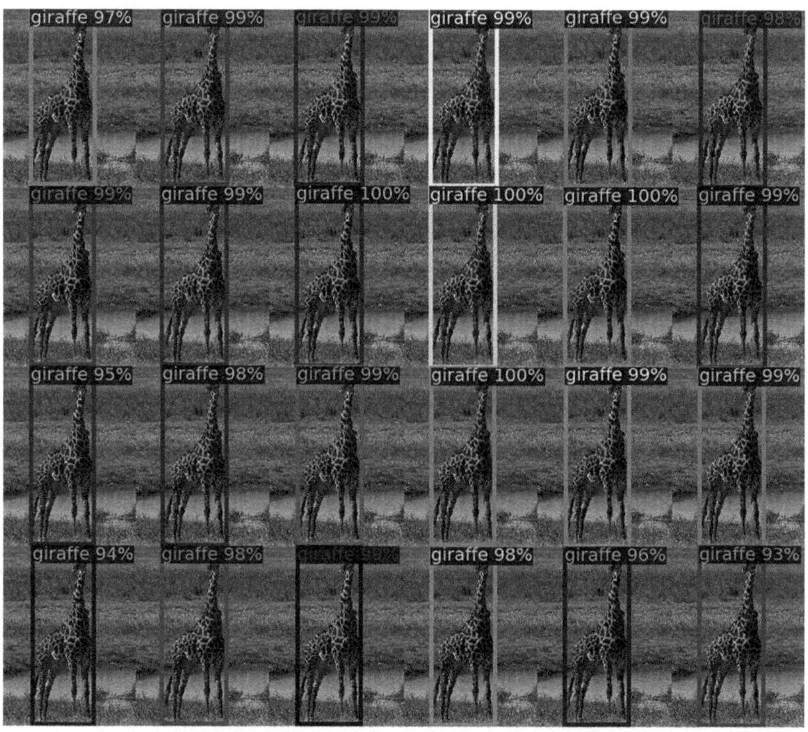

图 5.1（彩图）

图 5.1　图像识别算法应用案例：目标检测[1]

3. 多模态学习算法

多模态学习算法能够对多种类型数据进行处理。“模态”指的是数据类型或来源，例如，图像、文本、语音分别属于三种模态的数据。多模态学习算法通过从给定的训练数据中学习各个模态数据之间的关系，最终实现模型的拟合与收敛。如图 5.2 所示，多模态学习算法通过集成图像、文本以及标签多个维度的数据特征并映射到联合空间，实现更准确全面的数据表征。

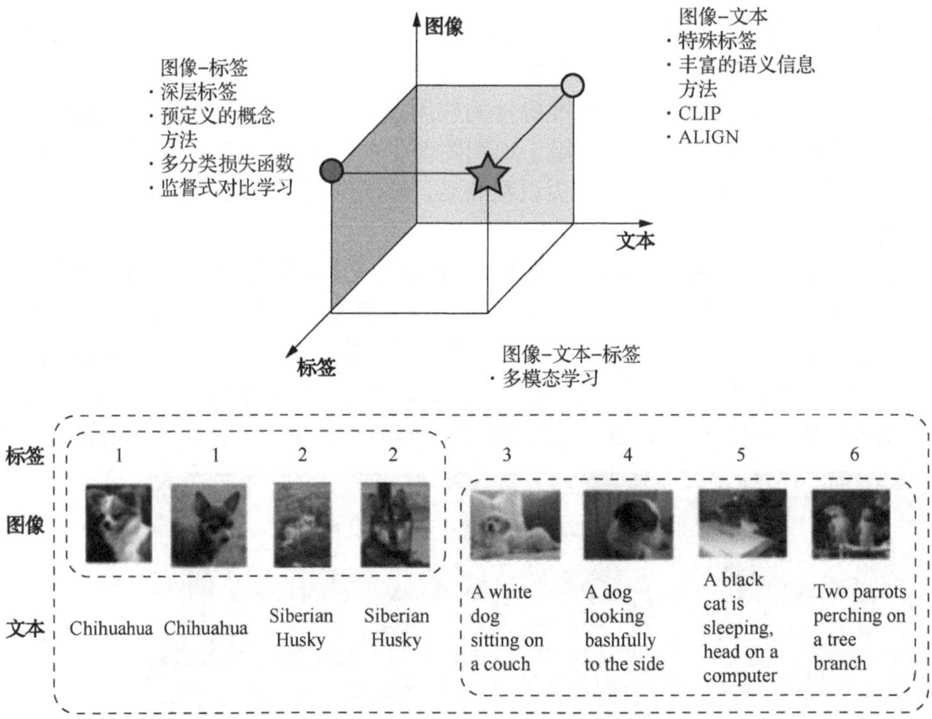

图 5.2　多模态学习算法框架案例[2]

联合学习技术就是常见的多模态学习方法，通过对不同模态数据的联合建模来提取更丰富的信息。例如，对比语言-图像预训练框架（contrastive language-image pre-training，CLIP）[3]将文本和图像作为一对数据输入网络中，通过共同的语义空间对文本和图像进行联合编码，实现图像和文本之间的语义对齐，从而能够用于图像搜索、文本检索等任务。随着文本、视觉、语音信息的爆炸式增长，多模态学习算法具有广泛的应用场景。

（1）智能驾驶：在自动驾驶领域，多模态学习算法可以同时处理来自车载摄像头、雷达、激光雷达等传感器的多维度数据，分析其关联特征，从而实现对车辆周围环境的感知和理解，最终实现智能驾驶决策和控制。

（2）智慧医疗：多模态学习算法可以结合医学影像、生理信号、临床报告等多种数据源，提高疾病诊断的准确性和精度，辅助医生做出更加科学的诊断和治疗决策。

（3）虚拟现实：在虚拟现实领域，多模态学习算法可以结合视觉、听觉、触觉等多种感官数据，带来更加沉浸的虚拟体验，从而提高虚拟现实应用的真实感和交互感受。

4. 生成式算法

生成式算法（generative algorithm）的目标是通过学习数据分布生成新的数据样本。如图 5.3 所示，生成式算法通常通过对潜在空间进行建模以生成新的数据样本，即从一个随机噪声向量中生成符合预期分布的数据。文生图是目前最具代表性的生成式算法。该算法通过学习大量真实图片数据集，从中抽取并学习图片的特征和分布，随后基于生成式模型（如生成对抗网络、变分自编码器等）生成新的图片。类似地，通过学习语音、文本等数据的分布，生成式算法也可以生成具有相似特征的新数据。

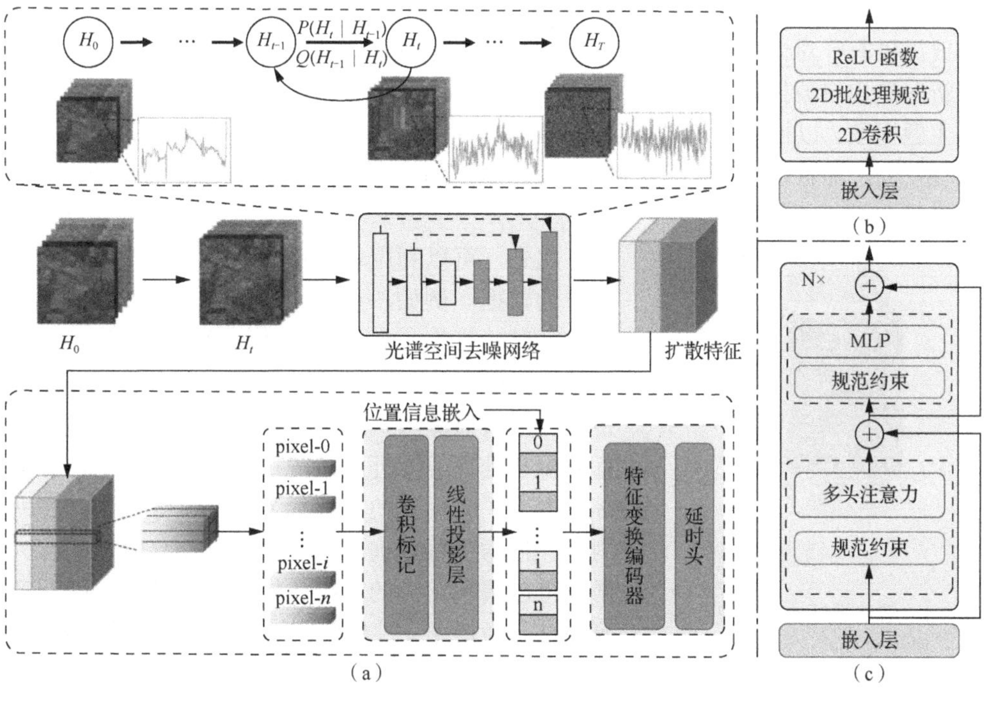

图 5.3　生成式算法框架案例[4]

（1）文本生成：文本数据的生成包括文章、新闻、故事等，可以用于自动化写作、智能对话系统等应用。例如，在时尚、商业等行业，通过训练文本生成模型为新品创作商品描述，减轻设计师和营销人员的工作负担。

（2）图像生成：生成式算法可以用于生成逼真的图像，包括人像、风景、艺术品等。例如，在室内设计行业，通过输入房间的尺寸和设计偏好，可以快速生成满足对应条件的设计方案。这样既节省了设计师的时间，也为客户提供了更多选择。

（3）音频生成：在音乐设计领域，利用生成式算法可以为电影配音或结合情感分析技术来自动化创作音乐。例如，电影公司根据特定的情感、情境或者风格，可以使用这种技术生成符合预期的音乐作品。

5.1.2　交互体验

交互体验是指用户与产品或服务进行交互时所产生的感受和体验，包括用户对产品或服务的使用、反馈和感受等方面。一个好的交互体验应该是简单、直观、自然且易于使用的。交互体验的提升需要注重用户行为分析和用户需求理解，从方案设计的易用性、互动效率和个性化等方面考虑用户的情感需求和情感体验。结合用户体验流程，可以从以下几个方面引入智能技术。

1. *用户研究*

了解用户需求和行为，探究用户对产品或服务的期望和痛点，能够为设计研究或设计实践提供有针对性的参考。例如，设计师可以利用大数据技术和数据挖掘算法来处理和分析海量用户数据。网络购物平台可以通过自然语言处理技术对用户评论进行情感分析和主题提取，以捕捉用户对产品的喜好和需求。通过分析评论中的关键词、情感倾向以及提及的产品特性等信息，可以了解用户的购买动机、产品偏好和使用体验，为优化产品设计和服务提供指导。

图 5.4　智能手环检测用户心率

此外，可以利用各种设备和技术来收集和分析用户行为数据。例如，可以使用传感器设备来捕捉用户的实际肢体行为，如手势、动作等。这些传感器可以安装在智能手机、智能手环（图 5.4）、智能眼镜等设备上，实时监测用户的行为并将数据传输到服务器进行分析和处理。此外，企业还可以利用网络浏览记录等数据来了解用户的在线行为。通过分析用户在网页浏览、搜索引擎查询、社交媒体互动等方面的行为数据，可以揭示用户的兴趣爱好、偏好倾向、购买意向等信息，为设计个性化的交互体验提供参考依据。

2. *用户个性化*

智能技术可以为用户提供更加智能、个性化、高效的交互体验。最常见的是个性化推荐功能。通过分析用户行为数据，根据用户的历史记录、兴趣爱好、地理位置、社交媒体等为其推荐个性化的咨询内容和服务。个性化的智能语音助手作为语音交互的有效形式之一，可以让用户通过语音指令完成交互操作，特别是在手部被占用的场景。随着大模型的发展，个人语音助手模型的训练也变得简单。

3. *多感官互动*

AR、VR 技术和混合现实（mixed reality，MR）技术都是可以进一步提升交互体验的新兴技术。AR 技术将虚拟信息叠加到现实世界，增强用户的沉浸感和参与度。通过多通道交互方式，如手势识别、语音识别和行为动作分析等，提供更加直接和自然的交互，与虚拟空间物品识别无障碍互动。例如，头戴式显示器与医用图像融合，可以在医生的视野中显示患者的解剖结构，利用 AR 技术在手术过程中为医生提供实时的图像和导航指引，无须触摸手术设备或病人。

5.2　智能算法与交互体验实例分析

5.2.1　实例 1：文物描述智能生成与交互系统 ARTalk

1. 需求分析与问题定义

文物是具有历史、艺术以及科学价值的历史留存的遗物或遗迹[5]。文物在文化传承领域具有重要地位，承载着丰富的历史文化内涵。近年来，各国逐步开展文化数字资源采集工作。然而，海量文物资源缺乏有效的语义表标引。文物包含的大量高级语义信息是设计领域的重要研究对象，然而文物与其承载的高级语义之间存在明显的语义鸿沟，限制了设计师对文化知识的理解。

文物标引是分析文物特征、依据规范性主题词表和主题标引规则、赋予文物主题检索表示的过程。当前，标引方法分为人工标引和自动标引。人工标引方法的特点是简单便捷，但不适用于大规模在线数据信息的标引[6]；自动标引方法的特点是快速，不需要人为干涉，难点在于标引难度大，准确率低，对于文物图像数据的标引需要理解专业语义知识[7]。

2. 研究内容与方法

本研究以文物作为案例，旨在开发文物自动标引系统，以帮助专家快速实现自动标引，提取文物知识，进一步促进文化传播和文化应用[8]。为此，首先需要梳理文物知识表征内容的覆盖范围；其次需要构建文物知识数据集；最后，基于深度学习和多模态学习方法，实现文物知识的智能提取和表征。基于上述技术，团队设计了一个专家交互系统，帮助专家对标引内容进行快速修改。

1）文物知识表征内容类别

文物知识表征是指对文物知识进行系统整理与描述，为文物研究、保护、展示和传播提供文化知识支持。文物知识表征内容包含文物图像信息和文物文本信息。文物文本主要分为三类：标签文本、名称文本和描述文本。标签文本标引文物重要特征；名称文本以简练的语言概括文物内容；描述文本作用体现在引申和拓展上。

文物标签是文物单个或多个重要特征的分类，用于文物信息检索。文物名称则包含文物的来源、时代、材质、纹样等基本信息，用于辨识文物的重要特征。文物名称能够以简练的语言概括文物内容。文物描述详细介绍文物外形特征（颜色、纹样、器型、技法、形制等）、文化象征、艺术风格以及文物的历史信息[9]。

如图 5.5 所示，文物名称为“明永乐青花海水江崖纹三足炉”，明确指出了文物的朝代“明”、年制“永乐”、釉色“青花”、纹样“海水江崖纹”、器型“三足”以及形制“炉”等基本特征。文物名称使用标准术语表征知识特征，但是缺乏对以上名词术语的解释。在文物描述中使用生动的语言详尽介绍了文物基本特征细节与历史背景信息。多个纹饰组成“翻转的海浪和山崖”延伸寓意为“江山永固”，象征山水相依，守望相护。

——节选自北京故宫博物院

文物标签
青花；景德镇；
Blue and white；Jingdezhen

文物名称
明永乐青花海水江崖纹三足炉
Blue and white three-foot censer with the sea weave and cliff pattern, Yongle Ming

文物描述
明永乐青花海水江崖纹三足炉
明永乐，高55.5厘米，口径37.3厘米，足距38厘米。
炉阔口，短颈，鼓腹，下承以三象腿形足，肩部置两朝天耳。内施白釉。外壁通体绘海水江崖纹。
其形体硕大，青花色泽浓艳，晕散明显，凝结的黑斑密布于纹饰中。纹饰寓意江山永固。而海水江崖纹有着它独特的含义，它的纹饰由翻转的海浪与山形组成，象征山水相依，守望相护。
明代《弘艺录》中提到，皇帝在奉天门御朝时，有内侍捧着山河形状香炉安放在御榻前，还要奏报说“安定（鼎）”了，所以从这件器物也能看到明成祖朱棣营造紫金城的理想。

图 5.5　文物图像和对应的文物标签、文物名称和文物描述

2）文物知识数据集构建

基于上述内容，团队根据文物知识的重要性分析和计算机视觉技术的识别性能，构建了中国传统陶瓷文物的数据库 CArt15K。该数据库包括：①全局视觉维度中的器型、形制和釉色标签；②局部视觉维度中的纹样和铭文标签；③非视觉维度中的年代、尺寸、窑口、作者、材料、技法和文化等标签；④潜在隐喻维度中器型和形制的强相关联组合、纹样和纹样的文化语义以及其他多维度特征关联；⑤文物描述句子中的文本分割标签、标签值和对应的描述句子。

3. 技术路径设计

ARTalk 系统框架如图 5.6 所示。首先是特征提取，通过多标签分类网络模型识别文物特征；其次基于特征标签结合知识图谱进行信息检索，最后生成文物描述。阶段 1 中，首先进行全局多标签识别和局部特征目标识别，随后将提取到的特征输入隐喻知识图谱推理网络以进行隐喻推理。阶段 2 中首先提取文物名称，随后检索描述库生成最终的文物描述。

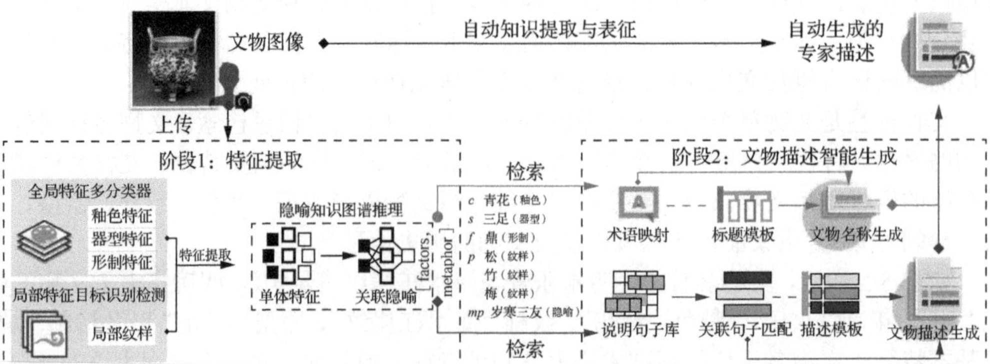

图 5.6　ARTalk 系统框架

1）全局多标签识别

系统采用 EfficientNet 网络模型[10]来优化网络参数。EfficientNet 不仅在规模上适中，还在识别准确率上具有显著的优势。为了进一步提升文物关键区域的特征表示，系统引入了卷积块注意力模块（convolutional block attention module，CBAM）来识别文物图像的全局因素。CBAM 是一种简单而高效的前馈卷积神经网络注意力模块。该模块在给定中间特征图像后，会依次在通道和空间两个独立维度上推断出注意力图，并将注意力图与输入特征图相乘，从而实现自适应特征细化。此外，CBAM 作为一个轻量级的通用模块，可以无缝集成到分类器的架构中，支持端到端训练。

2）局部特征目标识别

陶瓷纹样是文物图像中的局部特征，分布于图像的各个部分。要识别这些纹样，需要检测它们的位置并识别其类别。系统使用 YOLOv3 模型来执行目标检测任务。由于 YOLOv3 的预训练模型是基于自然图像进行训练的，因此需要使用中国陶瓷数据集 CArt15K 中的纹样数据集对 YOLOv3 进行微调。该算法通过一个独立的卷积神经网络模型实现端到端的目标检测，网络以完整图像为输入，并在输出层对边界框（bounding box）的位置及其所属类别进行回归。

3）隐喻知识图谱推理网络

现有的文物描述生成工作在理解高级语义方面存在不足，尤其是在解析文化隐喻时。知识图谱的构建基于对中国陶瓷文物文化隐喻的研究，由实体、关系和语义描述组成。如图 5.7 所示，知识图谱采用经典的三元组知识框架，其中有向标记中，单个节点代表实体、实体组合或隐喻实体，单边则定义两个节点之间的关联。知识图谱中包含数百种实体特征，通过对识别出的多特征实体进行映射，可以在知识图谱中发现实体组合及其对应的隐喻信息。例如，竹纹和桃纹的组合寓意为“祝寿纹”，用以祝福长者健康长寿，其中，竹纹谐音“祝”；竹纹与梅、兰、菊的组合则寓意为“四君子纹”，象征圣人的高尚品德，竹纹在此代表谦虚高洁。此外，系统的隐喻知识图谱中还增加了单体隐喻的反向推论。

4）文物名称与描述生成

文物名称是文物知识描述中的重要组成部分，通常是描述中的第一句总结。文物名称通常由一系列标签组合而成，涵盖了多维度的特定类型知识，并按照文物命名的规范顺序进行排列。因此，系统将识别出的关键视觉特征映射到受控词表中，并填充到文物名称生成模板的对应位置。文物描述生成过程中，将映射的术语作为关键词，在构建的描述句子数据集中检索相关句子。这个数据集实际上是一个字典形式的数据库，其中每个索引都有对应的描述语句。ARTalk 通过匹配每个关键术语来检索相应的句子文本，并按照预定义的描述模板顺序进行连接。

4. 交互方案设计

交互系统包括图像上传、知识检索、知识表征、知识标签和文本编辑等功能，主要面向设计师、文物专家以及游客等用户。对于普通用户，系统支持上传拍摄的文物图像以获取自动生成的文物描述，增强文化参观的沉浸感，并使游客在展览结束后仍能获取拍摄图像的文物知识信息。对于设计师，系统需要提供语义丰富的文化知识和视觉元素参考，如瓷器的釉色、造型特征、陶瓷纹样等，以启发设计灵感，这与交互系统中的多维度知识表征模块相对应。对于文物专家，交互系统在自动生成描述后，还提供文本编辑和标签修改功能，以便专家根据不同文化展览的需求撰写展品说明，从而节省撰写文物说明的时间和精力，这与交互系统中的编辑模块相对应。具体的功能模块如下所述。

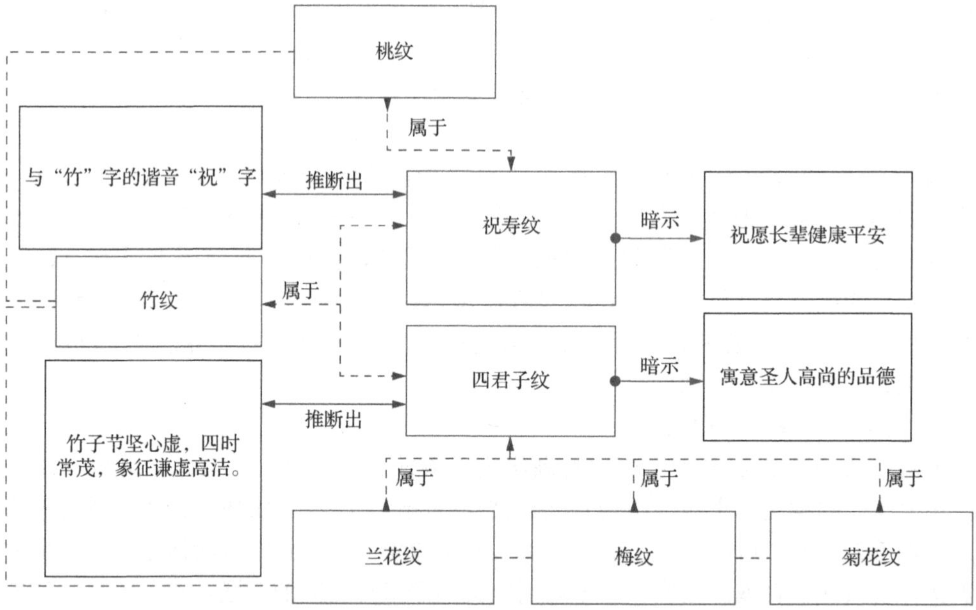

图 5.7　文物知识图谱结构

（1）上传图像：用户上传需要提取知识特征的文物图像，如图 5.8 所示。

（2）加载与智能生成：系统智能识别文物中的釉色、器型、形制和纹样等特征标签，并识别多特征的联合隐喻。在此基础上，输出特征标签，并检索与标签对应的描述句子。根据知识维度，将特征分为“釉色”、“器型”、“形制”、“纹样”和“隐喻”区域，并组合生成完整的文物描述。

（3）前端展示信息：ARTalk 最终输出包含描述名称和多维度标签的描述句子组合，以及目标识别的纹样坐标和选框，如图 5.8 所示。输出的纹样选框与纹样描述文本相对应。同时，系统将在“标签栏”中显示识别出的文物标签，标签栏包含所有识别到的文物知识标签，方便用户快速了解上传图像中包含的知识维度，并支持后续的快速修改。

（4）编辑模块：编辑模块支持对提取的标签、局部纹样的选框以及生成的描述文本进行修改。如图 5.9 所示，识别到的文物知识标签显示在自动生成描述的底部，用户可以通过增加、删除或修改文物知识标签来修正识别错误的特征。除视觉特征外，还提供非视觉特征的标签和对应的描述文本，通过添加非视觉特征标签，可以自动检索其详细描述。对于未识别到的纹样，可以新增“选框”并添加纹样标签，交互系统会记录框选纹样的坐标和类型，以参与后续目标识别模型的迭代训练。用户还可以根据文物细节特征修改文物描述文本，以提高描述的质量。

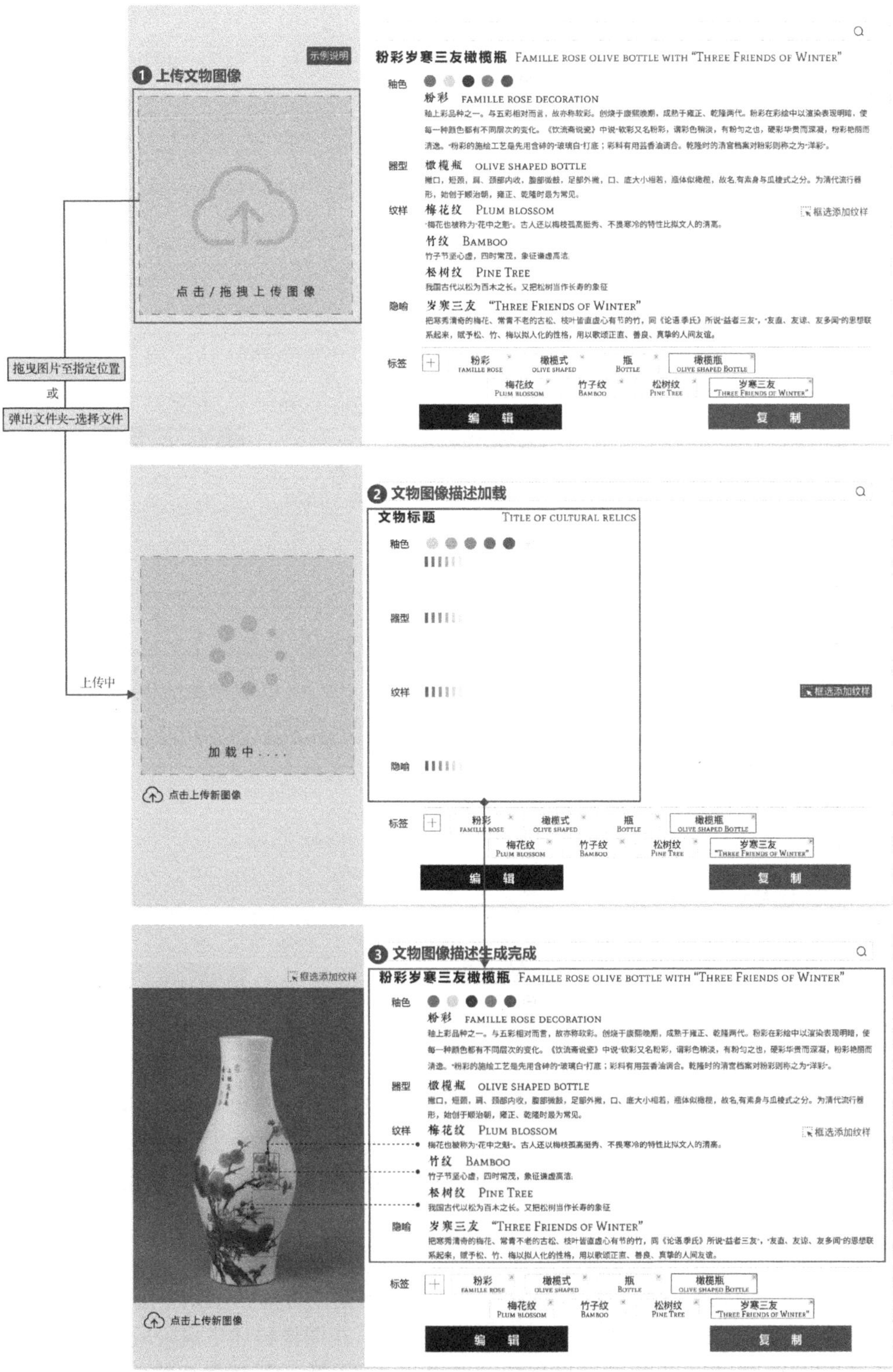

图 5.8　交互系统图像上传模块

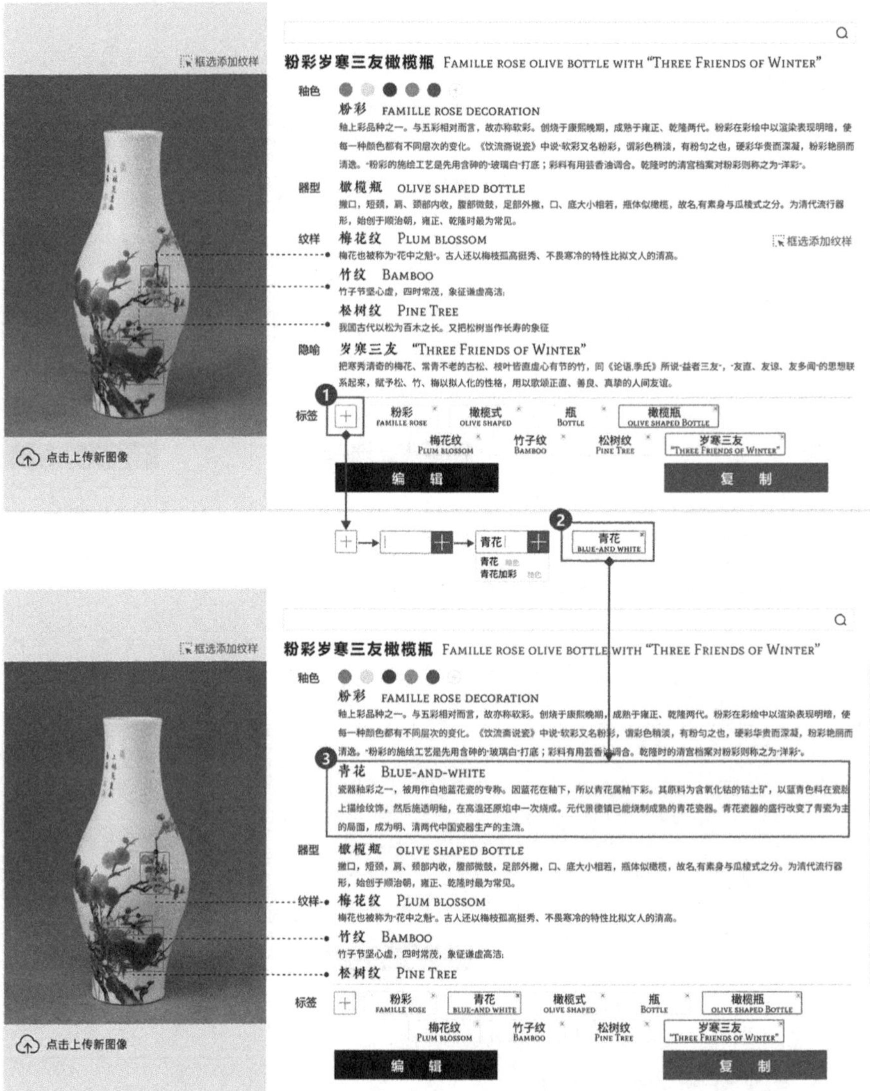

图 5.9　交互系统知识标签——编辑模块

（5）检索模块：该模块提供知识标签检索、知识句子检索和特征图像检索功能。用户可以检索包含视觉特征和非视觉特征在内的 15 类特征标签及其对应的描述句子，如图 5.10 所示。这一功能丰富了文物的语义信息，增加了多角度的文物知识描述。

5. 实验评估与效果验证

为了评估 ARTalk 在智能特征提取和描述生成方面的性能，团队采用定量分析的方法来评估多标签分类器和纹样目标识别的检测效果。在图像描述生成阶段，使用机器翻译等定量指标，并结合专家的定性分析，共同评估系统生成描述的智能化效果。最终，通过半结构化访谈评估用户在实际使用交互系统中的体验问题。

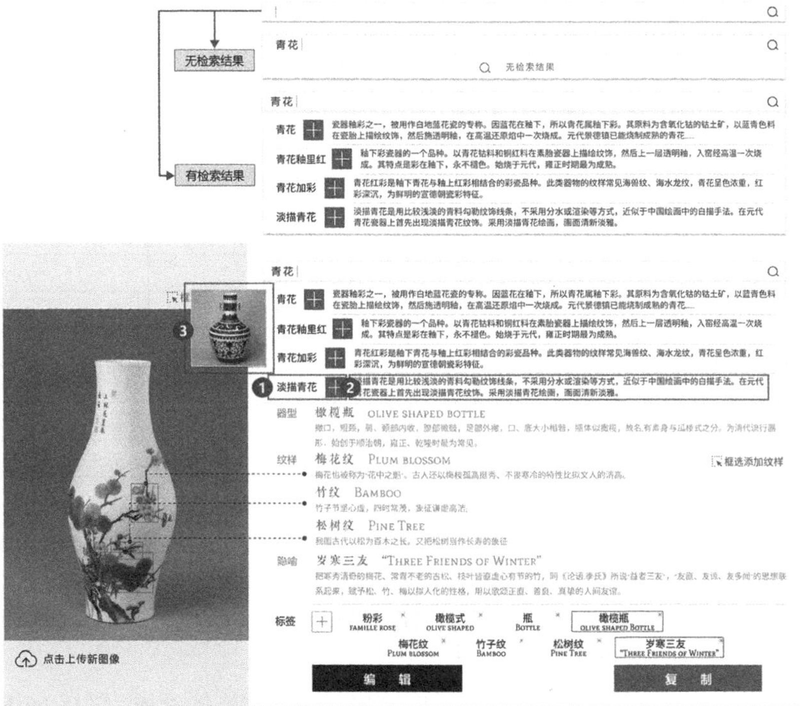

图 5.10　交互系统知识标签——检索模块

1）全局特征分类器评估

分类器用于识别文物的釉色、器型和形制等全局特征，其定量测量指标包括精确率、召回率和 F1 分数（F1-score），结果如表 5.1 所示。F1 分数可以看作模型准确率和召回率的加权平均，最大值为 1，最小值为 0，值越大表示模型性能越好。ARTalk 系统在釉色、器型和形制识别方面的召回率分别达到了 0.9、0.89 和 0.87。相比于釉色和形制，器型的 F1 分数相对较低，可能是因为具有相似视觉特征的陶瓷会根据功能和使用场景被归类为不同的形制类型。总体而言，分类器在识别文物的多维知识特征方面表现良好。

表 5.1　釉色、器型和形制分类器的精确率、召回率和 F1 分数

类型	精确率	召回率	F1 分数
釉色	0.90	0.90	0.90
器型	0.92	0.89	0.90
形制	0.89	0.87	0.88

2）局部特征目标识别评估

目标识别的定量评估指标包括精确率、召回率、平均精度（average precision，AP）值和 mAP 值，纹样目标识别的 AP 值如表 5.2 所示。mAP 值表示所有类别 AP 值的平均值，用于衡量模型在所有类别目标识别上的总体表现。在微调后的 YOLO 模型中，总体纹样的精确率达到 0.66，召回率为 0.62，mAP 值为 0.72，表现出良好的局部纹样识别效果。在目标识别模型的训练迭代过程中，实验发现，由于某些单类纹样的造型特征明显不同，导致识别效果不佳，如龙纹与行龙纹、莲纹与缠枝莲纹等。针对这一问题，实验对特殊造型的纹样进行了类别细分，以提高模型的识别效果。实验结果表明，经过中国陶瓷纹样数据集训练后的YOLO模型，在识别清晰度有限、图像扭曲以及视觉抽象的陶瓷纹样时，仍能取得良好的识别效果。

表 5.2　纹样目标识别的 AP 值

纹样类型	AP 值	纹样类型	AP 值
行龙纹	0.79	龙纹	0.67
蝴蝶纹	0.33	蝙蝠纹	0.61
凤凰纹	0.11	喜鹊纹	0.18
缠枝莲纹	0.87	莲花纹	0.53
牡丹纹	0.54	菊花纹	0.30
松树纹	0.90	梅花纹	0.41
蕉叶纹	0.50	竹子纹	0.44
桃纹	0.75	山石纹	0.50
云纹	0.47	灵芝纹	0.43
鱼纹	0.62	海水纹	0.38

3）图像描述评估指标

自动生成描述的评估指标最早源自于机器翻译和文本摘抄领域，包括BLEU@N[11]、METEOR[12]和ROUGE-L[13]等。一些研究还为图像生成字幕提出了专门的评估指标，如CIDEr[14]和SPICE[15]。为了评估ARTalk系统在图像描述（image caption）方面的能力，实验随机选择了100张未参与训练的文物图像组成测试集，并使用BLEU@N、ROUGE-L、METEOR和CIDEr作为定量评估指标。我们将ARTalk系统的生成结果与以下模型进行了对比实验：①Sheng和Moens[16]使用的三种编码器-解码器模型，用于为来自大都会博物馆等的古代中国和埃及艺术品生成字幕；②RNN-LSTM模型[17]；③基于注意力机制的模型[18]；④基于Transformer的模型[19]。表5.3展示了ARTalk系统与上述模型在图像描述生成方面的分数比较。总体而言，ARTalk系统在所有评估指标上均优于其他方法，证明其自动生成的名称更加精练且贴近博物馆的文物命名，显示了出色的生成性能。

表 5.3　图像描述定量实验

模型	BLEU@1	BLEU@2	BLEU@3	BLEU@4	ROUGE-L	METEOR	CIDEr
En-decoder NIC8[16]	0.50	0.42	0.36	0.32	0.53	0.20	0.94
En-decoder SA*[16]	0.46	0.38	0.33	0.29	0.50	0.19	0.80
En-decoder MC*[16]	0.50	0.42	0.37	0.33	0.53	0.20	0.91
RNN-LSTM[17]	0.54	0.47	0.39	0.26	0.31	0.32	0.81
Attention[18]	0.49	0.47	0.44	0.42	0.42	0.54	0.90
Transformer[19]	0.44	0.40	0.37	0.34	0.43	0.56	0.89
ARTalk	0.66	0.59	0.52	0.45	0.61	0.65	1.61

4）交互系统用户评估

研究人员设计了一份基于李克特七级量表的用户问卷，用于评估ARTalk生成的图像描述。问卷分为两个部分。第一部分评估了图像标题、描述（无隐喻）和描述（有隐喻）在提高陶瓷理解方面的能力。评估时，作者提供了 5 组 ARTalk 生成的案例，包括图像标题、描述（无隐喻）和描述（有隐喻）。第二部分则评估了独立隐喻和联合隐喻的正确性、精确度、可读性和有用性。第一部分结果如表 5.4 所示，描述（有隐喻）的平均分为 6.53 分（满分 7 分），描述（无隐喻）的平均分为 5.85 分，图像标题的平均分为 5.41 分。这表明文化隐喻能够显著提高用户的文化理解，详细描述比简短说明更能帮助用户理解信息的背景。表 5.5 展示了独立隐喻和联合隐喻的平均分。实验结果显示，在正确性、可读性和有用性方面，联合隐喻平均分均高于独立隐喻。独立隐喻在精确度上略高于联合隐喻，因为独立隐喻包含更多细节，但由于文本较多，其可读性较差。通过对独立隐喻和联合隐喻的显著性分析，我们发现联合隐喻能够显著提高描述的质量。

表 5.4　李克特七级量表评估图像标题和描述的结果

评估类别	平均分
图像标题	5.41
描述（无隐喻）	5.85
描述（有隐喻）	6.53

表 5.5　李克特七级量表评估独立隐喻和联合隐喻的正确性、精确度、可读性和有用性

评估类别	独立隐喻	联合隐喻
正确性	6.33	6.37
精确度	6.30	6.27
可读性	5.87	6.25
有用性	6.14	6.32

5.2.2　实例 2：文物海报自动生成方法 CrePoster

1. 需求分析与问题定义

博物馆在启蒙公众、促进知识普及和文化传播方面具有重要作用。随着科技进步和互联网普及，公众获取知识的渠道和方式增多，信息获取效率显著提升。对于大多数人来说，参观博物馆已不再仅仅是为了获取知识，而是开始追求情感、文化，甚至社交体验，希望通过文化展览获得与历史文物互动和对话的机会。这种微妙的变化促使博物馆需要打破传统的固定框架，通过不断拓展展示和互动形式，成为文化再生与创新的场所。随着智能技术的发展，提供更丰富的互动和沉浸体验已成为可能。

常见的展览形式通过文本和文物本体（可视为另一种维度的图像）向观众传递文物信息和文化价值。然而，文本和文物通常是独立存在的，观众需要阅读大量文字以理解文物故事，同时欣赏文物本体来体验文化价值。在社交平台上，人们乐于分享自己的见闻和体验，通过图片或文本进行传播。我们不禁思考，能否将这两者结合，以提供更直接的视觉刺激和文本解释？海报是一种常见的文本与图像结合的形式，具有信息传递的双通道优势，同时兼具美学和传播价值。然而，为文物制作海报需要兼具美学和文化素养，这对没有美术基础的广大观众来说是个挑战，他们缺乏制作艺术海报的经验和撰写专业描述的能力。AI 模型和多模态技术为解决这些问题提供了可能。在本实例中，通过运用智能技术探索文物美学海报的自动生成，以提升文化体验和促进文化价值的传播。

2. 研究内容与方法

为了实现面向社交分享的文物海报自动生成方案，需要明确设计目的和需求。这一方案的应用场景是博物馆或艺术馆的线下观展过程，目标是通过将游客拍摄的文物照片转化为图文并茂且具有美学价值的海报，从而增强观展体验并促进社交分享。在这一过程中，需要克服以下困难与挑战。

（1）信息获取：如何从照片中准确提取文物信息，并将其转化为专业的文物描述？这不仅需要智能技术的支持，还需要依赖文物专家的专业知识。

（2）美学设计：如何将文物的视觉元素与专业描述有机结合，创造出具有美学价值和文化内涵的视觉作品？这要求将设计经验与智能技术巧妙融合。

3. 技术路径设计

图 5.11 展示了海报智能生成系统 CrePoster[20]。该系统旨在优化博物馆观展体验和促进文物信息传播。它专为文物自动生成适用于社交分享的美学海报，从而增强游客与文物的互动，提升观展过程中的个性化体验，并促进文化知识的传播。

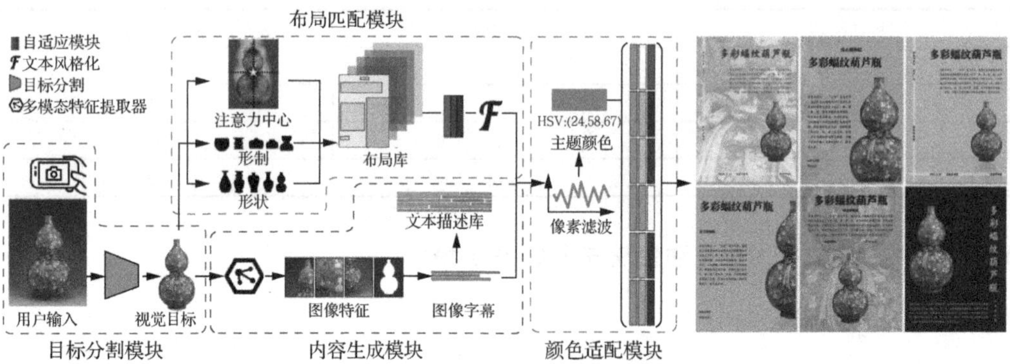

图 5.11　CrePoster 系统框架

CrePoster 是一个端到端的文物海报自动生成系统。该系统首先使用图像分割算法对文物照片进行预处理，将文物图像从照片中分割出来，从而获取海报中的主体元素。这种方法能够自动分离文物，无须手工编辑，大大提高了处理效率。除了主体元素外，海报的其他元素也要与文物的特点相匹配，包括字体、颜色、版式和装饰性元素等。CrePoster 会根据文物的类别、纹样和颜色等特征自动调整海报的细节内容。

在为文物生成描述的过程中，算法首先使用视觉特征提取器获取文物照片的视觉特征，同时使用语言特征提取器对文物描述文本进行序列处理，将视觉特征与文本序列相对应，从而构建文物描述生成模型。相关技术细节如下。

1）去除背景

CrePoster 使用 U2-Net[21]作为前置网络。对于输入图像，U2-Net 通过六层级联的编码-解码器分别获得每一层的输出，然后将六层的特征图拼接，通过一个卷积层和激活函数得到输出预测，实现目标分割效果。为了获得去除背景的文物主体，需要对 U2-Net 网络输出的分割图像进行进一步处理。CrePoster 将分割结果与原图叠加，获取交集的补集，将对应区域的透明度设定为 100%，以此得到去除背景的文物图片，它将作为海报中的主体图片元素和特征编码的输入。

2）描述生成

为文物图像生成描述是一项多模态学习任务，需要处理和分析输入的图像数据，最终生成文字描述。因此，需要同时分析视觉信息和语义信息。对视觉信息的分析可以理解为对图像的视觉特征进行编码处理。CrePoster 使用剥离输出层的 VGG 网络对游客输入的文物照片进行多维度特征编码。由于文物包含深刻的文化背景和语义信息，CrePoster 使用特征聚合网络分层提取文物的全局特征（如文化背景和隐喻信息）和局部特征（如颜色和器型等细节信息）。接下来，将融合的局部特征和全局特征共同输入全连接层，生成多层级的特征群组。这两层网络结构用于生成特征表示，以便后续对视觉特征进行处理。

对语义信息的分析可以理解为对文本的语义特征进行编码处理。通过引入长短期记忆（long short-term memory，LSTM）递归神经网络[22]并将其用作文本编码器，创建从每个单词到唯一整数值的映射，最终实现文本信息的特征提取。在完成视觉编码和文本编码后，需要将多模态特征融合为共享表示，以用于训练自动生成文物描述的模型。

最后，通过引入多模态学习技术，系统自动为文物生成标题信息。为了生成详细的描述信息，CrePoster 构建了一个与文物多维度特征相关联的描述性句子库，并使用检索技术，通过生成的标题信息匹配合适的文物描述。

3）色彩识别与匹配

海报中的颜色信息应与文物本身的特征匹配。如图 5.12 所示，研究人员在颜色匹配模块中引入了像素滤波方法，通过遍历文物视觉目标中的像素，提取占比最高的颜色值。接着，将颜色值映射到 HSV 颜色空间，确定该文物的“主色”。随后，研究人员与设计师合作，构建了 7 组颜色映射方案。对于每一张文物照片，这一方案生成了 7 组独特且具有代表性的“主色-对比色”二元组。在为文物生成海报时，系统随机选择这些配色方案之一来生成文物海报。

4）模板设计与匹配

如图 5.13 所示，通过与文物专家合作，团队提炼出文物的关键视觉特征：轮廓（代表文物的全局特征）和器型（代表文物的局部特征），并基于这两个维度对文物进行细粒度分类。同时，团队与设计师合作，基于文物的这两个视觉特征维度构建了 195 种海报布局方案。随后，将 EfficientNetB3 和 EfficientNetB5 网络与 CBAM[23]注意力机制结合，开发了基于双尺度融合的注意力机制网络。该网络通过通道注意力模块增强每个视觉通道的特征表达，并利用空间注意力模块强调图像中不同位置的重要性，最终通过混合注意力模块整合空间和通道注意力的输出特征，从而提升模型对文物视觉特征的表现力。最后，通过构建轮廓、器型特征与海报模板之间的映射，实现文物海报的布局检索。

至此，一个兼具美学和文化传播价值的海报就自动生成了。如果用户允许地理位置访问，系统可以根据当前位置附近的博物馆或其他场所自动生成地理位置标签，用户还可以在海报中添加个性化元素，如游客签名等。

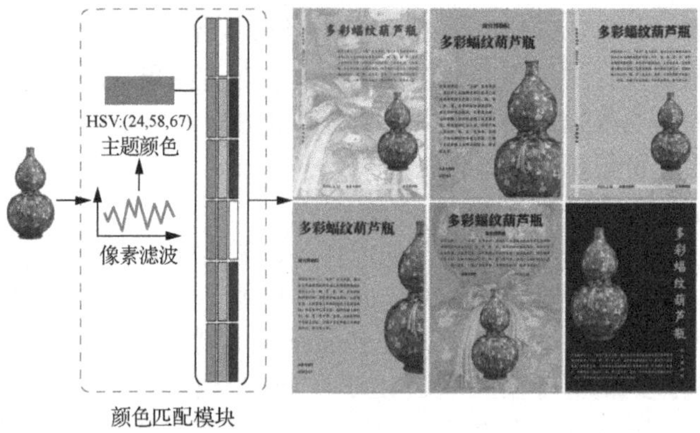

图 5.12 CrePoster 色彩识别与匹配模块

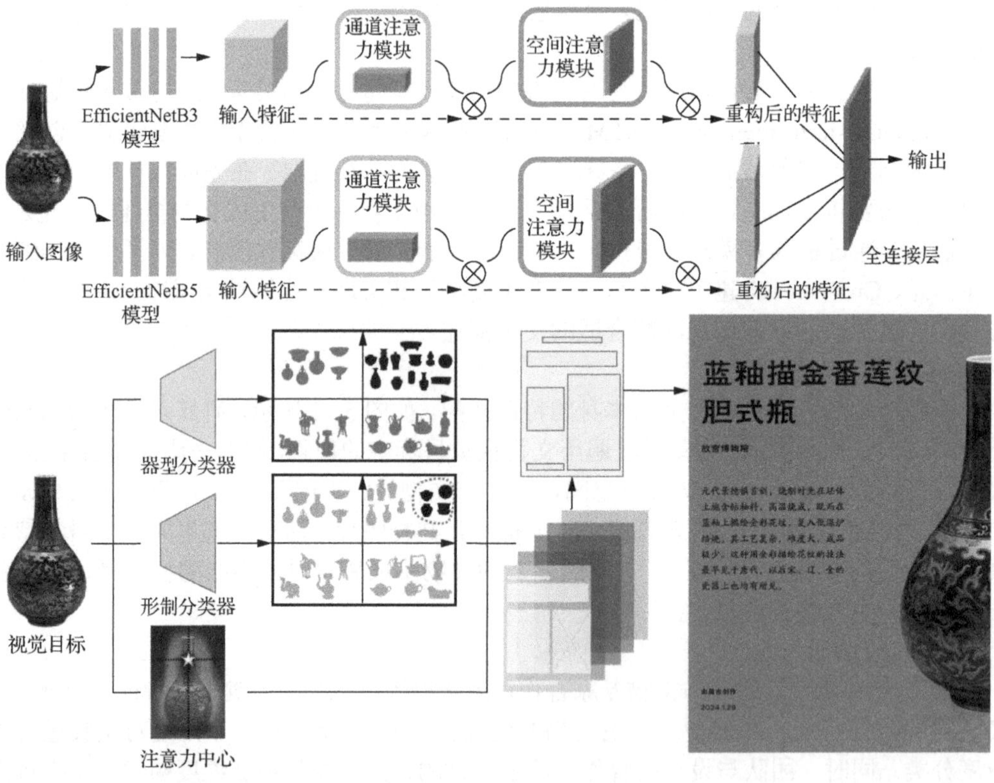

图 5.13 CrePoster 模板设计与匹配模块

4. 实验与系统验证

团队采用定性评价方法来评估 CrePoster 生成海报的效果。在评估过程中，使用 P_{qs}、P_{qs}^{*} 和 P_{qs}^{**} 来表示符合非设计师、新手设计师和专业设计师质量标准的海报比例；使用 P_{best}、P_{best}^{*} 和 P_{best}^{**} 来表示在非设计师、新手设计师和专业设计师中最佳海报的比例。团队选择了 8 幅文物图像，并使用 5 种不同的方法创建海报，包括手工方法、LayoutDM 方法[24]、Diffusion-LM 方法[25]、LayoutTransformer 方法[26]和 CrePoster 方法。

由于自动布局算法的限制，这些方法无法自动生成字体和颜色方案，只能预测海报中元素的位置。因此，我们与设计师合作，基于基线准确地将预测的布局渲染到海报上，并选择与 CrePoster 一致的配色方案进行对比，如图 5.14 和表 5.6 所示。

图 5.14（彩图）

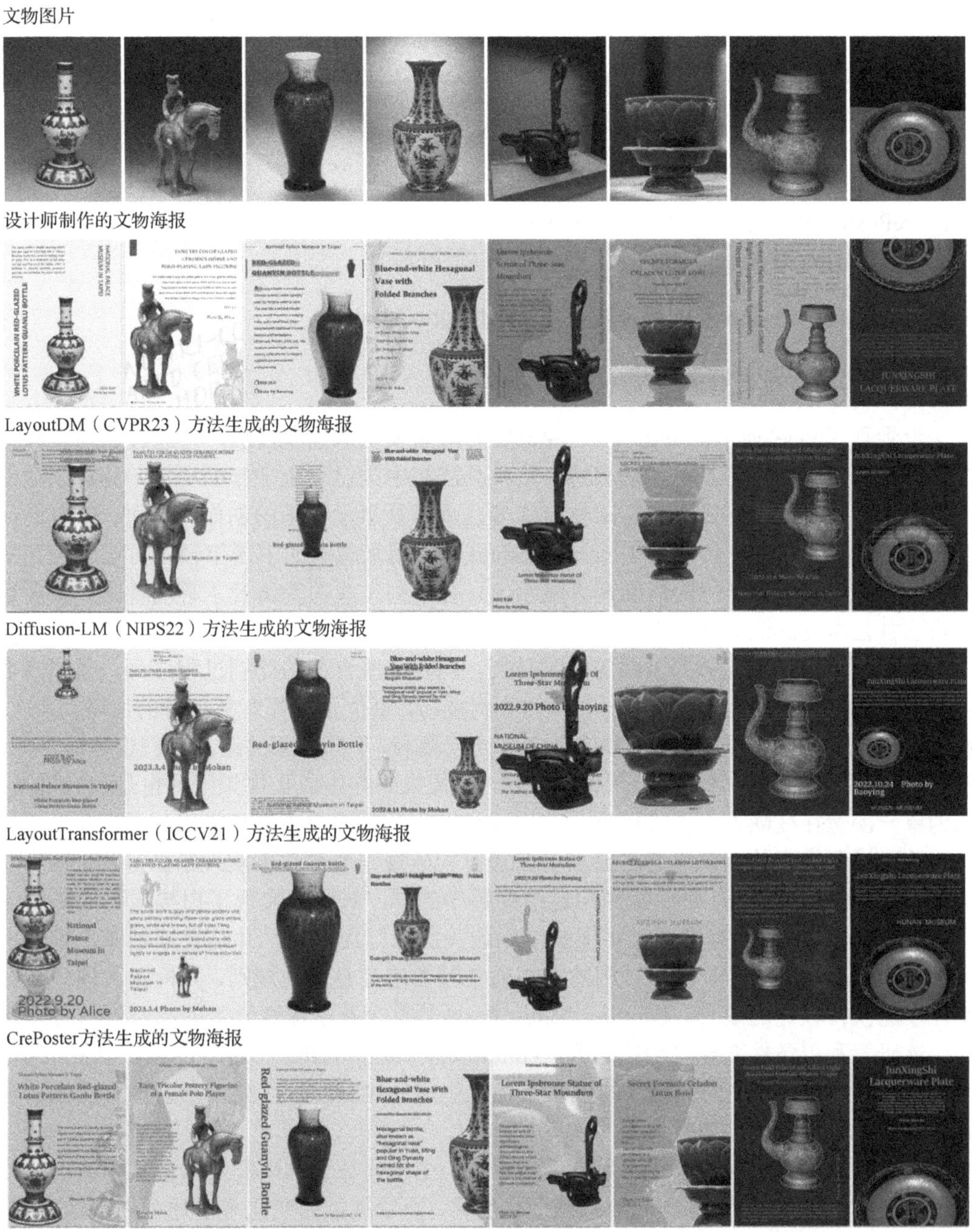

图 5.14　CrePoster 与对比方法生成海报效果

表 5.6　海报生成定性评估结果

方法	P_{qs}	P_{best}	P_{qs}^{*}	P_{best}^{*}	P_{qs}^{**}	P_{best}^{**}
手工方法	57.29	40.98	40.76	53.41	41.46	56.25
LayoutDM 方法	2.78	5.69	5.43	3.41	3.13	7.32
Diffusion-LM 方法	2.08	2.76	1.63	1.14	3.13	4.88
LayoutTransformer 方法	7.99	11.71	9.78	1.14	4.17	6.83
CrePoster 方法	29.86	38.86	42.39	40.91	33.33	39.51

从表 5.6 的评估结果可以看出，CrePoster 在新手设计师评估的 P_{qs}^{*} 指标中得分最高，而手工方法在 P_{qs}^{**}、P_{qs}、P_{best}、P_{best}^{*} 和 P_{best}^{**} 等指标中表现最佳。此外，在所有评估指标中，CrePoster 生成的海报均优于其他非手工的自动生成算法。然而，与手工制作的海报相比，CrePoster 在某些评估指标上仍有改进的空间。

5.2.3　实例 3：国画绘制过程智能生成 Intelligent-paint

1. 需求分析与问题定义

没骨画（boneless painting）是一种重要的国画表现形式和技法，它通过在写实与写意之间的巧妙平衡来追求艺术的美感。这种画法在中国已有上千年的历史，并对东亚国家产生了深远的影响，日本和韩国也有许多艺术家从事没骨画的创作。然而，随着近代西方绘画技法的传播，传统的国画技艺逐渐式微，越来越多的中国年轻人对这种技艺知之甚少。一项针对大学生的问卷调查显示，只有不到三成的受访者了解没骨画，大多数人对这种艺术形式缺乏深入的了解和认知。

让智能系统学习并掌握国画的绘制技巧，同时生成合理的绘制过程序列，面临诸多挑战。首先，不同的绘画风格对应不同的绘制技巧，每位画家都有其独特的风格；其次，绘画过程中存在许多不确定性，即使是创作同一幅画，不同画家的绘制过程也可能不同；最后，国画的绘制通常需要较长时间，从单一图像推断并生成长视频序列也是一大挑战，因为单一图像往往缺乏上下文信息，在生成长帧视频时容易出现模糊等问题。

绘画过程推理的相关研究主要集中在通过构建规则或算法来实现绘画过程的推理。例如，Fu 等通过定义几何形状并构建绘制顺序的排序算法，实现了白描线稿绘制顺序视频的生成[27]。Tang 等则通过将国画绘制的关键原则规则化，并结合笔触库，推断出国画的绘制顺序[28]。这种基于规则的方法通常需要定义复杂的规则，并构建大规模数据库，才能获得较好的效果。Painting Many Pasts 是首个基于深度学习的绘画过程推理研究。该研究利用条件变分自动编码器（conditional variational autoencoder，CVAE）来学习绘画过程，并通过序列优化器的学习来优化生成的绘制过程序列[29]。这种方法在油画和水彩画中可以实现预期效果。

然而，上述方法存在一些不足之处。首先，由于计算量的限制，其输入和输出的图像尺寸较小。其次，绘制过程的前几帧变化明显，而后续帧的变化难以通过肉眼观察到。Learning to Paint [30]采用渐进式策略，通过识别画面的前景和后景，逐步模拟笔触生成图像绘制过程。然而，这种基于后景、前景顺序的绘制技法仅适用于油画，与传统中国画的技法相去甚远。为促进国画绘画技法的传承，Intelligent-paint[31]针对国画的绘制特点，结合先进的 AI 技术，为国画绘制过程的反向推理生成提供了可参考的设计实践策略。

2. 研究内容与方法

1）问题目标概述

系统设计的目标是通过反向推理，自动生成与真实绘画过程相似的绘图步骤。尽管合理的绘画过程可能有多种，但核心目标不是生成所有可能的绘画过程，而是生成遵循绘画原则的步骤，只要这些步骤合理且在实际中可行。因此，研究问题可以概括为：如何在将艺术品输入智能系统后，生成近似于真实绘画过程的图像序列？换句话说，如何将单个图像转换为目标图像序列，确保这些图像序列之间的一致性？

假设将一件完整的艺术品的最终状态表达为一个数学公式x_t，系统的目标是将之前的创作序列推断为公式序列：$x_1, x_2, \cdots, x_{t-1}$。为了实现从$x_t$推断之前的创作序列，可以先构建一个真实的绘画视频序列作为参考，与系统最终生成的效果进行验证。基于专家知识获得的真实绘画视频序列，可以表示为公式集：$\{X^{(i)} = x_1^i, x_2^i \cdots, x_{T^{(i)}}^i\}$。首先，构造从$x_1, x_2, \cdots, x_{t-1}$逐帧的映射，$G:\{x_T, c_1\} \to x_1, G:\{x_T, c_2\} \to x_2, \cdots, G:\{x_T, c_{t-1}\} \to x_{t-1}$，其中使用不同的输入标签$c_i$来区分每个映射。在训练过程中，通过从所有视频数据中学习来调整模型参数。在测试过程中，使用与不同标签相结合的训练模型来实现从最终艺术品到之前每一帧的图像转换。

2）系统架构

系统的模型架构如图 5.15 所示，主要由三个部分组成：生成器、判别器和笔触约束。生成器以最终的艺术品和指定的绘画阶段标签作为输入，输出绘画过程中的相应阶段图像。它通过一系列连续的阶段标签生成一系列连续的阶段图像。与传统的 U-Net[32]生成器不同，该系统的生成器采用 ViT-Unet 架构[33]，结合了注意力机制，从而能够生成更高质量的图像结果。

判别器采用 PatchGAN[34]结构，用于同时判别输入图像的真实性，并对其对应的绘画阶段标签进行分类。将这些分类器分别称为D_{src}和D_{cls}。D_{cls}每次都输入真实的绘图阶段图像和相应的阶段标签。通过顺序学习完整绘图过程的输入，D_{cls}具有区分整个绘图过程的能力。双判别器结构确保生成器不仅能生成逼真的图像，还能保持生成的绘画阶段图像序列之间的相关性和区别，旨在与真实的绘画过程密切相似。为了符合中国画的独特特征，如空白处理和独特的笔触，系统使用虚约束和笔触约束来引导生成器生成更真实的图像。

对于空白空间的约束，团队应用 L1 损失（像素距离）将生成的图像与其对应的真实图像进行约束。与 L2 损失（欧氏距离）相比，L1 损失能够产生更清晰的细节，确保图像在正确的位置生成白色空白区域。关于笔刷笔触的约束，团队使用预先训练的整体嵌套边缘检测器从真实图像和生成图像中提取边缘特征。通过施加边缘特征的损失约束，促进生成器在图像生成过程中更好地保留真实的笔触效果。

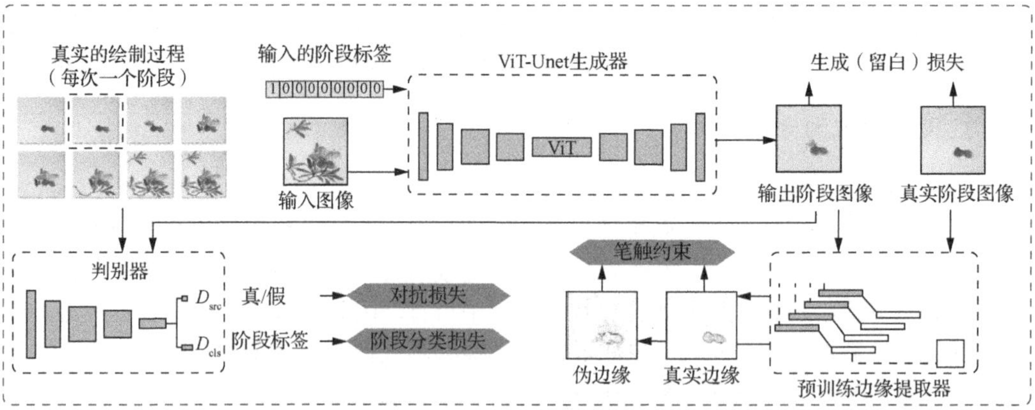

图 5.15　Intelligent-paint 绘画过程生成系统框架

在绘画步骤的生成中，不仅需要生成逼真的中间图像，还必须确保生成的图像序列之间相互关联且独立。具体来说，对于某个中间阶段的图像，应该在前一阶段的绘画图像中已绘制的内容基础上完成当前阶段的图像，并且该阶段的图像应在前一阶段的基础上进一步发展。换句话说，中间阶段图像中的内容应该比前一阶段多，比后一阶段少。系统通过生成器和判别器的阶段标签分类之间的对抗性相互作用来实现这一目标。生成器需要对抗 D_{src}，这使得很难辨别生成的图像是真的还是假的。此外，生成器需要持续使用 D_{cls}，以确保判别器的输出阶段标签与原始输入阶段标签对齐，从而确保生成器能够生成符合真实绘画过程的阶段图像。通过这种设计，在测试过程中，只需要将最终的绘画和每个阶段的阶段标签输入生成器中，就可以输出序列化的绘图过程，并确保序列化绘图过程的连续性和一致性。

3）生成器模型结构

生成器模型采用类似于 UVCGAN[33]的 U-Net-ViT 结构。生成器由一个 U-Net[35]和一个位于瓶颈处的逐像素视觉转换器（ViT）[36]组成。U-Net 最初是为医学图像分割而设计的，使用 U 形编码器-解码器结构。与全卷积网络等早期模型相比，U-Net 采用跳跃连接进行特征图融合，从而能够捕获更多的图像特征。

在 U-Net 的编码器路径上，预处理层将图像转换为维度为 w_0、h_0、f_0 的张量。张量在每个下采样块处经历宽度和高度的减半，而特征大小在最后三个下采样块中加倍。来自编码器路径的输出，其维度为 $(w,h,f)=(w_0/16,h_0/16,f_0/16)$，用作逐像素 ViT 瓶颈的输入。

生成器模型细节如图 5.16 所示。逐像素 ViT 主要由一堆 Transformer 编码器块[37]组成。为了构建堆栈的输入，ViT 首先沿着空间维度对编码图像进行平坦化，以形成标记序列。令牌序列的长度为 $w\times h$，序列中的每个令牌都是长度为 f 的向量。然后，它将每个标记与维度 f_p 的二维傅里叶位置嵌入连接起来，并将结果线性映射到维度 f_v。为了增强 Transformers 的收敛性，采用了 rezero 正则化方案[38]，并引入了可训练的缩放参数 α，用于调整残差块的非平凡分支的大小。变压器堆栈的输出被投影回大小 f，并且不会衰减为宽度为 w、高度为 h 的图像。在本研究中，使用 12 个变压器编码器块，其中，每个模块的前馈网络参数设置为 $f=384$，$f_p=384$，$f_v=384$，且 $f_h=4f_v$。

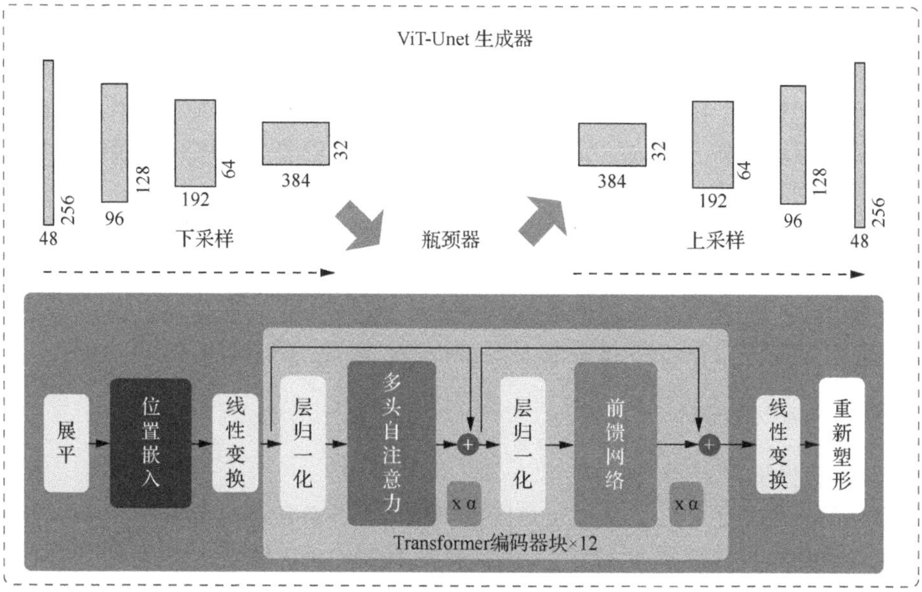

图 5.16　生成器模型结构

4）判别器模型结构

判别器模型采用 PatchGAN 结构。如图 5.17 所示，PatchGAN 将输入映射到 $N×N$ 补丁（矩阵）$\boldsymbol{X}$，其中 X_{ij} 表示每个补丁是真实样本的概率。取 X_{ij} 值的平均值得到判别器的最终输出。这鼓励 GAN 判别器对高频结构进行建模，同时依赖 L1 项来强制低频正确性。为了对高频结构进行建模，将注意力集中在局部图像块上就足够了。

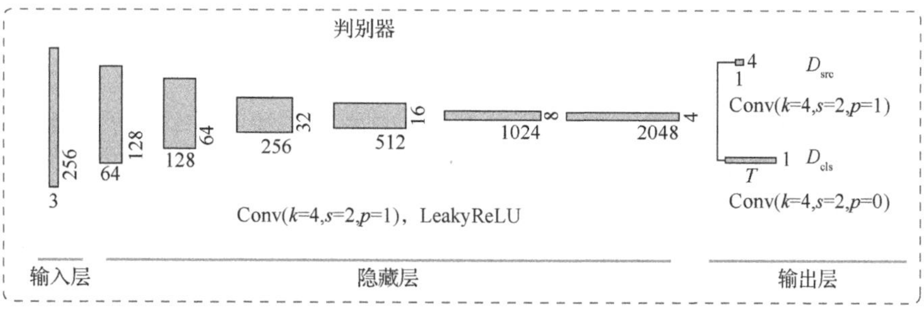

图 5.17　判别器模型结构

通过在输出层引入两个不同的分支来分别输出图像的真/假分类和绘画阶段标签分类，从而修改了 PatchGAN 结构。对于 D_{src}，其最终输出是表示真实/虚假分类标签的 4×4×1 张量。对于 D_{cls}，卷积运算的数量决定了其输出大小，从而生成大小为 T 的标签序列。在实验中，将 T 设置为 9。

5）模型训练过程

在 GAN 网络的训练过程中，可能会发生模式崩溃，生成器无法再现图像的目标分布。研究表明，GANs 中的迁移学习是提高小型训练数据集性能的有效方法。因此，在训练整个模型之前，研究人员对生成器进行了预训练。为了创建不匹配的图像，将

256×256 像素的图像平铺到不重叠的 32×32 像素块中，并通过将其像素值设置为零来随机屏蔽 40%的块。团队使用了 Adam 优化器、余弦退火学习速率调度器和标准数据增强技术，如小随机旋转、随机裁剪、随机翻转和颜色抖动。在预训练过程中，没有区分图像序列标签，这意味着主要关注于训练生成器，以在随后的图像序列生成训练中生成具有指定标签的目标图像。

团队在收集的数据集上对模型进行了 50 个时期的训练。在训练的前半部分，使用了恒定学习率为 0.0001 的 Adam 优化器，然后在下半部分将其线性退火为零。一共应用了三种数据增强：调整大小、随机裁剪和随机水平翻转。在将图像随机裁剪到 256×256 像素之前，先将其从 256×256 像素放大到 286×286 像素。

3. 实验与系统验证

1）测试数据集

团队从网上收集了 296 个从固定角度拍摄的中国花卉绘画过程视频。这些视频的平均长度为 3.5 分钟，分辨率为 1280×720 像素或 1920×1080 像素。研究人员将所有视频分解为单独的帧，并挑选出只包含绘画内容的干净帧，这些帧不含任何无关的对象，如艺术家的手、绘画工具或字幕等。随后，邀请绘画专家进一步筛选出能准确反映绘画过程的帧，以构成线性进展的框架，帮助识别出相对一致的变化过程。在模型训练过程中，整个数据集按照 70∶15∶15 的比例划分为训练集、验证集和测试集。

2）对标方法

为了全面比较 Intelligent-paint 方法在绘制过程生成中的性能，团队将其与基于笔画的渲染方法和像素预测方法进行了对比。此外，为了评估 ViT-Unet 生成器相对于其他生成器的有效性，还将其与 Pix2Pix 生成器的性能进行了比较。最后，使用从空白画布到最终艺术品的线性插值作为基线进行测试。

3）定性评估

所有方法的生成结果如图 5.18 所示。在测试过程中，使用 $T = 9$ 作为绘制过程推理的序列长度。对于 Painting Many Pasts、Learning To Paint 和 Paint Transformer，由于它们生成的序列长度不一致且大于 9，因此以规则的间隔选择了 9 帧进行比较。

可以观察到，Intelligent-paint 生成的绘画过程序列与水彩画和中国花卉画的真实过程非常相似。Pix2Pix Generator 的结果显示出区域边界不清晰和颜色失真。Painting Many Pasts 方法在绘制过程中无法准确反映不同区域的绘制顺序，导致颜色模糊，过程不真实。虽然 Learning to Paint 和 Paint Transformer 方法能够生成看似合理的绘制过程，但其笔划变化与真实绘制过程有较大差异，无法正确反映各区域的绘制顺序。

4）定量评估

Fréchet 初始距离（Fréchet inception distance，FID）[39]、结构相似性指数（structural similarity index，SSIM）[40]和峰值信噪比（peak signal-to-noise ratio，PSNR）[41]是评估图像生成质量的常用指标。FID 通过比较两组图像的计算机视觉特征的统计相似性来测量它们之间的相似性，这些特征是使用 Inception v3 图像分类模型计算的。较低的 FID 分数表示图像集之间相似性更大，0.0 表示完全相同的图像。

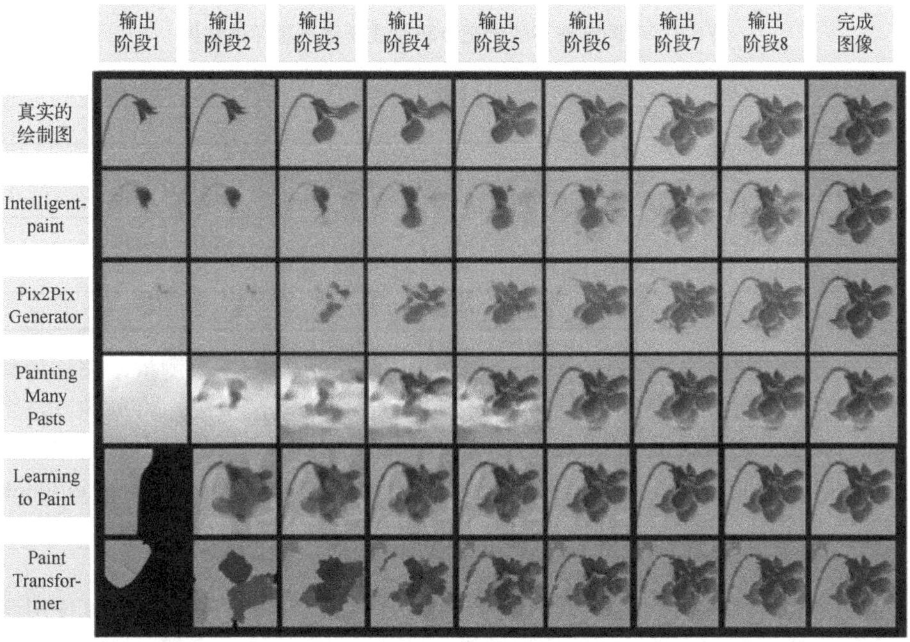

图 5.18　判别器模型结构

PSNR 是用于测量图像质量的指标，基于均方误差（mean squared error，MSE），通常用于衡量图像的失真水平。较高的 PSNR 值表示较好的图像质量，通常分为以下几类：PSNR>40dB 表示极好的图像质量（非常接近原始图像）；30～40dB 表示良好的图像质量（失真可察觉但可接受）；20～30dB 表示图像质量差；低于 20dB 表示图像质量不合格。SSIM 通过计算两个图像的亮度、对比度和结构来测量它们之间的相似性，结果为 0 到 1 之间的值，值越大表示图像之间的结构相似性越大。这三个指标一起用于评估模型生成图像的质量。

从表 5.7 中的指标可以看出，Intelligent-Paint 在多个维度的图像质量方面优于其他方法。虽然这些指标能够评估生成图像的质量，但一些研究人员指出，对于随机任务，将合成结果与真实图像进行比较可能不够明确。因此，我们采用了 Zhao 等[42]的评价策略来评估绘画步骤的质量，使用最佳结果的 L1 距离（数值越小越好）：对于所有测试结果，选择与真实视频最相似的结果，并计算其到相应真实视频的 L1 距离。距离越小，结果就越逼真，如表 5.8 所示。

表 5.7　不同方法下的图像生成质量定量评估结果

方法	FID	SSIM	PSNR
Learning to Paint	320.42	6.75	0.11
Paint Transformer	140.83	14.32	0.27
Painting Many Pasts	150.45	10.91	0.21
Pix2Pix Generator	164.78	15.14	0.31
Inter Method	132.14	14.53	0.39
Intelligent-paint	130.27	15.48	0.42

表 5.8　不同方法下的绘画步骤生成质量定量评估结果

方法	L1	Change IOU
Learning to Paint	0.85	0.15
Paint Transformer	0.82	0.14
Painting Many Pasts	0.94	0.14
Pix2Pix Generator	0.68	0.32
Inter Method	0.82	0.1
Intelligent-paint	0.16	0.54

另一种方法通过计算交并比（intersection over union，IoU）来测量，被称为最佳绘画变化形状相似性（Change IoU，数值越大越好）：对于测试结果，将每种方法生成的变化形状与真实变化形状进行比较。这一指标用于评估某种方法是否在与艺术家相似的语义区域中进行绘画。从表 5.8 的评估结果可以看出，与其他方法相比，Intelligent-paint 方法在图像生成质量和绘画过程的真实性方面表现卓越。

5）专家评估

由于绘画是一项需要专业知识的技能，研究团队邀请了 20 位绘画专家使用李克特五级量表对生成图像和绘画过程的合理性进行评估。所有绘画专家都受过中国画的教育并具有实践经验。从六种不同的模型方法中，随机选择了 10 幅图像供专家评估，每位专家共评估 60 幅测试图像。从表 5.9 的专家评估结果中可以看出，Intelligent-paint 方法在图像生成质量和绘画过程的合理性方面均优于现有的其他方法。

表 5.9　专家对绘画过程打分评估结果

方法	图像质量	绘画过程
Learning to Paint	3.2	2.6
Paint Transformer	3.4	2.8
Painting Many Pasts	1.6	1.8
Pix2Pix Generator	2.2	3.2
Inter Method	0.5	0.1
Intelligent-paint	3.5	4.2

5.3　智能设备与文化体验

5.3.1　基本概念与相关研究

智能设备通常是指那些具备计算和分析能力，能够处理各种数据并响应环境或用户的设备。它们常用于家居自动化、健康监测、交通导航等场景。例如，智能音箱如亚马逊的 Alexa 和谷歌的 Google Home，可以根据用户的语音命令执行任务，比如播放音乐、设置闹钟和查找信息等。智能设备通常具有以下特点：①自动化，能够自动执行某些任务，无须人工干预；②智能化，具备学习和决策能力，能够根据环境和用户行为进行自我更新和优化；③互联性，可以通过网络与其他设备或云端服务进行交互；④个性化，能够根据用户需求和喜好提供个性化服务。

在人机交互领域，智能设备通常用于提供更自然、更直观的交互方式，提高交互的效率和用户满意度。例如，Amazon Alexa[43]智能音箱利用语音识别和人工智能技术，使用户可以通过简单的语音指令控制智能家居设备、查询天气、收听新闻等，从而为用户提供更加高效、快捷和便利的操作方式，提升用户的交互体验。

智能设备是物联网的重要组成部分。物联网技术通过连接各种智能设备，构建了物理世界与数字世界之间的桥梁，实现了设备与设备、设备与个体之间的智能化交互，并已广泛应用于智能家居、工业自动化、智慧城市、健康医疗、文化遗产保护等多个领域。

5.3.2　文化物联网

1. 基本概念

物联网技术在文化领域引发了一场革命性的变革，催生了一个全新的分支——文化物联网（internet of cultural things，IoCT）[44]。这一领域的兴起标志着文化与科技的深度融合。IoCT 利用“互联网+”、物联网等通用平台作为文化经济发展的底层技术架构，为人们获取文化资源、文化产品和文化服务提供了便利和全新的体验。文化物联网的应用场景广泛。例如，可以应用于文化遗产保护[45]、公共文化机构（如 GLAM）的服务升级[46]、地方文化旅游宣传[47]、校园数字化教育[48]和主题公园的沉浸式娱乐产业[49]等。这些应用提供信息查询[50]、个性化推荐[51]、多媒体互动[52]等服务。随着感知与识别技术、网络与通信技术以及计算与服务技术的升级，文化物联网使人们获取文化资讯的体验更加立体、丰富和自然流畅。

Chianese 等将文化物联网描述为文化遗产和物联网的交叉点[53]，通过整合静态文化场所内的智能对象、传感器、服务和应用，将传统空间改造成智能文化传承的环境。例如，通过在艺术品附近部署传感器节点和在空间内部署服务器节点，可以在检测到有访客靠近艺术品时，通过 App 提供与艺术品对应的多媒体内容，包括文档、音频、图像和视频信息。其目标是将这些空间转化为智能的文化遗产环境，打造一个“会说话的物件智能艺术展”[54]。

目前，文化物联网的相关研究主要集中于公共文化机构服务、智慧城市、文化遗产的开发保护以及旅游产业的可持续发展。大英博物馆于 2015 年启动了一个项目，提出“文化机构不仅是馆藏和收藏的物理存储库，而且是动态的数据有机体”。该项目一方面探索博物馆如何开放文化数据，提高公众的文化素养，促进更广泛的文化参与和创作；另一方面，通过如 Elastic System 等艺术可视化项目，探索数字艺术与人文学科的融合[55]。Lerario 探讨了物联网在意大利遗产城市发展需求与可持续保护之间的敏感平衡中的关键作用。他通过用户体验领域的 PACT（people，activities，context，technologies）模型分析了物联网与建筑文化遗产之间的相互影响。物联网可以从系统的整体角度调整或“监管”操作，提供一种重新定位经济增长和可持续发展的工具，以更广泛地解读文化、促进和保护建筑遗产[56]。

2. 文化物联网体系架构

文化物联网的整体系统架构如图 5.19 所示[57]，主要包括感知层、核心层、网络层、应用层和用户层。感知层是文化物联网基础架构的最底层，其核心技术是传感器，通过各种传感设备进行“感知”，包括对人、物品、设备和环境等的感知。当人进入传感器节点创建的区域时，蓝牙、NFC 等技术用于感知和检测访问者。核心层的主要功能是对传感器网络、数据库、社交网络、用户数据和 Web 数据等进行数据收集，并根据数据模型的要求进行表示，存储在知识库中。网络层则负责管理不同网络和应用程序之间的数据传输。例如，通过 5G 网络、宽带互联网、自组织网络和无线体域网络等，实现感知层采集的数据和数据库中数据的实时传输。

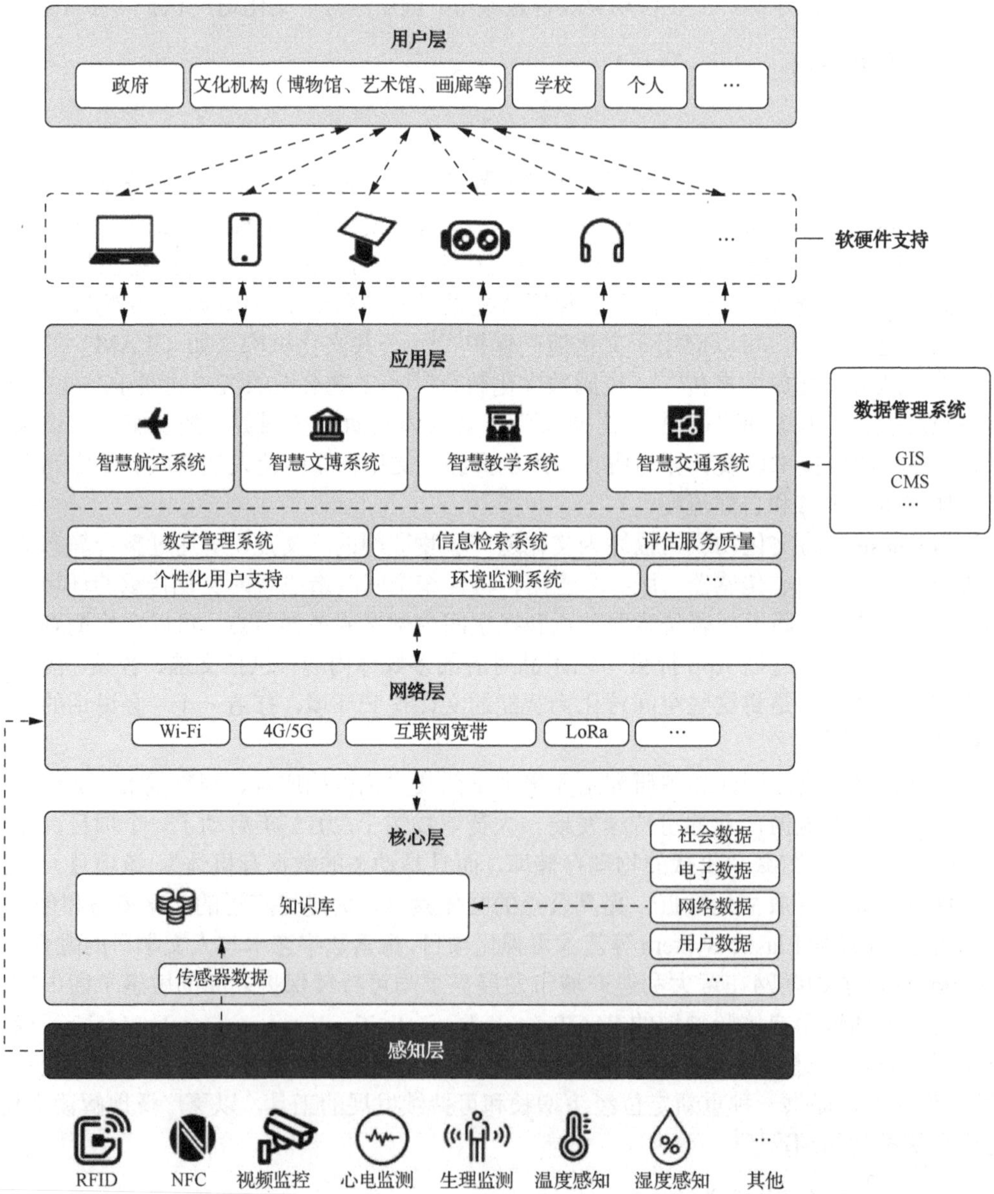

图 5.19　文化物联网的整体系统架构

5.3.3　基于智能设备的交互案例

1. 视觉检索与互动

1）人脸检索系统

Cornia 等提出了一种在艺术画作和参观者的脸部之间进行相似性检索的方法[58]。参观者可以拍摄自己的照片，并在艺术作品中寻找相似的画作。该研究整合了特征提取网络，考虑了两张面孔在审美相似性和语义属性方面的对应关系。如图 5.20 所示，系统通过将照片转换为艺术领域的图像，解决了现实主义照片和绘画之间的领域转换问题。为增强应用程序的交互性，并考虑到任务的主观性，系统允许用户对检索结果提供反馈。具体来说，系统向用户展示前 k 个检索到的艺术品，用户可以将这些结果标记为正面（如果某个结果比其他结果更令人满意）或负面（如果完全不令人满意），从而收集用户偏好，并进一步迭代以提高检索质量。该系统在意大利的 Gallerie Estensi 博物馆中进行了真实展示，短短三天内便吸引了 1100 多名参观者参与。

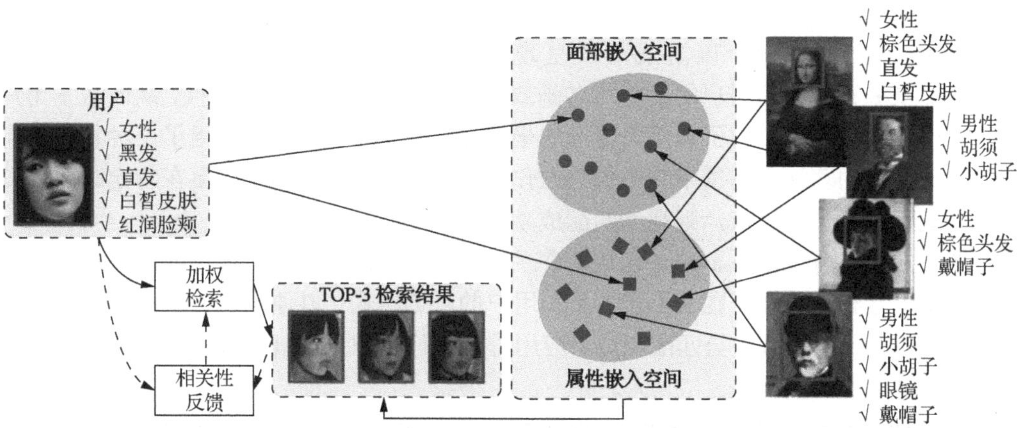

图 5.20　艺术画作和参观用户的相似性检索流程

2）古人画像动态互动

韩国的国立中央博物馆于 2022 年举办了一场特别展览，主题为朝鲜时代的肖像画。展览结合 AI 肖像绘画等数字技术，高精度复原了博物馆内的馆藏肖像画。这不仅延长了画作的展示时间，8K 高分辨率的图像也使观众能够看到更多细节。在数字复原的基础上，博物馆为这些数字肖像添加了多种交互方式。例如，为肖像画加入了眨眼效果，如图 5.21（a）所示，使肖像画以更加生动的形式展现在观众面前。系统还增加了找不同游戏［图 5.21（b）］和个人肖像制作［图 5.21（c）］等功能。在找不同游戏中，如果用户在 1 分钟内找到所有不同之处，肖像中的人物会露出灿烂的微笑，否则，肖像表情则会显得悲伤或尴尬。

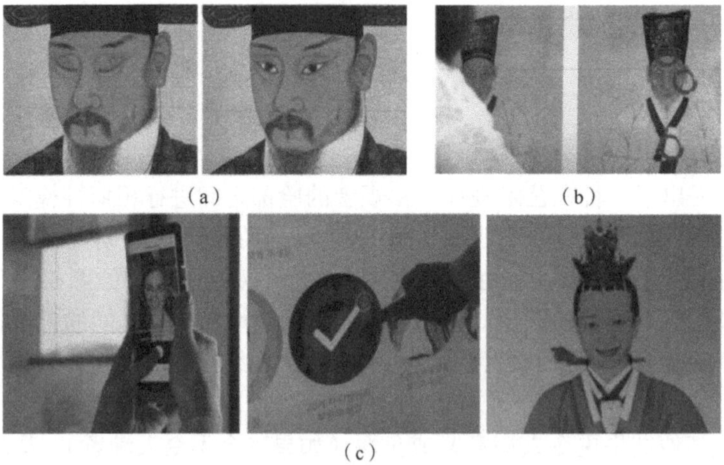

图 5.21　朝鲜时代的肖像画展览

3）Strike-a-pose 姿势识别

Strike-a-pose 是一个以游戏形式呈现的应用程序。该应用利用姿势检测模型 MoveNet 来分析和评估用户的姿势与名画或雕像中的姿势之间的相似性，从而激发用户对艺术作品的兴趣[59]。为了确保关键点的坐标仅与姿势相关，程序采用了一种基于点集之间欧氏距离的算法来测量用户姿势与画作中人物姿势的相似度。如果在特定时间间隔内距离低于预定义的阈值，则视为匹配成功。

图 5.22 展示了 Strike-a-pose 应用程序的使用界面。该程序可在手机或配备摄像头的显示设备上运行。屏幕上显示了艺术品和用户的骨架结构，以便用户调整和匹配各个关键点和线段。一旦所有姿势匹配完成，应用程序允许用户生成视频，以保存或分享他们与博物馆作品互动的体验。

图 5.22　Strike-a-pose 应用程序

2. 基于 VR、AR 技术的交互

1）混合现实博物馆体验设计

BEYOND 是一个专为 Z 世代（1996～2010 年出生）设计的混合现实博物馆体验，该项目荣获 DIA 2022 年的佳作奖。为了应对卡内基自然历史博物馆的挑战并满足 Z 世代的期望，BEYOND 提供了一种沉浸式和引人入胜的旅程，其特点是基于语音和手势的多感官互动，如图 5.23 所示。体验包括两个部分："游戏化博物馆体验"——让 Z 世代积极参与并与博物馆互动；"参与式社交互动"——通过观者之间的社交互动提升卡内基博物馆的知名度。

图 5.23　BEYOND 应用程序

BEYOND 体验旨在向参观者传达伟大的自然历史故事，例如人类作为地球的守护者，以及自然与人类之间的相互关系。设计团队相信，扩展多用户合作和互动的体验是有意义的，支持参观者在博物馆中一起玩耍、学习，并轻松地分享他们的感受、想法和观点。

2）圆明园大水法遗址复现

圆明园大水法遗址曾是中国历史上著名的宏伟建筑之一，但由于历史原因和自然灾害，这座建筑在现实中已不复存在。通过百度大脑 DuMix AR 提供的视觉定位与增强现实服务（visual positioning and augmenting service，VPAS），圆明园大水法遗址的昔日风貌得以重现。VPAS 是一项基于摄像头和其他传感器数据采集的技术，通过深度融合实现精准定位。该服务包括三大模块：高精地图构建和更新、实时视觉定位以及在线融合跟踪。借助这些技术，VPAS 能够准确识别圆明园大水法遗址的特征和位置，并将历史时期的建筑模型与现实环境相结合，实现了遗迹的“重生”。当游客来到圆明园大水法遗址时，可以使用智能手机或平板电脑，打开百度 AR 应用程序并选择 VPAS 功能。该程序通过摄像头采集实时影像，并结合高精地图数据，能够根据用户的位置和视角，将虚拟的历史景象精确叠加到现实环境中。如图 5.24 所示，游客得以通过更直观、身临其境的方式，欣赏圆明园大水法遗址昔日的宏伟景观。

图 5.24　圆明园数字化重建示意

3）混合 AR 纪念品制作系统

AR Firework System 是一种混合现实纪念品制作系统，结合移动用户界面、手势、语音以及增强现实技术，提供多感官体验[60]。该系统由实物和虚拟两部分组成：实物部分保留了纪念品的正式感，而虚拟部分包含 AR 模型和音频，由参观者在博物馆参观过程中制作。

在博物馆展览中，参观者需要通过手机扫描矿石来收集制作烟花所需的材料，收集齐全后可以自行设计烟花，调整高度、颜色、直径等参数。在设计过程中，用户还可以学习相关的物理和化学知识。系统提供了多种烟花类型供选择，如牡丹和彗星等，并配备了一种基于图片的烟花生成算法。用户可以购买实体烟花发射器和自动生成的纪念品，将其作为礼物送给他人，如图 5.25 所示。在纪念品盒子上贴上二维码后，用户可以上传个性化的 AR 模型和语音祝福。参观者可以在社交活动中赠送这种个性化礼品。当想观看烟花时，只需扫描二维码，通过 AR Firework 应用程序即可下载 AR 模型和音频。使用 ManoMotion SDK（一种提供手部追踪、动作识别的软件开发工具包）支持的自然手势检测来触发烟花启动。ManoMotion 支持五种手势：拾取、捏合、点击、抓取和张开。手掌张开是触发手势，而捏合手势用于控制旋转：当用户捏住手指时，模型会顺时针旋转，松开手指时则停止旋转，使用户可以从多个方向轻松查看 AR 模型。

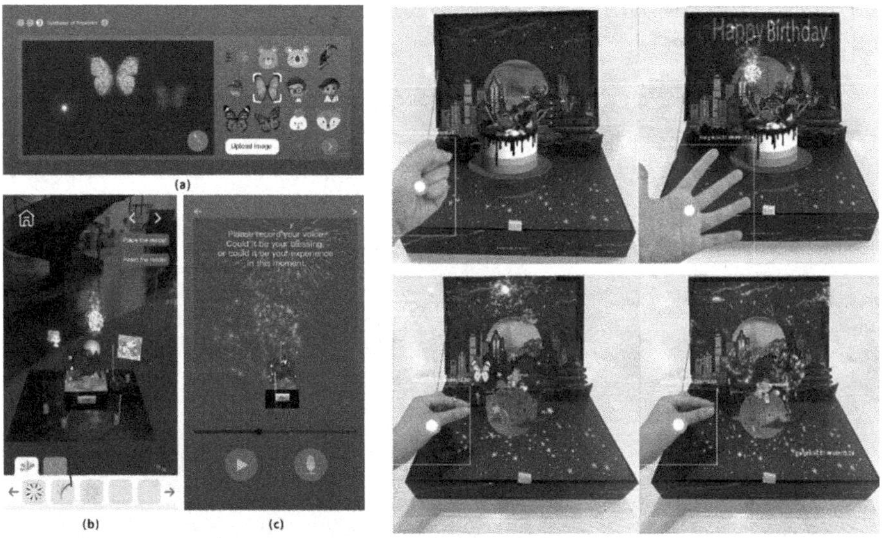

图 5.25　AR Firework System 应用案例

3. 空间内的定位与互动

1）Leeum 艺术博物馆数字导游

Leeum Digital Guide 是 2022 年 IF 设计大赛的获奖作品，由三星首尔研发中心设计。Leeum 艺术博物馆是首家采用超宽带技术的博物馆，该技术可以实现精确的室内定位，并进行数据采集。Leeum 数字导览方案能够实时跟踪游客的位置和观看体验。如图 5.26 所示，游客进入博物馆后，可在前台导览处领取设备，并在程序中选择观展路线。在参观过程中，程序会自动播报游客当前位置的艺术品介绍，且可以通过程序界面以三维全角度欣赏艺术品。观展结束后，系统会总结展览流程，并生成个性化的“终点票”，通过短视频形式展示观众参观博物馆的概览信息，观众可以下载海报并分享到社交媒体。

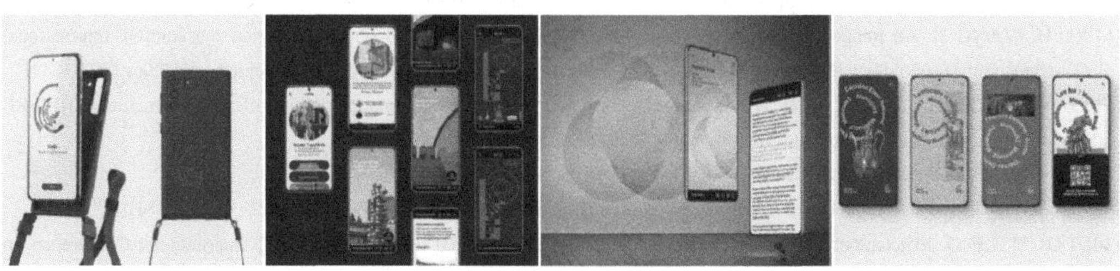

图 5.26　Leeum Digital Guide 应用程序

2）迪斯尼 Play Disney Parks 应用程序

为提升游客的游园体验，迪士尼乐园推出的 Play Disney Parks 应用程序通过连接主题乐园内的娱乐装置、可穿戴设备和手机应用等，以无线连接和蓝牙技术为基础，实现园区内全站点的连接，提供更身临其境、无缝且个性化的体验。游客可以通过 Play Disney

Parks 应用程序在现场扫码，完成游戏中的解谜互动任务，从而获得即时奖品和奖励，如图 5.27 所示。该程序帮助游客通过蓝牙无线通信和 GPS 定位与物理环境互动，增强在乐园内的游戏互动体验。

图 5.27　迪斯尼 Play Disney Parks 应用程序

参 考 文 献

[1] CARION N, MASSA F, SYNNAEVE G, et al. End-to-end object detection with transformers[C]//European Conference on Computer Vision. Cham: Springer International Publishing, 2020: 213-229.

[2] YANG J, LI C, ZHANG P, et al. Unified contrastive learning in image-text-label space[C]//Proceedings of the IEEE/CVF Conference on Computer Vision and Pattern Recognition. New Orleans: IEEE, 2022: 19163-19173.

[3] RADFORD A, KIM J W, HALLACY C, et al. Learning transferable visual models from natural language supervision[C]//Proceedings of the 38th International Conference on Machine Learning. Vienna: PMLR, 2021: 8748-8763.

[4] CHEN N, YUE J, FANG L, et al. SpectralDiff: A generative framework for hyperspectral image classification with diffusion models[J]. IEEE Transactions on Geoscience and Remote Sensing, 2023, 16: 1-16.

[5] PHELAN M E. The UNIDROIT convention on stolen or illegally exported cultural objects confirms a separate property status for cultural treasures[J]. Villanova Sports & Entertainment Law Journal , 1998, 5: 31.

[6] XU H, WANG H. An image retrieval system based on MPEG-7 and XMLDB query for digital museum[C]//International Conference on Technologies for E-Learning and Digital Entertainment. Berlin: Springer Berlin Heidelberg, 2006: 1303-1311.

[7] LIANG Q, YANG L, LUO Z, et al. A Siamese network-based method for automatic stitching of artifact fragments[J]. IEEE Transactions on Instrumentation and Measurement, 2023, 72: 1-13.

[8] 郑宝莹．中国传统陶瓷的设计知识智能提取与表征[D]．长沙：湖南大学，2023.

[9] 石倩雯，黄明玉．文物主题标引之原则与方法研究——以文献领域为参照[J]．博物院，2021，28：73-81.

[10] TAN M, LE Q. Efficientnet: Rethinking model scaling for convolutional neural networks[C]//International Conference on Machine Learning. California: PMLR, 2019: 6105-6114.

[11] WOO S, PARK J, LEE J Y, et al. CBAM: Convolutional block attention module[C]//Proceedings of the European Conference on Computer Vision (ECCV). Munich: Springer, 2018: 3-19.

[12] BANERJEE S, LAVIE A. METEOR: An automatic metric for MT evaluation with improved correlation with human judgments[C]//Proceedings of the ACL Workshop on Intrinsic and Extrinsic Evaluation Measures for Machine Translation and/or Summarization. Ann Arbor: ACL, 2005: 65-72.

[13] LIN C Y. Rouge: A package for automatic evaluation of summaries[C]//Text Summarization Branches Out. Barcelona: ACL, 2004: 74-81.

[14] VEDANTAM R, LAWRENCE ZITNICK C, et al. CIDEr: Consensus-based image description evaluation[C]//Proceedings of the IEEE Conference on Computer Vision and Pattern Recognition. Boston: IEEE, 2015: 4566-4575.

[15] ANDERSON P, FERNANDO B, JOHNSON M, et al. Spice: Semantic propositional image caption evaluation[C]//Computer Vision – ECCV 2016: 14th European Conference, Amsterdam: Springer, 2016: 382-398.

[16] SHENG S, MOENS M F. Generating captions for images of ancient artworks[C]//Proceedings of the 27th ACM International Conference on Multimedia. Nice: ACM Press, 2019: 2478-2486.

[17] WANG M, SONG L, YANG X, et al. A parallel-fusion RNN-LSTM architecture for image caption generation[C]//2016 IEEE International Conference on Image Processing (ICIP). Phoenix: IEEE, 2016: 4448-4452.

[18] FUDHOLI D H, WINDIATMOKO Y, AFRIANTO N, et al. Image captioning with attention for smart local tourism using EfficientNet[C]//IOP Conference Series: Materials Science and Engineering. Yogyakarta: IOP Publishing, 2021, 1077(1): 012038.

[19] TEWEL Y, SHALEV Y, SCHWARTZ I, et al. ZeroCap: Zero-shot image-to-text generation for visual-semantic arithmetic[C]//Proceedings of the IEEE/CVF Conference on Computer Vision and Pattern Recognition. Los Alamitos: IEEE Computer Society, 2022: 17918-17928.

[20] ZHANG M, LIU F, LI B, et al. CrePoster: Leveraging multi-level features for cultural relic poster generation via attention-based framework[J]. Expert Systems with Applications, 2024, 245: 123136.

[21] QIN X, ZHANG Z, HUANG C, et al. U2-Net: Going deeper with nested U-structure for salient object detection[J]. Pattern Recognition, 2020, 106: 107404.

[22] YU Y, SI X, HU C, et al. A review of recurrent neural networks: LSTM cells and network architectures[J]. Neural Computation, 2019, 31(7): 1235-1270.

[23] WOO S, PARK J, LEE J Y, et al. CBAM: Convolutional block attention module[C]//Proceedings of the European Conference on Computer Vision (ECCV). Munich: Springer, 2018: 3-19.

[24] INOUE N, KIKUCHI K, et al. LayoutDM: Discrete diffusion model for controllable layout generation[C]//Proceedings of the IEEE/CVF Conference on Computer Vision and Pattern Recognition (CVPR). Vancouver: IEEE Computer Society, 2023: 10167-10176.

[25] LI X L, THICKSTUN J, GULRAJANI I, et al. Diffusion-LM improves controllable text generation[C]//Advances in Neural Information Processing Systems (NeurIPS). New Orleans: NeurIPS Foundation, 2022, 35: 4328-4343.

[26] GUPTA K, LAZAROW J, ACHILLE A, et al. LayoutTransformer: Layout generation and completion with self-attention[C]//Proceedings of the IEEE/CVF International Conference on Computer Vision (ICCV). 2021: 1004-1014.

[27] FU H, ZHOU S, LIU L, et al. Animated construction of line drawings[C]//Proceedings of the 2011 SIGGRAPH Asia Conference. Hong Kong: ACM, 2011: 1-10.

[28] TANG F, DONG W, MENG Y, et al. Animated construction of Chinese brush paintings[J]. IEEE Transactions on Visualization and Computer Graphics, 2018, 24(12): 3019-3031.

[29] ZHAO A, BALAKRISHNAN G, LEWIS K M, et al. Painting Many Pasts: Synthesizing time lapse videos of paintings[C]//Proceedings of the IEEE/CVF Conference on Computer Vision and Pattern Recognition. Seattle: IEEE Computer Society, 2020: 8435 - 8445.

[30] HUANG Z, HENG W, ZHOU S. Learning to paint with model-based deep reinforcement learning[C]//Proceedings of the IEEE/CVF International Conference on Computer Vision. Seoul: IEEE, 2019: 8709-8718.

[31] WANG Z, LIU F, RAN C, et al. AI promotes the inheritance and dissemination of Chinese boneless painting—Research on design practice from interdisciplinary collaboration[C]//IASDR 2023: Life-changing Design. Milan: IASDR, 2023: 1-25.

[32] RONNEBERGER O, FISCHER P, BROX T. U-net: Convolutional networks for biomedical image segmentation[C]//Medical Image Computing and Computer-Assisted Intervention - MICCAI 2015: 18th International Conference, Munich. Cham: Springer, 2015: 234-241.

[33] TORBUNOV D, HUANG Y, YU H, et al. UVCGAN: Unet vision transformer cycle-consistent GAN for unpaired image-to-image translation[C]//Proceedings of the IEEE/CVF Winter Conference on Applications of Computer Vision. Waikoloa: IEEE, 2023: 702-712.

[34] ZHU J Y, PARK T, ISOLA P, et al. Unpaired image-to-image translation using cycle-consistent adversarial networks[C]//Proceedings of the IEEE International Conference on Computer Vision. Venice: IEEE, 2017: 2223-2232.

[35] RONNEBERGER O, FISCHER P, BROX T. U-net: Convolutional networks for biomedical image segmentation[C]//Medical

Image Computing and Computer-Assisted Intervention–MICCAI 2015: 18th International Conference, Munich. Cham: Springer, 2015: 234-241.

[36] DOSOVITSKIY A, BEYER L, KOLESNIKOV A, et al. An image is worth 16x16 words: Transformers for image recognition at scale[C]//Proceedings of the International Conference on Learning Representations. Austria: ICLR, 2021: 1-8.

[37] DEVLIN J, CHANG M W, LEE K, et al. Bert: Pre-training of deep bidirectional transformers for language understanding[C]// Proceedings of the 2019 Conference of the North American Chapter of the Association for Computational Linguistics: Human Language Technologies. Minneapolis: Association for Computational Linguistics, 2019: 4171-4186.

[38] BACHLECHNER T, MAJUMDER B P, MAO H, et al. Rezero is all you need: Fast convergence at large depth[C]//Proceedings of the 37th Conference on Uncertainty in Artificial Intelligence. San Francisco: PMLR, 2021: 1352-1361.

[39] HEUSEL M, RAMSAUER H, UNTERTHINER T, et al. GANs trained by a two time-scale update rule converge to a local Nash equilibrium[C]//Advances in Neural Information Processing Systems 30. Long Beach: NeurIPS, 2017: 6629-6640.

[40] WANG Z, BOVIK A C, SHEIKH H R, et al. Image quality assessment: From error visibility to structural similarity[J]. IEEE Transactions on Image Processing, 2004, 13(4): 600-612.

[41] ZHAI G, MIN X. Perceptual image quality assessment: A survey[J]. Science China Information Sciences, 2020, 63: 1-52.

[42] ZHAO A, BALAKRISHNAN G, LEWIS K M, et al. Painting Many Pasts: Synthesizing time lapse videos of paintings[C]//Proceedings of the IEEE/CVF Conference on Computer Vision and Pattern Recognition. Seattle: IEEE, 2020: 8435-8445.

[43] BUTEAU E, LEE J. Hey Alexa, Why do we use voice assistants? The driving factors of voice assistant technology use[J]. Communication Research Reports, 2021, 38(5): 336-345.

[44] LIANG X, LIU F, WANG L, et al. Internet of Cultural Things: Current research, challenges and opportunities[J]. Computers, Materials & Continua, 2022, 74(1): 469-488.

[45] ROMAO X, BERTOLIN C. Risk protection for cultural heritage and historic centres: Current knowledge and further research needs[J]. International Journal of Disaster Risk Reduction, 2022(67): 25-27.

[46] GUARINO M, DI PALMA M A, MENINI T, et al. Digital transformation of cultural institutions: A statistical analysis of Italian and Campania GLAMs[J]. Quality & Quantity, 2020, 54: 1445-1464.

[47] LIANG F, PAN Y, GU M, et al. Cultural tourism resource perceptions: Analyses based on tourists' online travel notes[J]. Sustainability, 2021, 13(2): 519.

[48] MOSTEANU N R. Digital university campus: Change the education system approach to meet the 21st century needs[J]. European Journal of Human Resource Management Studies, 2020, 4(4): 79-93.

[49] SPENCE C. Scenting entertainment: Virtual reality storytelling, theme park rides, gambling, and video-gaming[J]. i-Perception, 2021, 12(4): 20416695211034538.

[50] MARCHE C, ATZORI L, PILLONI V, et al. How to exploit the social Internet of Things: Query generation model and device profiles' dataset[J]. Computer Networks, 2020, 174: 107248.

[51] CUI Z, XU X, FEI X U E, et al. Personalized recommendation system based on collaborative filtering for IoT scenarios[J]. IEEE Transactions on Services Computing, 2020, 13(4): 685-695.

[52] XUE Y, ZHANG P, XUE M. Virtual display and cross-cultural communication of Hejia village relics in digital media[C]//International Conference on Human-Computer Interaction. Cham: Springer Nature Switzerland, 2023: 140-158.

[53] CHIANESE A, PICCIALLI F, JUNG J E. The internet of cultural things: Towards a smart cultural heritage[C]//2016 12th International Conference on Signal-Image Technology & Internet-Based Systems (SITIS). Naples: IEEE, 2016: 493-496.

[54] CHIANESE A, PICCIALLI F. Designing a smart museum: When cultural heritage joins IoT[C]//2014 Eighth International Conference on Next Generation Mobile Apps, Services and Technologies. Oxford: IEEE, 2014: 300-306.

[55] CORTADELLA J, Galceran-Oms M, Kishinevsky M. Elastic systems[C]//Eighth ACM/IEEE International Conference on Formal Methods and Models for Codesign (MEMOCODE 2010). IEEE, 2010: 149-158.

[56] LERARIO A. The IoT as a key in the sensitive balance between development needs and sustainable conservation of cultural resources in Italian heritage cities[J]. Sustainability, 2020, 12(12): 1-22.

[57] LIANG X, LIU F, WANG L, et al. Internet of cultural things: Current research, challenges and opportunities[J]. Computers, Materials & Continua, 2023, 74(1): 469-488.

[58] CORNIA M, TOMEI M, BARALDI L, et al. Matching faces and attributes between the artistic and the real domain: The

PersonArt approach[J]. ACM Transactions on Multimedia Computing, Communications, and Applications, 2022, 18: 1-3.

[59] DONADIO M G, PRINCIPI F, FERRACANI A, et al. Engaging museum visitors with gamification of body and facial expressions[C]//Proceedings of the 30th ACM International Conference on Multimedia (MM '22). New York: Association for Computing Machinery, 2022: 7000-7002.

[60] KANG Y, ZHANG Z, ZHAO M, et al. Tie memories to e-souvenirs: Hybrid tangible AR souvenirs in the museum[C]//Adjunct Proceedings of the 35th Annual ACM Symposium on User Interface Software and Technology (UIST '22 Adjunct). New York: Association for Computing Machinery, 2022: 1-3.

第 6 章 人工智能技术支持版权保护

6.1 艺术设计作品的版权保护

随着数字时代的到来，信息共享变得比以往任何时候都更容易、更快捷。只需点击几下，就可以向全球范围内的目标用户传播信息，这引发了交流和获取知识方式的革命。然而，这种信息共享的便捷性也导致了版权侵权等现实问题。有一些不法分子将艺术家的作品在未经允许的情况下使用非法技术手段进行保存后，上链到数字藏品 NFT（Non-fungible Token）交易平台进行牟利。根据世界知名的艺术作品在线分享平台 DeviantArt 发布的数据，自 2021 年 8 月至 2021 年 12 月，抄袭警告系统 DeviantArt Protect 累计向疑似盗用 DeviantArt 网站中艺术品上链到 NFT 的账户发送了 50000 多条警报。

对此，许多国家和机构出台了应对抄袭和保护创作者知识产权的政策和法案。其中包括更严格的版权法，对侵犯版权的行为进行处罚，并为作品被抄袭的创作者提供法律补救措施等。接下来以中国著作权法为核心，介绍艺术作品版权保护的困境和争议。

6.1.1 评估作品侵权的方法

1．版权相关法案

著作权法是规范著作权及相关权保护的法律框架。《中华人民共和国著作权法》中规定，艺术设计作品应属于艺术领域内具有独创性且能以一定形式表现的智力成果。根据中国的版权法，版权保护授予原创作品的创作者，包括文学、艺术、音乐和戏剧作品，以及软件和其他数字内容。版权保护是自动的，不需要注册或其他手续。中国著作权法为保护著作权及相关权提供了框架，包括作者和著作权人复制、发行和表演其作品的专有权，作品保护期为 50 年。著作权法第五章明确规定了有关于著作权的相关保护。根据侵权行为的情况，规定了民事和刑事责任。具体的侵权行为包括：未经著作权人许可，发表其作品；没有参加创作，为谋取个人名利，在他人作品上署名；歪曲、篡改他人作品；抄袭他人作品等。

在世界范围内，由世界知识产权组织（World Intellectual Property Organization, WIPO）为促进世界范围内版权及相关权保护而制定的国际条约《保护文学和艺术作品伯尔尼公约》（Berne Convention for the Protection of Literary and Artistic Works），又称《伯尔尼公约》被广泛使用。它为书籍、音乐、绘画和电影等文学和艺术作品的保护提供了框架，并规定了成员国必须遵守的版权保护最低标准。它已得到 170 多个国家的批准，成为知识产权领域采用最广泛的国际条约之一。在数字时代，WIPO 制定了另外两个有关版权保护的新条约：《世界知识产权组织版权条约》（World Intellectual Property

Organization Copyright Treaty），中文简称为《WIPO 版权条约》，以及《世界知识产权组织表演和录音制品条约》（WIPO Performances and Phonograms Treaty），中文简称为《WIPO 表演和录音制品条约》。二者均在 1996 年 12 月 20 日由 WIPO 主持的会议上缔结，主要为解决国际互联网络环境下应用数字技术而产生的版权保护新问题。

其他各国也发表了一些法案应对版权问题。例如，《数字千年版权法》（Digital Millennium Copyright Act，DMCA）是美国于 1998 年颁布的版权法，旨在解决数字技术对传统版权保护方法带来的挑战。安全港条款是《数字千年版权法》的一项关键条款，互联网服务提供商必须遵守某些要求，例如指定代理人接收删除通知以及实施终止屡次侵权者账户的政策。

英国于 2010 年颁布了《数字经济法案》（The Digital Economy Act）。该法案中的一项关键条款是要求互联网服务提供商采取措施打击网络盗版，例如向涉嫌侵犯版权的用户发出警告通知，并采取技术措施阻止访问侵权网站。

2. 评估作品的方法

从法律的角度来看，确定艺术品是否构成抄袭是一个涉及多种因素的复杂过程。在评估艺术品是否抄袭时通常会考虑的一些关键因素：独创性；实质性相似+接触；创作意图；公共领域作品；合理使用。

1）独创性

《中华人民共和国著作权法实施条例》第二条规定，作品是指“文学、艺术和科学领域内具有独创性并能以某种有形形式复制的智力成果”。由此可见，“独创性”和“以某种有形形式复制”是我国著作权法保护的作品的构成要件。判断艺术品是否构成抄袭的第一步是判断原创作品是否具有足够的独创性，从而受到版权法的保护。通常来说，独创性的判断要满足两个要点：作者独立创作、非抄袭或模仿；需要展现作者一定程度的智力创造力，能反映作者独特的创作理论。

2）实质性相似+接触

判断作品是否侵权的主要判定标准是实质性相似和接触原则。构成实质性相似的，就意味着不具有“创”的特征；接触考查的是“独”的问题，即劳动成果是否源自于劳动者本人。只有证明涉嫌侵权作品与受著作权保护的作品构成实质相似，同时作品权利人又有证据表明被告在此前具备了接触原作品的机会或者已实际接触了原作品，才能判定为著作权侵权行为。

3）创作意图

判断作品是否构成抄袭的另一个重要因素是被控侵权人的意图。不正当竞争法和抄袭意图相关，因为两者都涉及未经授权使用他人的知识产权谋取私利。为了确立不正当竞争的主张，通常需要证明被控侵权人从事的行为可能对消费者造成混淆或欺骗，或者使被控侵权人相对于竞争对手具有不公平的优势。

4）公共领域作品

公共领域作品是指不受版权保护的作品，任何人都可以使用。一般来说，作品的版权期限届满后就会进入公共领域，具体情况因国家和作品类型而异。除了因版权期限届满而进入公共领域的作品外，还有一些作者一开始就将自己的作品并入公共领域，开放使用和获取的权限，任何人都可以自由使用和复制。

5）合理使用

合理使用的例子包括评论、搜索引擎、批评、模仿、新闻报道、研究和学术。这意味着合理使用一些作品可以不被视为侵犯版权。对作品的特定使用是否属于合理使用取决于多种因素，包括使用目的和性质、受版权保护的作品性质、所使用部分的数量和实质性，以及使用的效果。

综上所述，判断一个作品是否是侵权作品首先要确定作品是否被版权法保护，即确定其是否具有独创性。其次，根据实质性相似+接触原则以及创作意图来判断是否是侵权作品。当被侵权作品属于公共领域作品，或者作者是出于合理使用的目的使用他人的作品，则要慎重考虑是否构成侵权行为。

6.1.2　艺术设计作品版权保护的困难

从法律法规常用的评估方式可以看出，侵权评估通常并没有一个确定的统一标准，需要结合多种因素综合考量。在创意作品中，以艺术设计作品为例，在版权保护过程中通常会遇到如下的挑战。

1）艺术作品呈现形式多样

艺术作品是一种复杂且多面的信息传递媒介。与文字作品不同，艺术作品通常涉及可能难以量化和比较主观的元素，如风格、构图和颜色。另外，艺术作品可能以多种物理形式存在，如绘画、雕塑和照片。

2）借鉴和抄袭的定义边界模糊

区分抄袭和借鉴具有挑战性，因为两者之间的界限是主观的，且取决于多种因素。模仿和参考有助于培养视觉技能和产生灵感，这在设计过程中是必不可少的[1]。很难判断类似作品是参考还是抄袭。不同的文化和艺术社区对于可以接受的借鉴或参考，以及抄袭界定往往具有不同的标准。在室内设计领域，借鉴他人的想法可能更像是灵感而非抄袭[2]。在游戏行业，设计师认为抄袭和参考之间存在灰色地带，参考往往由于创意开发的贡献而被允许[3]。

3）互联网加剧侵权检测的困难性

与传统艺术作品相比，数字艺术作品的保存和保护往往更为困难且复杂。与可以通过物理屏障和保护的艺术品不同，侵权者可以在版权所有者不知情的情况下轻松复制和分发数字作品，尤其是通过互联网，数字作品可以在世界任何地方轻松共享和访问。此外，当原创作品在网络或社交媒体平台上共享时，版权所有者很难发现侵权者并对其采取行动。即使发现，版权所有者可能会面临跨地区的诉求申请，不同文化环境对于版权的规定也有所不同，申诉将会成为挑战。

4）缺乏可用抄袭检测技术

缺乏有效和可靠的工具，是检测数字艺术作品是否侵权所面临的主要困境。TinEye、谷歌和百度等商业公司提供的“以图搜图”技术无法适用于艺术品抄袭检测。如图 6.1 所示，虽然一些基本的抄袭案例可以通过简单的图像级匹配来识别，但在抄袭检测过程中，常常需要处理更为复杂的案例，包括具有不同背景或复制拼接的图像，以及相似概念设计的作品。

图 6.1（彩图）

图 6.1　常见平面艺术作品抄袭案例[4]

若想要较好地解决上述挑战并实现高精度低成本的抄袭检索，或许可以从人类经验入手，结合数智技术设计更优的检索框架，实现对侵权艺术品的检索。

6.1.3　人工智能生成物的版权问题

2022 年被媒体称为“人工智能绘画元年”。这一年 8 月，美国科罗拉多州博览会美术竞赛中，美国游戏设计师 Jason Allen 创作的画作《太空歌剧院》一举拿下竞赛一等奖，在全世界范围内点燃 AI 绘画争议导火索。尽管 Jason Allen 表示该图经过上千次的修改、生成，花费了近 80 小时才完成，但比赛结果依旧引起了各方激烈争论。

有人认为 AI 无法被视为具有创造力，主要是其质疑计算机原始输出的能力，因为它仅根据现有的（人类）输入进行训练，将大量他人的作品进行拼接、结合并生成，缺乏内涵和灵魂，无法与人类创意艺术相提并论。然而，另一些支持者则认为，这些作品的生成过程不仅仅是简单地敲击键盘，而是需要花费大量时间和精力，并通过修改提示词和使用专业软件来完善画作。此外，这些作品也具有很强的观赏性，从而具备了独特的价值。

2023 年初，全球知名图片提供商华盖创意（Getty Images）起诉热门人工智能绘画工具 Stable Diffusion 的开发者 Stability AI，称其“非法”从网站上窃取了数百万张图片，侵犯了作品版权。同时，另有三位艺术家对 AI 生成工具提起诉讼，称相关工具开发公司在“未经过原作者同意的情况下”从网络中获取了大量作品来进行人工智能算法的训练，侵犯了“数百万艺术家”权力。在各个艺术品分享平台上，原创者们发起“NoAI”请愿，倡议人工智能生成物不要“入侵”到艺术品平台。

有些观点认为，AI 生成艺术之所以被视为抄袭而非向艺术家致敬，是因为 AI 模型通常是在短时间内集成大量艺术家在多年实践中形成的风格画作训练而成。此外，抄袭或从 AI 生成艺术中获利的个人不会补偿原创艺术家。相反，其使用的数据大部分为未经许可的数据。AI 生成艺术在创意界已经引起了焦虑和恐慌，有大量自由插画师声称工作机会和薪资大幅减少。与传统艺术家的创作路径不同，AI 系统基于海量作品进行训练，其最终作品的“创作者”是谁？是否会产生侵权作品？谁应为其负责？

中国著作权法规定，独创性是作品构成要件之一，强调劳动成果需要具有一定程度的智力创造性。2024 年，AI 生成图片著作权侵权第一案做出判决，认定利用人工智能生成内容可构成“作品”。此前，原告使用开源软件 Stable Diffusion 通过输入提示词的方式，生成了涉案图片后发布在某社交平台上。事后，被告在网上发布文章，配图使用了涉案图片。法院认为，原告通过输入提示词、设置相关参数，获得了第一张图片后，继续增加提示词、修改参数，不断调整修正，最终获得涉案图片，调整修正的过程体现了原告的审美选择和个性判断。在无相反证据的情况下，可以认定涉案图片由原告独立完成，体现出了原告的个性化表达，因此涉案图片具备“独创性”要件。

对此，目前全球范围内对这一问题仍然存在争议。2023 年，根据美国版权局的一封信，艺术家克里斯·卡什塔诺娃（Kris Kashtanova）使用人工智能绘画工具所生成的漫画书《黎明的扎里亚》（*Zarya of the Dawn*）中部分内容不受到版权保护，其此前获得的美国版权注册也应取消。这项裁决意味着，没有人类创作元素的人工智能生成的图像目前不能在美国获得版权。版权局认为：“卡什塔诺娃女士是作品文本的作者，也是作品文字和视觉元素的选择、协调和安排的作者，她的作者身份受版权保护。然而，作品中由 Midjourney 技术生成的图像不是人类作者的作品”。总的来说，随着生成式人工智能技术的发展，艺术设计作品的版权保护问题变得更加复杂。

6.2 常见的作品侵权行为分析和保护方法探索

艺术作品包含范围广泛的创意表现形式，如绘画、雕塑、照片、电影、音乐、文学等。这些艺术形式中的每一类都涉及一套独特的技能、技术和创作过程，使艺术家能够传达他们的想法和情感。但是，未经授权使用或复制这些作品可能会导致侵犯知识产权。本节将介绍一些常见的艺术作品侵权案例，并基于侵权行为探索保护策略的构建。

6.2.1 非 AI 生成作品侵权行为分析

1. 平面设计和雕塑作品

1）NFT 项目抄袭事件——Crypto Chicks

个人创作作品 Crypto Chicks 被发布在 NFT 网站上出售盈利，随后该作品被发现疑似抄袭艺术家阿曼达·科斯塔（Amanda Costa）的作品，如图 6.2 所示。阿曼达在国外社交媒体上拥有超过 10 万名粉丝。Crypto Chicks 的创建者解释称：“我不熟悉阿曼达或任何其他创作此类原创作品的艺术家，但我认为这些都是我可以学习的图像”。然而大众并不认为这种抄袭行为是可以被原谅的。

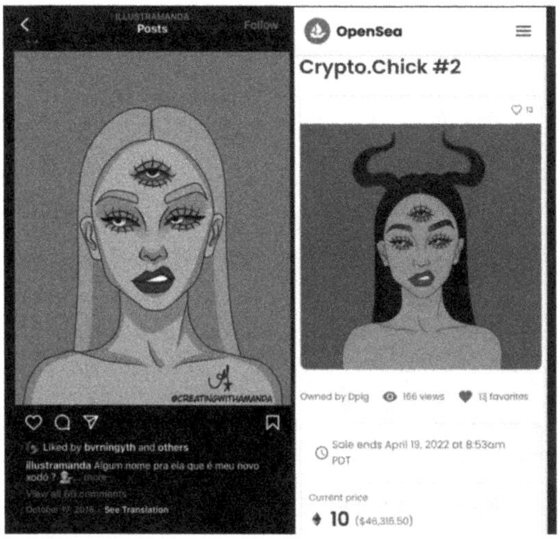

图 6.2（彩图）

图 6.2　艺术家阿曼达发布的内容（左）和疑似抄袭作品 Crypto Chick（右）

2）基于摄影作品的艺术创作——一排小狗的雕像

早在 1990 年，摄影师罗杰斯捕捉了一张夫妇怀抱一排小狗的温馨瞬间，并将这张照片印刷发行，用于制作贺卡及其他相关产品。随后，这张照片被著名艺术家杰夫•昆斯（Jeff Koons）发掘，并以此为基础创作了一系列雕塑作品，如图 6.3 所示。昆斯通过销售这些雕塑获得了丰厚的经济回报。1991 年罗杰斯发现后，对昆斯提起了版权侵权诉讼，昆斯则辩护称，其行为属于对原作的合理模仿与使用。1992 年，法院审理认为，两幅作品之间的相似度极高，以至于普通公众能够轻易辨识出原作的出处。法院进一步指出，即便使用常见或已开放版权的素材进行创作，也不能成为昆斯制作高度相似雕塑的正当理由，并最终判决昆斯向罗杰斯支付赔偿金。

图 6.3　罗杰斯的摄影作品“Puppies”（左）和昆斯的雕像作品“String of Puppies”（右）

3）二次创作或复制部分——茶颜悦色案

2019 年 10 月，广州“茶颜观色”注册公司起诉“茶颜悦色”，称其使用的商标、字体与自家商标相似，构成侵权，请求判令“茶颜悦色”公司赔偿各项损失，并公开发表致歉声明，消除不利影响。两者商标如图 6.4 所示。长沙市岳麓区人民法院经审理，于 2020 年 4 月 8 日判决驳回全部诉讼请求。同年 8 月，茶颜悦色公司作为原告将“茶颜观色”注册公司以被告使用的商业标识与其有一定影响力的商品装潢高度近似为由，向长沙市天心区人民法院起诉。长沙市天心区人民法院一审判决：“茶颜观色”立即停止在全国范围内使用与“茶颜悦色”公司相同或近似装潢的广告宣传、加盟许可招商宣传、虚假宣传不正当竞争行为，并赔偿经济损失及合理维权费用。

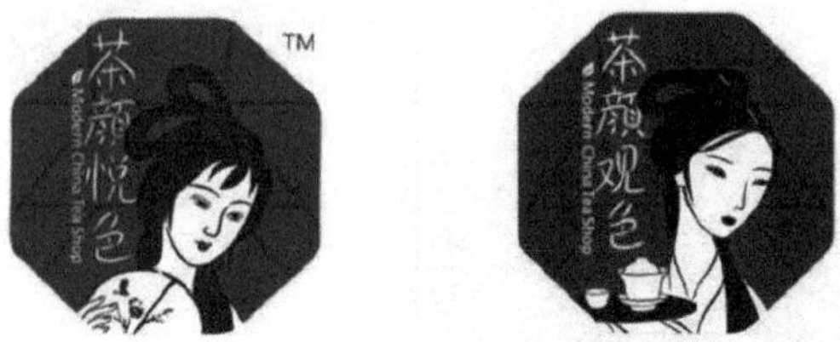

图 6.4　茶颜悦色商标（左）和茶颜观色商标（右）

2. 产品设计作品

德国折扣店仿制的猫草碗，从各个元素的构思、形状、颜色和排列几乎和 Wagner Pet Products Group 设计的作品完全一致，如图 6.5 所示。仿制品采用了更便宜的价格，因为碗主体是使用塑料制成的，而非耐塑和耐热的陶瓷。这进一步导致碗不能稳定地放在凹槽中，即宠物猫在进食时碗会不受控制地来回滑动，声音很大。由于明显的相似，仿制品的供应商最后在庭外友好地解决了此案。

图 6.5　Wagner Pet Products Group 的原创设计（左）和仿制品（右）

与平面设计作品不同，产品设计作品的侵权评估需要考虑功能的相似。产品的功能一般不被视为抄袭或侵犯版权，这是因为人们普遍认为产品必须满足某些功能要求，而这些要求有时会决定产品的整体设计。例如，如果两家公司独立设计了一款带有把手的圆柱形咖啡杯，把手的设计可能使这两个杯子看起来相似，但它们都服务于同一个功能。然而，这一原则存在一定的局限性。如果产品的设计纯粹是功能性的，并且只有一种方法可以实现该功能，那么该设计可能不符合申请版权保护的条件。因为只有具有原创性和创造性的非功能性元素，才有可能获得版权保护。

3. 音乐作品

2013 年，罗宾·西克（Robin Thicke）和法瑞尔·威廉姆（Pharrell Williams）发行了热门歌曲 *Blurred Lines*，这首歌曲后来被指控抄袭了马文·盖伊（Marvin Gaye）于 1977 年发行的歌曲 *Got to Give It Up*。罗宾声称马文给了他许多创作灵感，但马文的家属认定该歌曲中的部分元素与 *Got To Give It Up* 近乎一致，随后将罗宾告上法庭并向他索赔。2015 年，陪审团裁定 *Blurred Lines* 确实侵犯了马文的版权，由此罗宾和威廉姆斯被责令支付 740 万美元的赔偿金。

值得注意的是，音乐抄袭较为特殊的一个特点在于其呈现方式通常是基于声音的。平面设计作品可以通过比较图像所呈现出的特点“看”出相似的部分是什么，但音乐作品只能通过“听”来进行比较。常见的音乐抄袭行为主要包括旋律相似和未经许可的采样。当作曲家或词曲作者从另一首歌曲中窃取旋律或旋律的重要部分，并在未经许可或未注明出处的情况下将其用于自己的作品时，就会发生这种情况。采样涉及从另一位艺术家的歌曲中提取一部分录音并将其合并到新的作品中。虽然有合法的方式对音乐进行采样，例如获得许可和支付版税，但未经许可的采样通常是一种典型的抄袭形式。

4. 视频作品

视频创作中最为常见的抄袭方式是视频内容的相似性。视频抄袭可以分为以下几类：①视频搬运；②视频二次剪辑；③视频内容抄袭。视频搬运是指在不同平台之间未经授权传输或共享视频内容的现象，通常未经内容所有者或创作者的许可。在某些情况下，用户甚至可能会编辑原始视频或添加自己的水印或品牌，从而进一步侵犯原始内容。视频二次剪辑可能涉及添加或删除素材、更改场景顺序、更改音频或视觉效果，或者添加新的图形和文本叠加。需要注意的是，根据版权法，某些类型的视频编辑在特定情境下（如教育、评论或批判性改造）可能被视为合理使用。然而，判断对原始视频的特定使用是否构成合理使用往往相当复杂，需要综合考虑使用目的与性质、原始作品的特性、使用部分的数量和实质性等多个因素，并进行逐案分析。

1）《人生小满》宣传片

2022 年 5 月 21 日，奥迪汽车品牌的宣传短片《人生小满》火爆全网，一度冲上热搜。5 月 21 日晚，抖音博主“北大满哥”发视频称：该广告的文案抄袭了自己 2021 年同一天发布在抖音平台的短视频文案，并进行了逐字逐句的比较。从广告的第十五秒“今天是二十四节气的小满”开始，至一分四十秒中引用的原创诗句，内容几乎高度重合。此外，他还发布了一条对比视频，上下屏幕分别为其本人的视频与奥迪的视频广告内容。2022 年 5 月 22 日 13 时 40 分，上思广告发布声明称，公司相关团队在视频内容开发过程中，因团队版权意识淡薄，在未与版权方沟通的情况下，直接使用了抖音博主北大满哥关于“小满”的视频中文案内容，深表歉意，并诚恳地向原作者道歉，同时承诺尽最大努力弥补对原作者的损失。

2）音乐短片

Le sserafim 在 2022 年 5 月发布的新歌 MV *Fearless*，被发现与西班牙歌手罗莎莉亚（Rosalia）于 2018 年发布的歌曲 MV *Malamente* 元素类似，且都出现了类似的飙车场面，被认为疑似抄袭，如图 6.6 所示。相关对比照与视频在网上疯传并引起争议。

图 6.6　*Malamente*（左）和 *Fearless*（右）MV 中出现的飙车场面

上述案例展示了视频内容抄袭可能采取多种形式，从模仿现有视频的内容和风格到复制特定元素，例如镜头运用、场景布置、人物位置和内容主题等，这无疑大大增加了检测视频抄袭行为的难度。

6.2.2　人工智能生成物侵权行为分析

与非 AI 生成的作品相比，AI 生成作品的侵权问题需要将重点集中在 AI 生成作品的整体流程中。结合 AI 生成作品的基本步骤可以对 AI 生成过程中可能的侵权行为进行分析，如表 6.1 所示。由于 AI 模型依赖海量数据训练，数据使用是否合理，是讨论 AI 模型是否构成侵权时常被提及的问题。其次，由于 AI 生成过程无法可视化、难以追溯，最终作品是否会与其他作品构成高度相似，也是传统艺术家和 AIGC 工具使用者主要担忧的问题。

表 6.1　AI 生成作品过程中可能存在的侵权行为

利益相关者	传统艺术家	程序开发者	程序使用者
行为	创作的作品被训练	调整参数模型	使用系统生成作品
AI 生成流程	 训练数据	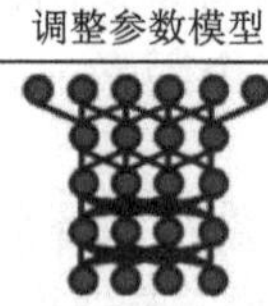 AI模型	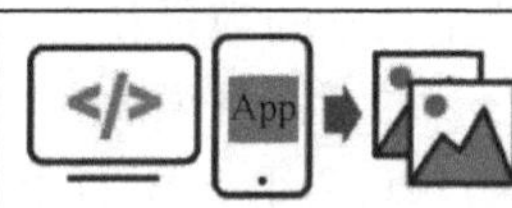 生成作品
该环节中可能存在的侵权行为	● 如存储他人作品可能侵犯复制权 ● 如原作品明确禁止参与 AI 训练则无法使用	● 如使用开源但不可商用的模型则涉及代码剽窃 ● 可能存在恶意引导训练侵权模型的行为	● 可能存在恶意引导生成侵权作品的行为 ● 基于 AI 生成的作品之间可能存在高度相似性

1．数据的合理使用

训练深度学习模型需要从海量的现有作品中筛选合适的数据集，而这些作品有可能仍处于版权保护期内。由于涉及伦理、版权及隐私等多方面的挑战，数据训练环节中的创意数据收集工作面临着相当大的争议。在 AI 生成艺术的过程中，将艺术家作品存储在本地则可能被视为侵犯其复制权。但在商业行为中的复制应当受到更为严格的审视和讨论。尽管当前法律体系中并未明确界定作品是否享有被用于 AI 训练的“训练权”，但如果作品作者反对，那么使用其作品进行训练同样可以被视为侵犯了作者对其作品应享有的合法权益。

2. 生成侵权作品

1）与训练图片相似

作为数据的提供方，艺术家们最关心的问题在于“AI 生成的作品是否会复制其学习的作品？”实质性相似是判断两幅作品是否构成侵权的主要判断依据。研究人员使用描述性关键词在某 AI 生成平台上尝试生成艺术作品，如图 6.7 所示。部分生成的作品中存在与著名作品（仍在版权保护期限内）高度一致的案例。

（a）某AI生成平台生成　（b）《萤火之森》动画2011年上映

图 6.7（彩图）

图 6.7　某 AI 生成平台的用户创作作品与相似作品的对比

2）输出图片之间的相似

冯晓青等认为当创作规则被习得后，AI 算法会由此生成固定的模板[5]。研究人员在使用 Disco Diffusion 进行图像生成的过程中发现了如图 6.8 所示的几组图片。很显然，AI 生成的图片之间在配色和构图上都具有较高的相似度。如果该系统用于商业行为，生成的艺术作品并被商业化使用，如何确保 AI 系统不会继续生成与其高度相似的其他作品？

图 6.8（彩图）

图 6.8　使用 Disco Diffusion 生成的艺术作品示例

3）有意识的侵权引导

如图 6.9 中案例 1 所示，用户@musaishh 上传的作品与艺术家的作品高度相似。该作者被指控截取艺术家 Haruno 在直播中展示的绘画过程，并基于 AI 技术在艺术家完稿之前发布作品。该用户甚至意图指控艺术家 Haruno 抄袭了自己的画作。

图 6.9 中的案例 2 是一个基于艺术家作品进行训练的案例。右图为用户 Ogbogu Kalu 使用艺术家 Hollie Mengert 的 32 张作品进行模型训练后生成的作品。在风格上非常相似，且训练时间较短，每幅作品成本仅为 0.4 美元。如果使用此类方法生成作品并出售，甚至声称为作家本人作品进行牟利，则会严重影响原作者的利益。

图 6.9（彩图）

（a）案例1：艺术家的作品　（b）案例1：用户上传的作品　（c）案例2：艺术家的作品　（d）案例2：基于AI生成的作品

图 6.9　用户使用 AI 生成的作品和艺术家创作的作品

6.2.3　实例：版权保护策略构建

1. 研究内容与方法

鉴于上述问题，构建一个健康、积极维护版权的在线社区变得越来越重要。保护知识产权本就充满挑战，尤其在艺术设计领域更为显著。艺术品抄袭的鉴别相较于文本抄袭更为复杂，原因在于设计过程中往往不可避免地需要参考和借鉴。此外，由于时效性以及昂贵的维权成本，不少设计师可能会对通过法律途径维护自身权益感到沮丧。同时，人工智能生成艺术的发展可能进一步削弱了艺术家分享作品的意愿。

为了探讨如何共建良好的线上分享生态，Cui 等[6]设定了两个常见的艺术品侵权场景作为研究对象：设计艺术作品的抄袭和人工智能生成物。研究人员针对两种场景组织了两个工作坊，并提出了两个核心研究问题：设计师通过网络平台分享其艺术作品时，面临哪些挑战？针对网络上的作品分享侵权行为，有哪些解决方案或应对策略？

实验共招募了 16 名参与者，使用参与式设计方法，组建了四个跨学科团队。工作坊主要关注利益相关者的观点和解决方案的技术可行性。因此，结合跨学科团队（设计学专业和计算机专业）的丰富知识背景，并采用参与式设计方法共同设计解决方案。跨学科合作[7]可以结合不同的研究背景以便更好地理解和支持科学举措的有效性。实验中的四名工程师具有开发计算机视觉工具的技术背景，并具有微调人工智能艺术模型的经验。这些技术专家也被认为是人工智能艺术生成模型的训练师。

实验分别面对两种研究场景：非 AI 侵权场景和 AI 侵权场景。两次均采用相同的实验过程，仅参与者和讨论主题存在差异。在研究场景 1 中，三分之二具有设计背景的参与者为抄袭事件的利益相关者；在研究场景 2 中，四分之三的参与者有使用人工智能艺术生成工具的经验。

研究人员使用故事板和价值评估作为主要研究工具，研讨会过程图片如图 6.10 所示。故事板是一种强大的设计工具，可以培养参与者的创造力，协助他们使用故事设计解决方案[8]。在实验开始时，研究人员首先向参与者介绍了故事板，并提供了一些案例，要求每个团队至少创作两个故事。价值评估通常在设计结束时使用，以帮助参与者反思设计结果[9]。评估旨在收集反馈意见，讨论有效性、可行性和实施障碍。在分享故事板后，参与者被要求使用便利贴进行评价。研究人员提供了两种颜色的便利贴，并要求参与者至少写下一条正面评论（绿色）和一条负面评论（蓝色）。

（a）参与者在绘制故事板

（b）方案评估环节

图 6.10　研讨会过程

在所有活动结束后，两位研究人员使用 MaxQDA 软件对工作坊材料进行了主旨分析[10]。首先，两位研究人员根据主题“线上分享所面临的挑战”进行编码分析，最后得到了 4 个主要挑战。随后，研究人员分析了工作坊中提出的解决方案。在去除了重复方案后，共获得了 7 个方案。研究人员对录音文件和参与者的便利贴进行了编码，获得了一些关键结论。

2. 线上分享面临的挑战

线上分享中所面临的 4 个核心挑战如下。

1）挑战 1：抄袭行为难以察觉

参与者反映，各种形式的抄袭行为难以被有效识别，例如重新绘制和部分复制艺术品。参与者认为“抄袭者可能会复制艺术品中最突出的部分，但是他们实际复制的内容通常难以预料”。

2）挑战 2：抄袭评估标准模糊

抄袭评估的模糊性主要源于强烈的主观性。部分参与者认为，是否构成抄袭取决于最有价值内容的相似性。“有人侧重情感价值，而有人则看重布局，作者可能不认为两者都至关重要”。这些差异导致了抄袭评估的差异化视角。此外，抄袭评估的复杂性还受到相似内容普适性、公共材料使用、创意撞车以及不同应用场景等多种因素的影响。

3）挑战 3：人工智能工具的开发与使用势不可当

参与者指出，“公司更看重成本效益，不在乎工作是由人类还是人工智能完成”。基于人工智能的创意工作在时间和成本上通常更具优势，且产出了与专业设计师水平相当的作品。

4）挑战 4：人工智能侵权难以应对

人工智能侵权的证据识别和收集工作异常艰难。参与者表示，“若人工智能直接截取作品的完整片段，我可以明确证明来源。但可怕的是，当它们将多个艺术品拼接融合时，我只能隐约感觉到它可能模仿了我的作品，这让我感到更加不安”。与其他形式的艺术侵权相比，通过法律手段应对人工智能侵权更具挑战性。侵权案件已经从个体纠纷转变为设计师、大型数据集或幕后公司之间的较量。一些设计师为寻求工作机会而通过在线社区发布作品，但这些作品一旦上传，就可能成为人工智能模型训练的素材。

3. 7种版权保护方案

1）多平台数据集

多平台数据集（multi-platform dataset，MD）是一个由第三方平台构建的创新工具。该平台通过与多个设计平台建立合作关系，共同创建并授权使用数据集，旨在有效解决互联网环境中难以察觉的侵权问题。MD 集成了图像相似性检测工具，并为互联网服务提供商提供应用程序编程接口。每当用户在任何与 MD 合作的平台上传作品时，作品都会被纳入相似性检测框架中进行全面搜索。一旦发现涉嫌侵权的内容，上传者将受到警告，平台将进行人工验证。MD 通过实施警告和使用限制，帮助减少从多个平台侵犯其作品版权的可能性，并提高抄袭者的版权保护意识，维护设计师的合法权益。

评论：MD 非常有效，因为它可以连接不同共享社区之间的数据集。参与者提到，它也可以用于创作阶段，以避免潜在的抄袭。该解决方案防止了频繁的恶意抄袭，例如在特定平台上传知名设计师的作品以牟利。然而，参与者对该解决方案在数据集构建、评估标准和业务模型方面提出了质疑。他们建议：①只存储图像特征而不是原始图像可能更合适；②抄袭评估应考虑多个维度，机器评估只能作为参考标准；③应该开发适当的商业模式来激励设计师和平台参与。

2）创意记录本

创意记录本（creative recordbook，CR）是一个自动为用户生成图片引用的网络插件。当用户在线搜索灵感时，只需简单地将参考作品拖放到 CR 中，就可以获得基于链接的参考信息。当用户上传他们的作品时，系统会自动向被引用的设计师（假设他们在 CR 社区中已拥有账户）发送通知。作品上传后，系统会自动计算新作品与参考作品之间的相似性，以防止过度引用。CR 记录帮助设计师追踪他们的灵感路径，并帮助理解引用和抄袭之间的界限。

评论：参与者普遍认为 CR 可以显著提升设计师的工作效率和反思能力。它不仅可以作为提交作品前的自检手段，有效避免无意中的高度相似情况，还顺应了在线协作软件的流行趋势，为设计师之间的合作提供了更多便利。然而，参与者并未将其视为一种强制性的解决方案，他们担心“CR 的使用可能会引发一些道德问题”。参与者对艺术品的引用感兴趣并支持。但同时也指出，“目前尚缺乏统一的数字格式和标准来引用艺术和设计材料，有必要从头开始定义它们。”

3）添加密钥水印

添加密钥水印（adding key watermark，AKW）旨在通过为设计师提供一种在其最希望保护的图像区域添加不可见水印的方法，来实现艺术品定制化的可追溯性。这种模式允许设计者保护价值最高的上下文内容，并释放公共资源区域中的其他内容供他人欣赏或使用。借助图像分割技术，AKW 能够将图像细分为多个子区域，让设计师能够精准选择希望加以保护的内容，如高度创造性的元素。即使图像的边缘部分被裁剪，由于水印仅嵌入在关键位置，也能有效地追踪图像的流向。

评论：AKW 展现出了很强的可行性，可以有效防止图像核心内容被部分复制。它还有效解决了传统隐写水印技术在面对图像裁剪时鲁棒性不足的问题。然而，参与者提出，虽然部分抄袭很常见，但如果侵权者选择重新绘制作品，水印信息就会丢失。

4）个人 AI 艺术模型

个人 AI 艺术模型（personal AI-art model，PAM）主要解决两个问题：一是非设计师群体难以自行训练人工智能艺术模型；二是艺术家作品在被 AI 模型学习时未能获得相应收入。面对禁止 AI 模型训练的实际困难，解决方案的重心转向了提升艺术家的收益途径。该解决方案允许艺术家训练个人艺术作品风格的人工智能模型，并授权用户付费使用这些模型。艺术家可以用更少的作品和模型生成的示例来宣传他们的作品，降低了上传大量作品的必要性。用户能以相较于直接委托艺术家更低的成本获取艺术品，且无须花费大量时间调整模型和优化 AI 艺术工具。

评论：参与者认为，“PAM 模式有效提高了非技术背景人群的抄袭门槛”。这种模式为渴望正版艺术品但又难以承担高昂价格的用户提供了可行选择。一些参与者提到，用户可能更喜欢人工智能艺术，因为修改作品成本低、速度快。然而，“训练和部署个人艺术风格模型对设计师来说仍然是一项挑战”。

5）数据投毒[11]

数据投毒（data poisoning，DA）方案借鉴了计算机中的数据中毒概念，旨在干扰人工智能模型的训练流程。艺术家在完成艺术品后，会利用专门的中毒软件对其进行处理，生成看似与原件无异但实则内含干扰元素的“有毒”艺术品。这些经过处理的艺术品如果被用于训练过程，会对人工智能模型产生微妙影响，降低其效能，并波及到模型后续生成的作品质量。

评论：参与者提到，这种解决方案“很酷”，“有效地反击了作品被盗用的行为”，“从根本上解决了艺术品被擅自用于训练模型的问题”。特别是在防止他人以营利为目的而模仿特定艺术家风格方面，该方案尤其有效。然而，正如参与者所担忧的，这种解决方案也存在一些问题，例如“数据投毒行为的合法性”以及“对人工智能模型损害的法律责任归属”。这些问题有待进一步探讨和解决。

6）保险服务

保险服务（insurance service，IS）旨在通过与第三方技术机构和保险公司合作，为设计师提供商业保险，用于抵消处理版权侵权案件的诉讼费用。设计师将作品备份给保险公司，保险公司委托技术机构进行与 MD 类似的测试。如果发现涉嫌抄袭的作品，保险公司可以通过法律渠道和技术支持为设计师维权。IS 的核心价值在于引入第三方组织，以平衡多方利益相关者的权益，并为设计师提供版权保护。

评论：参与者认为，IS 通过引入第三方监督，有效地促进了抄袭检测系统的构建与完善。IS 为设计师维权提供资金支持，被视为有助于规范创新行业的抄袭管理。然而，参与者注意到实施过程中的潜在障碍，例如确保抄袭评估的准确性、建立可持续的商业模式等。

7）闪照

闪照（snapchat-inspired content，SC）的灵感来自 Snapchat 的“阅后即焚”功能，旨在有效防止艺术作品被非法复制或滥用于人工智能数据集。虽然允许在限定时间内浏览作品，但任何保存或截屏行为都会触发作品的即时销毁。尽管作品无法被直接保存，但用户可以通过分享艺术品链接来增加其可见度，确保作品在不被非法保存的前提下得到广泛传播。

评论：参与者认为该解决方案可以防止作品被保存或下载，成功地实现了作品共享与版权保护之间的平衡。得益于相关技术的成熟应用，该方案能够迅速落地实施，并通过技术手段规范用户行为，降低侵权风险。然而，有的参与者指出，由于技术解决方案本身存在一定的可预测性和规律性，面对技术日益精进的侵权者，SC 的保护机制可能并非无懈可击，需要不断提升技术防护的强度和灵活性。

表 6.2 提供了这 7 种解决方案的对比。为了解决研究确定的 4 个挑战，MD、CR 和 AKW 可以帮助检测抄袭案例（挑战 1），而 CR 和 AKW 可以澄清抄袭的概念（挑战 2）。当面对人工智能的迅猛发展（挑战 3）时，参与者建议设计师应该转变思维，寻求从人工智能训练中受益。关于挑战 4，唯一的解决方案是通过涉及保险公司的 IS 对抗侵权者。

表 6.2 7 种解决方案的对比

场景		场景 1：艺术作品抄袭			场景 2：AI 生成		适用全场景	
方案		MD	CR	AKW	PAM	DA	IS	SC
解决的挑战	挑战 1：难以发现	是	是	是	否	否	否	是
	挑战 2：难以评估	否	是	是	否	否	否	否
	挑战 3：难以避免	否	否	否	是	是	否	否
	挑战 4：难以应对	否	否	否	否	否	是	否
利益相关者	平台	是	是	是	否	否	是	是
	创作者	否	否	是	是	是	是	否
	潜在的侵权者	否	是	否	是	否	否	
策略	溯源	是	是	是	否	否	否	否
	补偿	否	否	否	是	否	是	否
	威慑	是	否	否	否	是	否	是
技术机制	数据收集	是	是	否	是	否	是	否
	图片检索	是	是	是	否	否	是	否
	数据加密	否	否	是	是	是	否	是
	AI 模型训练	否	否	否	是	否	否	否

团队进一步将这些解决方案所采用的策略分为 3 类：溯源（MD、CR、AKW）、补偿（PAM、IS）和威慑（MD、DA、SC）。在技术实施方面，MD、IS、CR 和 PAM 需要收集许多艺术家的作品来构建数据集，以帮助检测潜在的抄袭或支持个人模型训练。相应地，MD、CR、AKW 和 IS 都基于图片检索来处理用户的抄袭行为。数据加密是防止作品被盗的常用技术方法，包括水印处理、算法模型加密、数据投毒等。主动训练个人艺术风格 AI 模型，出现在 PAM 解决方案中，区别于侵权人常用的策略。值得注意的是，参与者在讨论中提出了一个概念：技术反措施。这一概念强调了技术局限性，即技术只能检索到部分内容，且即便是数据加密等先进技术，也可能被破解而变得无效。这提示我们，在追求技术防护的同时，还需考虑技术的局限性和潜在的反制手段。

4. 版权保护工作流

团队基于之前提出的 7 个方案，设计了一个与设计者工作流程紧密结合的版权保护框架，如图 6.11 所示。该流程涉及设计者和互联网平台之间跨三个阶段的共同合作。

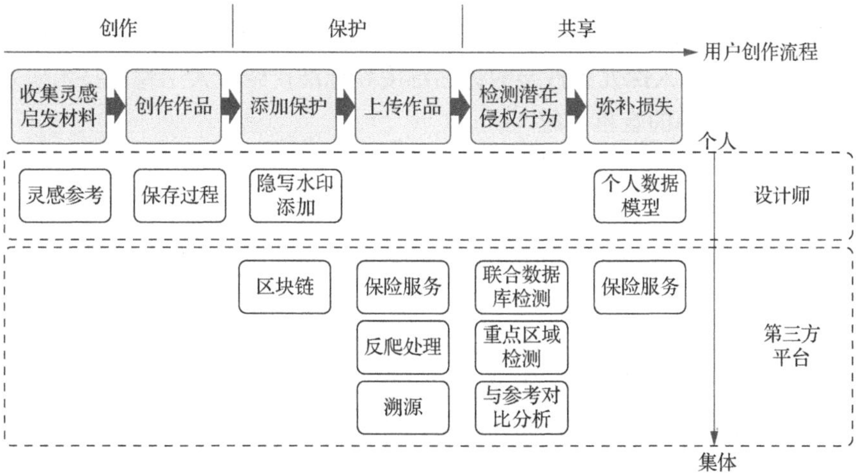

图 6.11　版权保护工作流

在创作阶段，设计师应积极记录和保存自己的创作过程，并在作品中合理添加引文以明确创意来源。在保护阶段，设计师可以利用多种工具对作品进行加密处理，如嵌入隐写水印或添加噪声，以此干扰人工智能模型的非法训练和学习。互联网分享平台或第三方工具在作品上传时也应提供类似的加密和保护功能。在共享阶段，互联网分享平台应积极承担保护设计师知识产权的责任，并为作品提供多种保护机制。这包括但不限于防止作品被恶意爬取，邀请艺术家参与并丰富抄袭检测的原始数据集，为每部作品提供独特的识别符号，以及支持设计师进行个人 AI 模型的训练和应用。通过这些措施，能够更有效地维护设计师的合法权益，促进创意产业的健康发展。

6.3 基于人工智能技术的设计作品版权保护

在文本查重和代码查重领域，有很多基于人工智能技术的工具可以被使用。然而，由于艺术类作品具备复杂的美学特性和高级语义信息，相关技术的研发与应用相对滞后，且缺乏专家经验的指导。与传统方法相比，采用人工智能技术的版权保护展现出多项优势。检测工具可以警示潜在的抄袭者，从而减少抄袭事件的发生；可以协助创作者更有效地检测作品是否被侵权，并在抄袭争议中作为有力证据。此外，设计师也可以利用这些工具来检查自己的作品是否存在抄袭嫌疑。这些工具以监管的形式发挥作用，促使从业者反思并调整自身行为，从而在整个行业内推动职业道德的提升。

6.3.1 实例 1：基于多维度相似性的查重技术

为了有效分析抄袭行为并研发相应的检索技术，探讨作品的抄袭评估维度与标准显得尤为重要。Cui 等深入探究了抄袭的评估维度和标准，结合人工智能技术研发了一个专门面向艺术设计作品的查重系统[12]。

1. 评估抄袭的维度和方法

团队与设计学专家合作，以海报设计为例进行分析。在本阶段的核心关注点在于抄袭行为，即“修改或复制他人的作品”，而不涉及作品被冒名顶替等其他形式的挪用。研究结合了定量与定性方法，旨在揭示海报设计作品中抄袭的评估标准与维度。从宏观层面来看，艺术品的侵权往往表现为对原创作品中独特元素的重复利用与复制，这些元素是原设计创新性的体现。基于海报设计准则、视觉设计原则，以及公开法律文书中关于著作权判定的实质性相似阐述，团队构建了海报设计元素词汇表，具体包含 8 种类型的元素，如图 6.12 所示。

团队共设立了三个研究问题帮助探索抄袭评估的维度和方法：

[Q1] 不同元素类型在抄袭中发生的频率（即重要性）是什么？

[Q2] 如何根据元素的相似性（即判断方法）来评估抄袭？

[Q3] 最常见的抄袭方式有哪些？

针对上述问题，研究人员组织了一次焦点小组工作坊。在工作坊中，使用问卷和讨论来研究 Q1 和 Q2，邀请参与者分享自己的经验来讨论 Q3。

1）研究方法

团队通过网络平台招募了 8 名参与者，他们均具备至少 5 年的专业设计教育背景。首先，实验人员用 10 分钟的时间向参与者阐明研究主题，然后参与者得到了一份关于海报抄袭评估的问卷。实验过程中共提供 12 组不同的海报对比案例，每组均包含一张原始海报和一个类似的海报案例。团队对大量的抄袭案例进行了分析，归纳并提供了三种类型的抄袭海报：视觉相似、模糊相似和概念相似。

	Level 1-视觉信息		Level 2-绘画技巧	
要素	主体元素	辅助元素	构图	绘画风格
定义	主体的核心元素，通常一个作品包含1～2个主体元素	辅助的元素，通常用于补充视觉印象	元素在画面中的排布，通常包括位置、平衡度、视觉路径等	通常表达绘画作品特有的风格，包括笔触等
案例			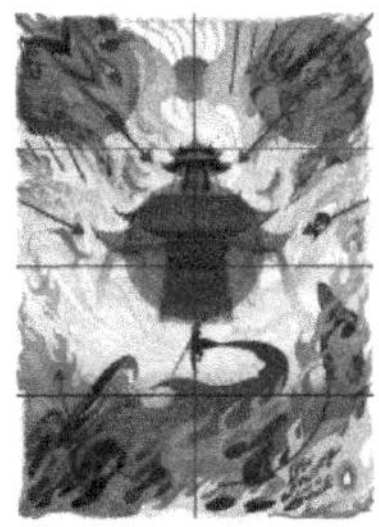	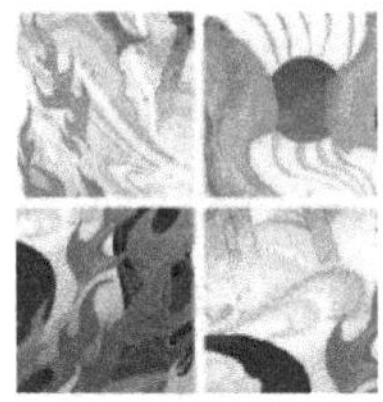
要素	色彩	主题	元素种类	文字
定义	通常包括色彩配比、色彩明暗度、在色板上的位置等	作者主要想表达的内容，通常包括该作品的含义和传达的情感等	作品中元素的种类，例如任务、古代建筑等	通常包括海报题目和作者信息、文字所用字体等
案例		主题： 神话故事	元素种类： 神话故事 神话人物 古代建筑 山 彩带	 左图： Lose yourself in a book 右图： MONKEY WU CHENG'EN
	Level 2-绘画技巧	Level 3-概念信息		

图 6.12　海报构成主要元素

针对每个案例，参与者被要求回答两个关键问题。首先需要评估该案例是否构成抄袭，并从“抄袭”、“非抄袭”或“不清楚”三个选项中选择。其次，基于图 6.12 中的海报构成主要元素，他们需要解释自己做出上述判断的主要依据（最多可选三项）。参与者可以选择“其他”并填写自己的独特见解。问卷环节结束后，参与者被邀请分享他们所经历或听说过的抄袭案例，这一环节旨在增进彼此之间的了解。随后，基于 12 组案例，参与者依次阐述了自己问卷中的选择和理由，所有人围绕案例和抄袭进行了持续 90 分钟的广泛讨论。

图 6.12（彩图）

2）实验结论

（1）[A1]元素重要性分析。

研究人员根据参与者的讨论将图 6.12 中的元素类型进行了分类。视觉信息通常指主体元素和辅助元素。这两个元素被多次提及，强调它们传达一些独特的视觉信息。绘画技巧指构图、绘画风格和颜色。绘画风格被多次提及，被认为可以帮助确定作品的基调。然而，参与者认为，“构图相似”不能成为判定抄袭的理由，因为它们可能是常见的设计技巧。概念信息指主题、元素种类和文本信息。通过比较海报的“主题”可以识别高级别的概念相似性。大部分参与者认为元素种类可以部分反映作品的主题，而“文本信息”的内容虽然不总是可用的，但也可以表明概念。

结论 1：视觉信息元素的相似性被观察为抄袭的潜在充分条件，在抄袭语境中是最重要的。绘画技巧也很重要，但它们通常被视为抄袭的先决条件（也发生在许多非抄袭的情况下）。

（2）[A2]抄袭判定方法。

围绕第二个问题，实验人员进行了编码分析，如图 6.13 所示，汇总了下述六个抄袭判定过程中使用的标准。数字表明了某个因素在评估抄袭时被提及的次数。在对抄袭的评价上，可以分为“正相关”(+)、“负相关”(-）和“模糊相关”(～)。如果一个因素的存在或改善增加（减少）被评估为抄袭的概率，可以被认为是正（负）相关的判断。例如，如果在两个海报中发现一个相似的元素是有价值的或缺乏和谐，那么它很可能被认为是一个抄袭案例。超过 30%的不清楚选项则被归类为“模糊相关”。

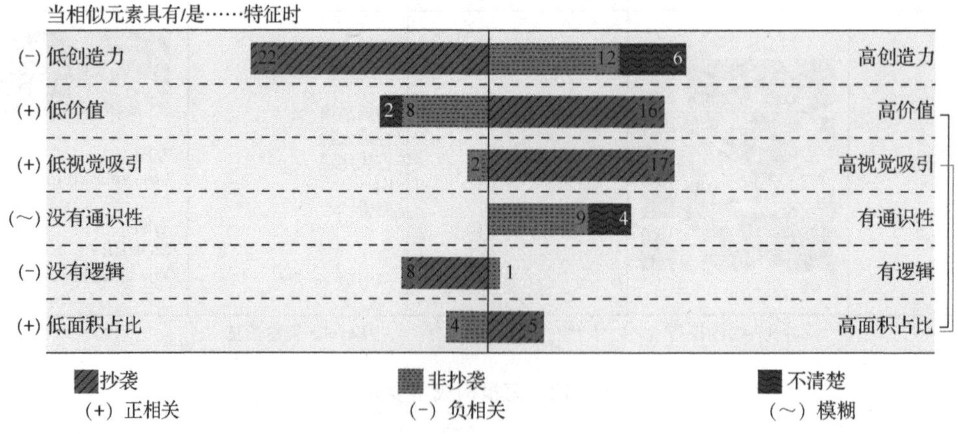

图 6.13　评估抄袭的六个主要因素

创造力（-）：指的是重点元素的创造（创新）水平。创作必须表现出创新能力，即轻微的重绘或复制不能表现出高度的创造力。

价值（+）：指的是一个元素是否是海报的核心，并使其易于辨认。它主要被描述为“核心内容、亮点、特色”。

视觉吸引（+）：用来衡量一个相似元素引起用户注意的程度。它通常被描述为“第一眼”看到的内容。

通识性（～）：指一些众所周知的设计准则。例如，类似的构图被认为是通识性知识，在这个领域内普遍存在。

逻辑（-）：指元素被有逻辑地排列。抄袭的普遍做法是将各种元素叠加在一起，缺乏整体的逻辑和设计的协调性。

面积占比（+）：指主要或辅助元素在画面中的面积占比。面积占比与价值和视觉权重因子相关，较高的面积占比是吸引观众注意力的常见形式。

结论 2：可以通过评估两张海报之间的相似元素是否具有高或低的因素相似性来判断抄袭。

通过计算每个元素和因素在评价时共同提及的频率，进一步分析相关性，如图 6.14 所示。每个值都是一个百分比分数。高分表示元素被频繁提及，且与特定因素共同使用次数多。视觉信息元素主要与“创造力”、“价值”和“面积占比”相关，而“视觉吸引”、“通识性”及“逻辑”则主要与绘画技法元素相关。“次要元素”与“面积区域”因子有很强的相关性，因为背景相似度经常被提及，参与者指出虽然背景在海报中是一个微小的元素，但它的复制占据了较大的面积。概念信息要素较少被提及，主要与“价值”和“通识性”因素有关。

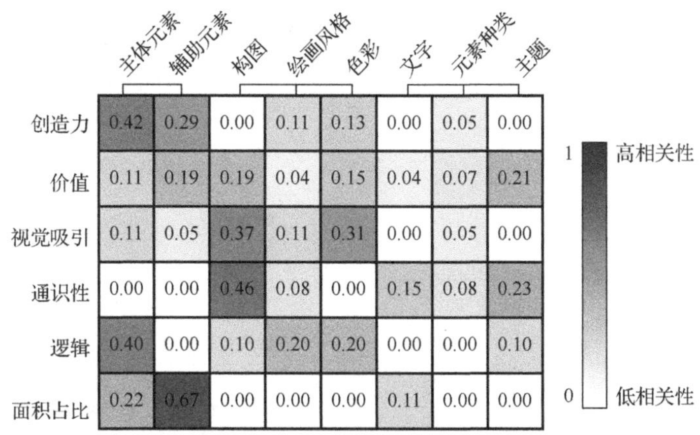

图 6.14（彩图）

图 6.14　抄袭评估中元素-因素关联热图

判断抄袭并非仅依据单一标准。相反，评估者会综合考虑多个因素，以全面分析两张海报是否存在抄袭的可能性。在实践操作中，人工识别抄袭的步骤首先是识别两张海报之间的相似元素（大多数情况下存在多个相似的元素），随后会从预设的六个关键因素出发，逐一分析这些相似元素的属性。

（3）[A3]主要的抄袭手段。

研究人员询问参与者所经历或知晓的抄袭手段，并归纳出三类：抄袭视觉内容；模仿设计理念；同时抄袭视觉和概念元素。这三类抄袭手段也作为筛选问卷时的依据。参与者需举例说明对抄袭的理解，并根据实际情况对抄袭手段的出现概率进行排序。结果显示，技巧 3 最为常见，其次是技巧 1 和技巧 2，这表明可以利用视觉和概念元素（A1）及其高度相关因素（A2）的联合分析来识别抄袭行为。

2. 技术路径设计

团队设计并实现了一个抄袭作品查重系统，旨在从互联网中的海量海报或艺术品图像库中检索出疑似抄袭的作品，其基本思想是检测发现图像中某些独特数据（元素）的复用。与依赖整体视觉特征进行检索的大型商业图像检索工具不同，本系统创新性地结合了概念信息和视觉信息，以全面表达海报的多特征性，如图 6.15 所示。

图 6.15（彩图）

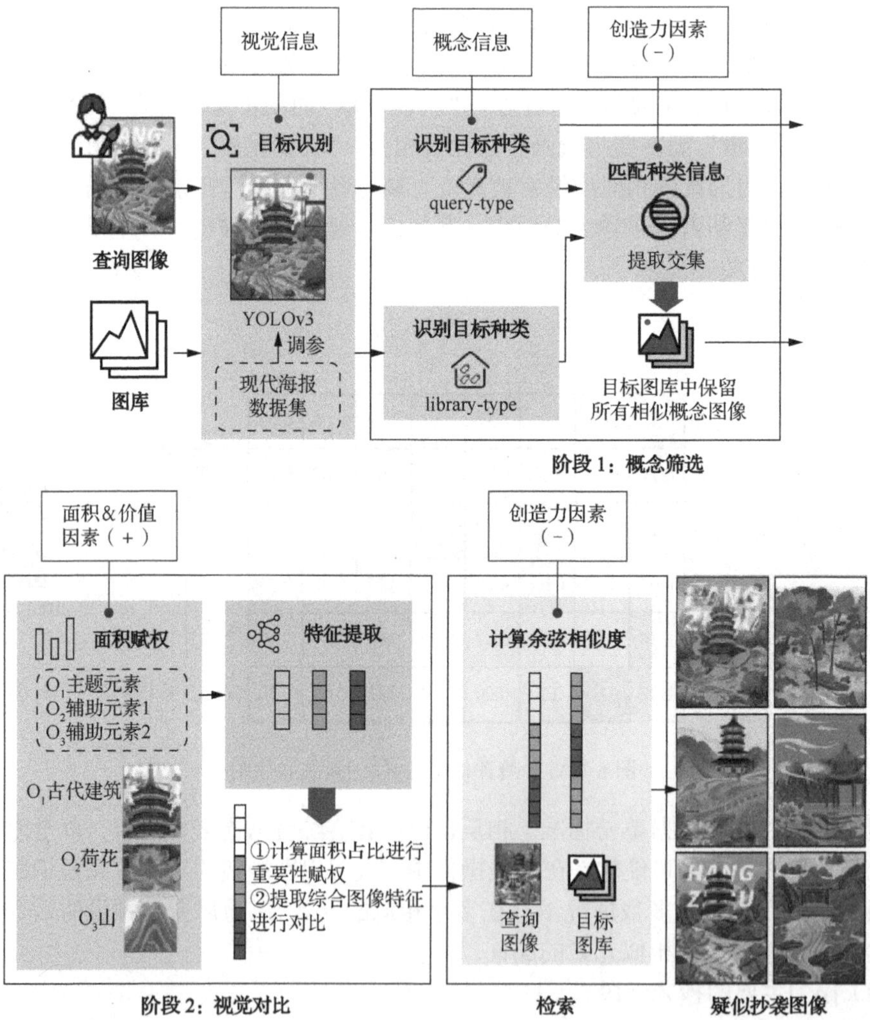

图 6.15 系统框架

结合先前的分析，系统在元素粒度中结合海报的概念和视觉相似性进行检索。从全局角度来看，使用概念信息（元素类别）和创造力因素对不相关的图像进行过滤，并选取视觉元素中的主题元素和辅助元素来表达作品的面积占比、价值和创造力等因素。

1）基于中国设计风格的目标检测

目标识别模型通常旨在识别和理解摄影图像（即自然图像）中的关键目标，但在艺术平面类作品中的识别效果却远不及在摄影图像上的表现。本研究的重点聚焦于基于亚洲文化的海报设计，这些海报中的主要视觉元素，如龙和仙鹤，在现有的艺术品数据集和目标识别模型中较少。鉴于此，我们构建了一个现代海报数据集，其中广泛收录了蕴含亚洲文化特色的海报。如图 6.16 所示，不同艺术创作的艺术品存在着显著的类内差异。该数据集涵盖了 9 个类别：古代建筑、鲤鱼、仙鹤、鹿、龙、莲花、山、人物和老虎。通过利用这一现代海报数据集对原始模型进行微调，能够更精确地检测并识别这些对象。

图 6.16（彩图）

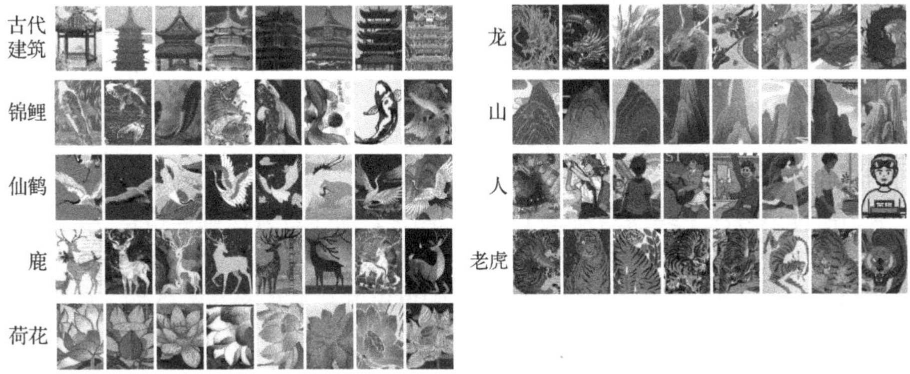

图 6.16　现代海报数据中的部分案例

2）概念特征筛选

概念性知识是艺术品语义独特性的体现。由于许多相似的海报都是为同一领域而设计的，因此，概念上的不一致往往意味着它们之间的关联性较弱。通过使用对象类别提取海报的概念信息，考查图像对之间的概念相似性。然而，越相似的概念反而意味着较低的创造性，而低创造性是评估抄袭的维度之一。在这一阶段，系统利用先前训练好的 YOLO 网络对目标进行识别。最后，能够得到一个目标图库，其中仅包含与查询图像在概念上相关的内容。

3）视觉特征分析

此阶段基于手工规则和端到端的深度特征表示每个主要和次要对象。系统将重点放在图像的意义对象中，再基于深度特征详细描述语义设计。系统使用 mobilev2 网络提取特征并计算特征向量之间的余弦相似度以判别视觉特征之间的相似性。此外，根据相似度的面积占比对相似度赋予不同的权重，即面积占比大且值高的相似度被赋予更多的权重。最后，为目标图库中的每个海报计算总体得分，并将得分最高的若干类定义为可疑抄袭级别，以便进行进一步的审查和分析。

3. 实验与系统验证

1）抄袭海报数据集构建

鉴于当前缺乏公开的抄袭海报数据集以供系统实验评估，团队提出了一个新的抄袭海报数据集，由 22624 张图片和 224 张查询图片组成，每张图片平均对应着 4.92 张抄袭图像。为确保数据集的准确性和可靠性，团队邀请参与焦点小组的设计师共同对库中的海报进行抄袭判断与标记。大多数被认定为抄袭的数据注释是一致的，只有少量的结果存在争议。最后，研究者和专家们讨论了所有不同的观点。本实例使用抄袭海报数据集来测试所提出系统的性能，具体选取了 51 张查询图像和 5100 张库图像进行测试。

2）实验设置

在本实例中，将团队的工作与广泛使用的商业查重检索方法百度 AI 平台进行比较。百度 AI 平台作为现有的图像近似检索算法的代表，具有较高的参考价值。在定量评估实验中，共选择了 4 个指标作为主要的分析指标：Top-10 的准确率、Top-20 的准确率、检索 70%样本所需的数量，以及归一化折损累计增益（normalized discounted cumulative gain，NDCG）。

3）实验结果

定量实验结果如表 6.3 所示。本书所提出方法的 Top-10 准确率为 67.45%，Top-20 准确率为 44.14%，相较于基线有了显著的性能提升。在检索 70%抄袭图像所需检索的数量上，本书所提出方法平均仅需检索 13.10 张图片，而传统方法则需检索 30.52 张图片。此外，在 NDCG 指标上，本书所提出方法和手工制作方法均获得了 0.92 分，而传统方法仅得 0.53 分。这些结果进一步验证了本书所提出方法在抄袭检测性能上的优越性。

表 6.3 定量实验结果

方法	Top-10 准确率/%	Top-20 准确率/%	检索 70%样本所需数量	NDCG
传统方法	47.65	34.80	30.52	0.53
手工制作方法	66.08	42.16	13.83	0.92
仅概念检索	36.67	30.56	36.67	0.66
仅视觉检索	62.55	40.39	14.28	0.80
本书所提出方法	67.45	44.14	13.10	0.92

图 6.17 显示了本书所提出方法和其他两种方法的对比结果。红色框中的图像为标记为“抄袭”的正确结果。本书所提出方法成功地在召回的 10 张图像中准确找到 7 张抄袭图像，而传统方法只发现了 1 张抄袭图像。

如图 6.17 A 组所示，本书所提出方法检索的结果 3、4、5 均属于高级抄袭手段。此类抄袭对象是难以被检索到的，但却是艺术作品抄袭问题中较为常见的行为。抄袭者有时会融合几张图像的视觉元素拼凑成一张新的海报，使得该海报与被抄袭的海报之间只有部分相似但是整体上具有显著差异。传统方法在 B 组中只检索到 1 张抄袭海报，其结果中 1、6、9 与查询图像在整体上高度相似，但是由于图像中没有被复用的图像，且表达内容不同，被专家判断为非抄袭。此类作品由于视觉上类似，容易被传统方法误判为抄袭海报。而本书所提出方法准确地召回了 5 个抄袭的样本，且这些样本的抄袭手段均为部分挪用主要元素，呈现出的视觉特点表现为部分相似而整体不相似，这有效地证明了本书所提出的方法能够应对不同的抄袭海报手段。

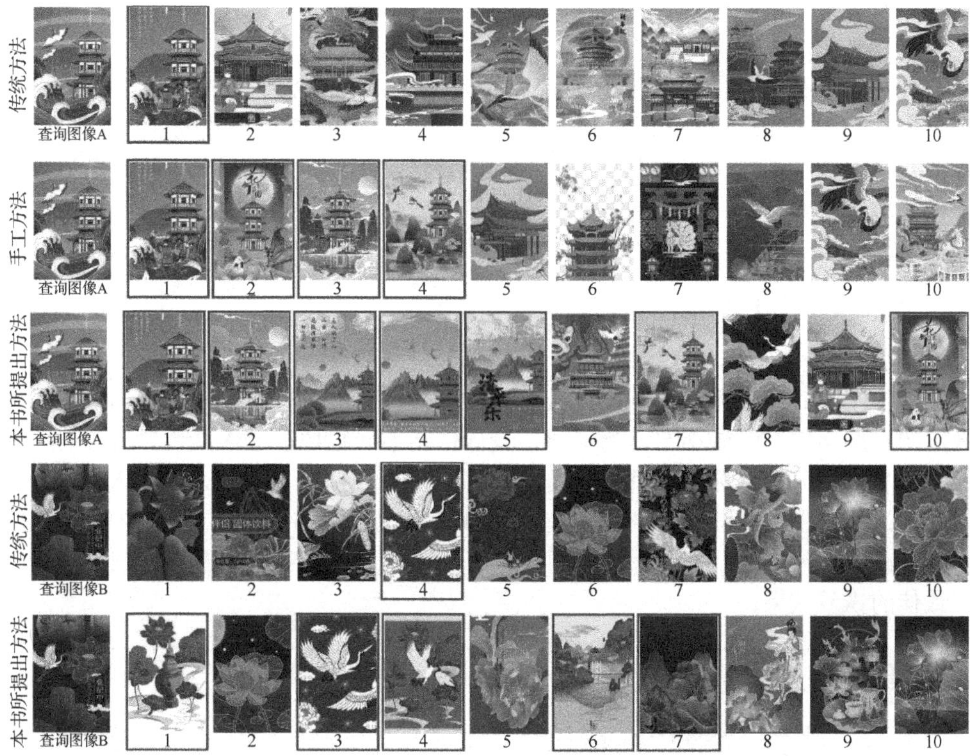

图 6.17　定性评估结果

根据消融研究的定量结果，海报抄袭检测系统的算法模型在测试数据集上获得了 67.45%的 Top-10 准确率和 0.92 分的 NDCG 精度。当从完整模型中删除概念过滤设计后，其 Top-10 准确率为 62.55%，而 NDCG 下降到 0.80 分，证明了概念过滤对检索任务的重要性。为了验证视觉分析部分的效果，尝试只通过概念过滤来检索目标图像，即计算类别交集的个数并给它们赋分（两个类别交集权重为 2，一个类别交集权重为 1）。由于大多数图像具有相同的权重，因此需要对具有相同权重的检索图像进行随机排序从而形成序列。Top-10 和 Top-20 的准确率分别下降到 36.67%和 30.56%，NDCG 下降到 0.66 分，检索 70%的抄袭海报平均需要检索 36.67 张图像。从消融实验的结果可以看出，概念过滤和视觉分析作为该海报抄袭检测系统的两大基本设计元素，对于系统的整体性能至关重要。

图 6.17（彩图）

6.3.2　实例 2：基于深度水印的图像保护技术

1. 需求分析与问题定义

借助数字水印技术可以在一定程度上帮助设计作品确权，通过在作品中嵌入专属标识来证明版权所属，给司法审判提供证据支撑。深度水印技术是近年来飞速发展的数字水印技术之一，其基于深度学习搭建编码器-解码器框架以实现水印的嵌入和提取，展现出了优秀的性能。在为设计作品量身定制水印框架之前，必须弄清楚设计作品确权的需求。Luo 等与设计学专家展开了合作，共同对收集到的数据进行了分析以明确艺术品版权保护的实际需求，并进一步实现了基于隐写水印的图像保护技术[13]。接下来将以此为实例进行介绍。

在针对艺术品版权保护需求进行调研后得到了如下结论：“完全不可感知”和“抗抄袭鲁棒性”是作品确权水印的主要需求。正如一位参与调查者的代表性评论所述：“水印需要在我的作品被剽窃的情况下证明我的所有权。当然这并不简单，但如果是在不破坏作品美感的前提下，我并不排斥在作品中添加一个（水印）作为‘护盾’，哪怕它可能是无效的”。

2. *研究内容与方法*

1）水印嵌入最小影响区域研究

团队进一步研究了作品的哪些区域受水印嵌入的影响最小。与像素域相比，在频域嵌入水印对图像的影响较小[14]。为了评估设计作品不同频域的嵌入能力，团队从维基艺术[15]中随机选取了 100 幅设计作品，通过小波变换[16]分别在不同子带中嵌入水印，然后计算原始/嵌入图像对和原始/恢复水印对的峰值信噪比（PSNR）和结构相似性指数（SSIM）值。结果如图 6.18 所示。高频区域的水印嵌入不仅对原始图像影响最小，还取得了最佳的恢复效果。

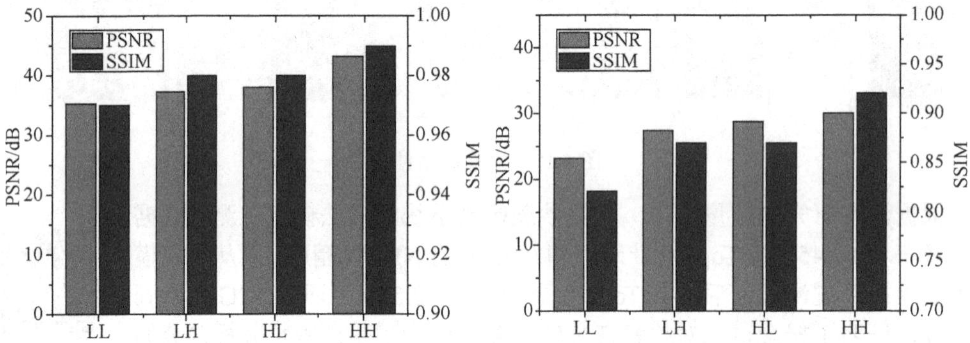

图 6.18　在设计作品不同频域嵌入水印（左）和提取水印（右）的效果

2）系统设计

基于作品水印保护的核心需求，团队设计了一个美学敏感的全局深度水印嵌入框架——IRWArt，将水印嵌入设计作品的高频域并使其具有抗抄袭鲁棒性。如图 6.19 所示，框架由多个可逆块、一个频域变换模块、多个噪声层和一个质量增强模块组成。在该框架中，版权标识的嵌入和提取被视为一组可逆问题，并通过可逆神经网络的前向和后向传播过程实现。

图 6.18（彩图）

在嵌入过程中，输入一张设计作品和一张版权标识：它们首先被输入频域转换模块（frequency domain transformation module，FDTM）进行离散小波变换，然后将其分解的低频和高频小波子带输入一系列可逆块。最后再输入频域转换模块进行反向整数小波变换，生成一张嵌入了版权标识的设计作品（即被保护的设计作品）。同时，在网络的传输中丢失的信息被保存在向量 $\boldsymbol{z}$ 中。在后向提取过程中，首先将被攻击过的“被保护的设计作品”输入质量增强模块，以消除抄袭攻击可能带来的失真或小视角变化的影响。然后将其与辅助变量一起输入频域转换模块和一系列可逆块，以提取出嵌入的版权标识。

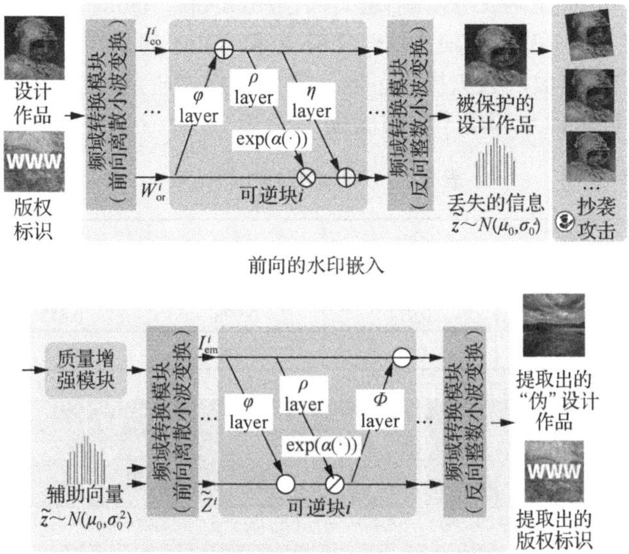

前向的水印嵌入

反向的水印提取

图 6.19　美学敏感的全局深度水印嵌入框架 IRWArt

在模型拟合阶段，旨在实现以下目标：一是通过对比学习使“被保护的设计作品”和“设计作品”更相似，以实现版权标识嵌入的不可感知性，即让水印实现“隐身”；二是确保“提取出来的版权标识”和“版权标识”更相似，以实现版权标识嵌入的鲁棒性，也就是提取出更稳定可靠的版权标识；三是让“提取出的‘伪’设计作品”和原始“设计作品”更不相似，以此确保版权标识嵌入的安全性。

3. 实验与系统验证

团队从不可感知性和鲁棒性两方面来评估水印模型性能，同时还进行了一些消融实验来验证各模块的有效性。测试数据集包括从 Wiki Art、DIV2K 和 MS COCO 测试集中选取的 8000 张封面图像，以及 8000 张从网络上收集的水印图像。

实验中选择了几种前沿方法作为对比方法，包括：HiDDeN[17]，通过编码器对封面图像和水印进行编码；Udh[18]，只对水印进行编码并将其添加到封面图像中；HiNet[19]，使用 INN 对封面图像和水印进行编码。所有基线方法均采用默认设置。由于原始 HiNet 忽略了失真，研究人员使用噪声设置对其网络进行了微调，并将微调后的模型命名为 HiNet+。

1）不可感知性

不可感知性是指封面/原始图像与嵌入图像之间的视觉相似度，用图像失真率来衡量，具体指标包括 PSNR 和 SSIM。除这些客观量化指标外，团队邀请了 50 名志愿者通过用户研究来评估嵌入式图像的主观质量。在实验中，研究人员向志愿者展示了 5 张分别由 HiDDeN、Udh、HiNet、HiNet+和 IRWArt 嵌入水印的图像和一张原始图像。他们需要在不知道这些图像属性的情况下，将疑似异常图像标记为 1，其他图像标记为 0，研究人员计算最终的平均意见分数（mean opinion score，MOS）[20]，以量化各方法的主观质量表现。

图 6.20 和表 6.4 展示了这些定性比较的结果。可以发现，通过 IRWArt 嵌入的图像

更接近封面图像，没有任何纹理复制伪影，比 HiDDeN、Udh、HiNet 和 HiNet+分别提高了 1.15 倍、1.17 倍、1.02 倍和 1.39 倍（PSNR 和 SSIM 的平均值）。可逆 IRWArt 架构、FDTM 和优化的损失函数，大大提高了嵌入图像的感知质量。IRWArt 的 MOS 值最低，表明通过 IRWArt 嵌入的水印最不易被感知。

表 6.4　不可感知性比较结果

	HiDDeN	Udh	HiNet	HiNet+	IRWArt
PSNR(dB) ↑	38.4	37.6	47.6	31.8	49.7
SSIM ↑	0.991	0.974	0.998	0.812	0.999
MOS value↓	0.42	0.78	0.04	0.52	0.02

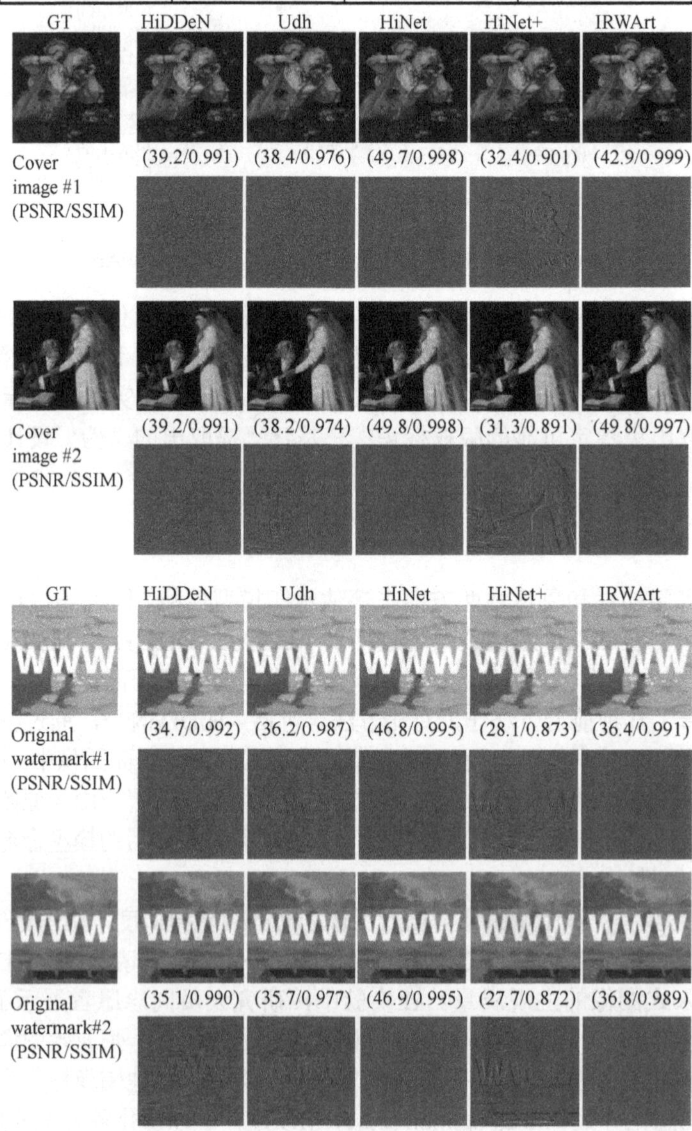

图 6.20　不同方法嵌入水印的图像和恢复的水印

2）鲁棒性

鲁棒性是指水印在遭受噪声干扰时仍能成功恢复的程度，用水印失真率来衡量。强鲁棒性要求在噪声下恢复的水印尽可能接近原始水印（低水印失真率）。在现实生活中，艺术品不可避免地会受到噪声（如传输失真和剽窃）的影响，从而影响水印的恢复。团队在测试过程中对模型进行了不同的失真测试，结果如表 6.5 所示。其中，“Identity”表示无噪声（图 6.20 显示了该情况下的水印恢复情况）。可以看出，HiDDeN 和 Udh 在面对抄袭行为时的鲁棒性表现不佳，因为它们只是在正常失真处理的情况下进行训练；相比之下，IRWArt 明显更稳健，其鲁棒性指标显著高于其他方法。这是因为 IRWArt 在精心设计的噪声层下进行了两级训练，同时，其内置的质量增强模块起到了很大的修正作用。

表 6.5　鲁棒性比较结果

噪声	HiDDeN		Udh		HiNet		HiNet^{+}		IRWArt	
	PSNR(dB)↑	SSIN↑	PSNR(dB)↑	SSIN↑	PSNR(dB)↑	SSIN↑	PSNR(dB)↑	SSIN↑	PSNR(dB)↑	SSIN↑
Identity	34.7	0.992	35.9	0.987	46.9	0.995	28.1	0.872	36.5	0.991
Cropout	26.5	0.891	29.2	0.896	13.2	0.475	23.1	0.821	27.5	0.967
Dropout	26.4	0.868	27.9	0.861	12.3	0.427	22.8	0.812	26.8	0.902
Gaussian	28.2	0.871	29.7	0.871	9.8	0.368	17.5	0.632	27.2	0.897
JPEG	23.7	0.801	21.1	0.740	11.5	0.462	20.2	0.827	23.7	0.863
PGD	14.3	0.589	13.9	0.399	6.2	0.283	14.1	0.592	19.1	0.762
Gaussian Filtering	16.1	0.575	15.3	0.502	10.4	0.391	15	0.568	21.7	0.83
Corpping	14.1	0.582	13.4	0.547	8.5	0.331	15.2	0.639	22.6	0.816
Streching	20.9	0.875	20.5	0.875	11.2	0.427	16.9	0.597	22.9	0.835
Covering	20.7	0.939	23.3	0.868	10.3	0.583	12.4	0.694	24.1	0.878
Rotation	10.6	0.383	11.7	0.465	9.3	0.377	11.7	0.511	18.6	0.801
Coloring	22.9	0.911	22.3	0.855	11.2	0.523	15.7	0.724	23.6	0.870
Average	21.5	0.772	22	0.738	13.4	0.47	17.7	0.69	24.5	0.867

3）消融实验

团队随机选取了 2700 张图像进行消融实验以讨论主要网络架构（频域转换模块、噪声层和质量增强模块）和训练策略对网络性能的影响，如表 6.6 所示。实验结果显示，频域转换模块有效地提高了 IRWArt 的不可感知性，图像失真率的 PSNR 值提高了 2.6dB。这是因为频域转换模块可以成功分离低频和高频子带，将水印嵌入更合适的高频域。噪声层增加了 IRWArt 对噪声因素的容忍度，这要归功于噪声层迫使模型学习能够经受住失真传输的编码。质量增强模块利用类 DnCNN 网络和 STN 对扭曲的嵌入图像进行预处理/优化，以消除抄袭行为的影响。两阶段训练策略（2ST）可以帮助 IRWArt 减少训练过程中不可逆操作造成的损失，例如噪声层带来的噪声干扰。对比度损失（contrastive loss）旨在指导生成高视觉质量的嵌入图像和恢复水印。

表 6.6　针对网络架构设计和训练策略的消融研究

网络架构			训练策略		图像失真率		水印失真率		水印去除抗性
频域转换模块	噪声层	质量增强模块	2ST	对比度损失	PSNR(DB) ↑	SSIM ↑	PSNR(dB) ↑	SSIM ↑	
×	√	√	√	√	47.1	0.989	26.8	0.891	√
√	×	√	√	√	51.3	0.999	20.4	0.791	√
√	√	×	√	√	49.3	0.998	23.2	0.894	√
√	√	√	×	√	47.4	0.994	24.7	0.881	√
√	√	√	√	×	47.9	0.995	26.4	0.893	×
√	√	√	√	√	49.7	0.999	27.1	0.892	√

6.4　人工智能版权保护的未来

随着数字技术的日新月异，版权保护问题愈发复杂且紧迫。数字内容共享平台的蓬勃发展和数字复制的便捷，使得版权所有者面临着前所未有的侵权风险和收入损失。在这一背景下，人工智能技术在版权保护领域展现出了巨大的优势，它不仅能够显著提高效率、准确性，还具备出色的可扩展性和持续监控能力。尤为重要的是，经过精心训练和设计的侵权检测系统能够迅速而准确地识别版权侵权行为，极大地减少了手动搜索和分析的工作量，从而有效降低了成本。同时，技术的飞速发展也为跨平台监管和协作开辟了新的可能性。

针对生成式人工智能技术的监管也在快速跟进。2023 年 4 月，中国国家互联网信息办公室发布了《生成式人工智能服务管理办法（征求意见稿）》，这是我国首份针对生成式人工智能领域的监管文件。其中，第四条明确提出，应采取措施防止生成歧视性、虚假性等内容。第七条则明确指出，“提供者应当对生成式人工智能产品的预训练数据、优化训练数据来源的合法性负责。”并指出数据应不含有侵犯知识产权的内容。同年 6 月，《人工智能法》列入立法计划。这表明，无论是人工智能技术训练过程中的数据合法性问题，还是生成物所涉及的伦理道德问题，乃至基于人工智能技术的违法犯罪问题，都需要相关法律法规的监督和管控，才能有效限制技术“不走歪路”。

为了充分发掘人工智能在版权保护方面的潜力，利益相关者应该积极采取行动，拥抱并采用这些工具和服务。这包括投资人工智能研发、利用高质量数据训练人工智能算法，以及制定促进公平和透明的政策和最佳实践。同时，利益相关者还需要共同努力解决围绕使用人工智能进行版权保护的伦理和法律问题，确保人工智能工具的使用方式尊重个人隐私权、避免审查和歧视，并维护正当程序和法律保护。

“科技向善”理念强调以人为本的技术发展观，将技术规则体系融入法律、伦理所构建的社会规则体系中，以造福人类为最终目标。面对科技的快速发展，我们应保持批判性和前沿性的思考方式，警觉新技术可能带来的社会影响，引导科技工作者形成“科技向善”的共识，提升公众对于科技伦理的认知水平，积极构建良好的科技生态体系，为增进更好的人类福祉而努力。

参 考 文 献

[1] GARRETT L, ROBINSON A. Spot the difference! Plagiarism identification in the visual arts[C]//Electronic Visualisation and the Arts (EVA 2012). London: BCS Learning & Development, 2012: 24-33.

[2] ALAWAD A A, BETTAIEB D M, MALEK R B. Plagiarism of the implicit concept in interior design projects: Does it exist?[J]. Arts and Humanities in Higher Education, 2022, 21(1): 21-39.

[3] VAN ROESSEL L, KATZENBACH C. Navigating the grey area: Game production between inspiration and imitation[J]. Convergence, 2020, 26(2): 402-420.

[4] CUI S, LIU F, ZHOU T, et al. Understanding and identifying artwork plagiarism with the wisdom of designers: A case study on poster artworks[C]//Proceedings of the 30th ACM International Conference on Multimedia. New York: ACM, 2022: 1117-1127.

[5] 冯晓青，潘柏华. 人工智能“创作”认定及其财产权益保护研究——兼评“首例人工智能生成内容著作权侵权案”[J]. 西北大学学报（哲学社会科学版），2020，50（2）：39-52.

[6] CUI S, LIU F, LI B, et al. Sharing instead of being stolen: How to promote a responsible community for online artwork sharing?[C]// Proceeding of International Conference of Design Research Society. London: Design Research Society, 2024: 1-12.

[7] HOLSTEIN K, WORTMAN V J, DAUMÉ H, et al. Improving fairness in machine learning systems: What do industry practitioners need?[C]//Proceedings of the 2019 CHI Conference on Human Factors in Computing Systems. New York: ACM, 2019: 1-16.

[8] YOUNG R, SAGE K, BROOM D, et al. Effective use of storyboarding as a co-design method to enhance power assisted exercise equipment for people with stroke[J]. Design for Health, 2022, 6(2): 244-275.

[9] NIKSIRAT K S, ANTHOINE-MILHOMME E, RANDIN S, et al. “I thought you were okay”: Participatory design with young adults to fight multiparty privacy conflicts in online social networks[C]//Designing Interactive Systems Conference (DIS). New York: ACM, 2021: 1-21.

[10] 朱丽叶 M. 科宾，安塞尔姆 L. 施特劳斯. 质性研究的基础：形成扎根理论的程序与方法[M]. 朱光明，译. 重庆：重庆大学出版社，2015.

[11] SHAN S, CRYAN J, WENGER E, et al. Glaze: Protecting artists from style mimicry by {Text-to-Image} models[C]//32nd USENIX Security Symposium (USENIX Security 23). Anaheim: USENIX Association, 2023: 2187-2204.

[12] CUI S, LIU F, ZHOU T, et al. Understanding and identifying artwork plagiarism with the wisdom of designers: A case study on poster artworks[C]//Proceedings of the 30th ACM International Conference on Multimedia. New York: ACM, 2022: 1-18.

[13] LUO Y, ZHOU T, LIU F, et al. IRWArt: Levering watermarking performance for protecting high-quality artwork images[C]//Proceedings of the ACM Web Conference 2023. New York: ACM, 2023: 1-12.

[14] WENG X, LI Y, CHI L, et al. High-capacity convolutional video steganography with temporal residual modeling[C]//Proceedings of the 2019 on international conference on multimedia retrieval. New York: ACM for M, 2019: 87-95.

[15] MOHAMMAD S, KIRITCHENKO S. Wikiart emotions: An annotated dataset of emotions evoked by art[C]//Proceedings of the eleventh international conference on language resources and evaluation . Miyazaki: European Language Resources Association, 2018: 1-14.

[16] MALLAT S G. A theory for multiresolution signal decomposition: the wavelet representation[J]. IEEE Transactions on Pattern Analysis and Machine Intelligence, 1989, 11(7): 674-693.

[17] ZHU J. HiDDeN: hiding data with deep networks[C]// Computer Vision – ECCV 2018: 15th European Conference. Berlin: Springer-Verlag, 2018(16): 682-397.

[18] ZHANG C, BENZ P, KARJAUV A, et al. Udh: Universal deep hiding for steganography, watermarking, and light field messaging[J]. Advances in Neural Information Processing Systems, 2020, 33: 10223-10234.

[19] JING J, DENG X, XU M, et al. Hinet: Deep image hiding by invertible network[C]//Proceedings of the IEEE/CVF International Conference on Computer Vision. Montreal: IEEE, 2021: 4733-4742.

[20] STREIJL R C, WINKLER S, HANDS D S. Mean opinion score (MOS) revisited: Methods and applications, limitations and alternatives[J]. Multimedia Systems, 2016, 22(2): 213-227.

第 7 章　智能设计助力隐私保护

7.1　隐私保护问题与需求分析

在用户使用数字服务时，他们通常会遇到隐私协议和数据使用协议等法律条款。良好的隐私设计能帮助用户了解数字服务中可能涉及的隐私问题，使他们能够控制个人数据，并减少因隐私问题复杂性带来的认知负担。随着智能技术的发展，智能产品和服务需要更多详细的用户数据以提升服务质量，这引发了对隐私泄露的担忧和对服务提供商的不信任[1]。用户希望了解智能系统如何获取和保护他们的隐私，因此，实时的隐私感知和灵活的数据披露机制成为智能服务设计的关键。此外，良好的隐私体验也影响用户对智能产品和服务的整体满意度。

国家法规通常将个人隐私数据分为一般信息和敏感信息。一般信息包括身份认证和通信信息，而敏感信息涵盖生物识别、医疗、行踪和金融数据。在 AI 时代，用户数据是机器学习的基石，但不应以牺牲隐私为代价。然而，一些提供商为获取详细数据而侵犯隐私，已导致严重的信任危机。

尽管隐私问题复杂多变，但研究表明，通过设计方法可以有效分析并缓解隐私风险。这些方法涵盖心理学、设计学、社会学和计算机科学等领域，聚焦于隐私设计及其相关设计空间的探索。基于不同的研究视角，隐私问题可以从用户实际体验的角度出发进行分析，也可以从设计师、工程师、政策制定者等专业人士的角度进行审视。本节对近年来频繁被提及的隐私问题进行了梳理，如表 7.1 所示。

表 7.1　现有隐私感知与保护问题分类及对应设计目标

视角	隐私问题	设计目标
用户视角	难以察觉的隐私侵犯	感知智能设备的全天候的、不引人注意的个人数据与环境信息采集与上传行为
	糟糕的隐私感知体验	平衡隐私概念与隐私政策在传达过程中用户的认知负担与体验
	弱势群体的隐私忽视	兼顾老年人、儿童等特殊人群的隐私关注度，在医疗健康、金融等领域强化对特殊人群的保护力度
专家视角	满足多利益相关者需求	以用户隐私体验为中心，提供有助于用户隐私知情权与控制权的设计
	复杂隐私概念的叙述	通过设计方法来提供多样化的易理解的隐私概念传达
	缺乏设计指导框架	提出统一化、智能化的隐私服务设计指导框架，用于提升隐私设计的效能与用户隐私服务体验

7.1.1　用户视角下的隐私问题

1）难以察觉的隐私侵犯

许多用户对隐私数据的处理方式缺乏了解，常在不知情的情况下遭遇隐私侵犯。以智能家居场景为例，近十年来，随着智能家居的广泛应用和智能环境的不断延伸，传感器对人类活动区域的覆盖范围越来越广。例如，手机、智能音箱、监控摄像头、智能门锁等大量设备内嵌了摄像头和麦克风，它们在用户不知情的情况下默默收集个人隐私信息。这些智能设备不仅收集用户的视频和语音数据，还额外采集和处理其他非传统形式的数据，例如扫地机器人所建模的室内地图、家用能源使用记录等。这些设备和系统全天候运行，几乎不引人注意，甚至在用户未察觉的情况下将个人数据（可能包含隐私信息）上传至远程数据中心。

多项研究结果表明[1-3]，用户对隐私数据和隐私侵犯行为缺乏清晰认识，对智能穿戴设备、智能家电及其背后的智能生态系统如何处理其私人数据了解有限。面向用户的针对隐私概念的教育仍然不够及时与全面，导致公众难以建立完整、准确的隐私概念心智模型，从而无法确认自己的隐私数据以及它们是否受到侵犯。对隐私概念的模糊感知导致用户在隐私控制权上处于弱势，难以采取有效措施保护隐私免受泄露风险。

2）糟糕的隐私感知体验

部分用户常担心自己的隐私数据被泄露，但因缺乏明确信息而无法采取有效保护措施。这种不确定性带来的焦虑，使他们对人工智能推荐、账号关联登录、智能银行等智能服务产生抵触情绪。此外，用户对产品和服务提供商存在本能的不信任，这既源于媒体对隐私泄露事件的频繁报道，也反映了用户对智能技术的认知有限。多数情况下，用户为了获得所需服务，通常只能默认接受服务商的隐私处理方式。用户不断警惕隐私风险的心态增加了认知负担，导致不佳的使用体验。同时，许多厂商对隐私概念的呈现过于简单、粗糙，隐私保护措施也缺乏透明度，既未验证用户是否真正理解隐私条款，也未关注由此引发的认知负担和使用顾虑。

3）弱势群体的隐私忽视

弱势群体的隐私保护面临更为严峻的挑战，严重的隐私暴露不仅影响其日常生活，甚至可能威胁到人身安全。尽管社会已逐渐关注弱势群体的隐私需求，但实际设计中仍缺乏切实的响应和有效的保护措施。例如，当前的隐私设计很少专注于老年人和儿童，而这些群体显然需要更周全的隐私保护。随着智能设备在老年人护理中的普及，尤其是医疗方面的大量应用，相关隐私信息一旦泄露，后果将十分严重。老年人通常隐私意识薄弱，对数字技术了解有限，容易忽视隐私风险。同样，随着数字技术在儿童和青少年生活及学习中的渗透，对其数据收集和隐私保护的关注也迫在眉睫。

7.1.2　专家视角下的隐私问题

1）满足多利益相关者需求

隐私概念的有效传达是隐私设计的关键。然而，隐私设计涉及多利益相关者，其中，服务提供商和用户作为两个核心利益群体，两者存在隐私数据控制诉求的冲突。一方面用户希望隐私内容设计简洁明了，便于快速获取核心信息，避免冗长复杂的条款，并能够灵活控制个人的隐私数据。然而，另一方面，厂商在隐私设计中既需全面呈现隐私信息，以满足合规性要求，同时又担心过于详尽的条款会影响用户使用产品的积极性。如何在满足用户需求与厂商合规之间找到平衡，已成为隐私设计的核心挑战。

2）复杂隐私概念的叙述

产品隐私政策的设计凸显了隐私概念传达的复杂性。许多厂商在隐私政策中使用了晦涩难懂的长文本，迫使用户在未经仔细阅读的情况下就同意隐私条款，从而容易错过关键信息。这些条款与选项深埋在繁杂的文本中，用户既缺乏时间又缺少相关知识去仔细查阅。换言之，厂商虽然声明用户有隐私选择和决策权限，但用户的实际感知度却很低。从专家的角度来看，如何将隐私概念清晰、易懂地传达给用户仍然是一项富有挑战性的任务，而隐私概念本身的复杂性更是增加了设计的难度。

3）缺乏设计指导框架

在隐私服务的设计领域，缺乏公认和一致的设计指导框架。这导致同一类型的商品和服务在隐私设计上存在不一致性，从而增加了用户的认知负担。例如，Wijesekera 针对网站隐私声明设计的研究[4]发现，虽然大多数网站提供了隐私选择，但不同网站之间呈现方式差异较大。以 Cookie 同意通知为例，几乎每个网站都有此功能，但由于样式不统一，用户体验不佳，催生了大量用于屏蔽隐私提示的浏览器插件。现阶段以用户为中心的安全和隐私设计还有很多值得研究的问题，体验设计的介入是未来隐私设计的必然趋势。

7.1.3　以用户为中心的隐私需求

通过增强隐私的可感知性，可以协助用户做出有效的隐私决策，进而减轻他们对隐私泄露的忧虑。这种对隐私的即时感知赋予用户一种对其行为和思想的控制感。定义不同的隐私阶段（包括隐私数据处理、预决策、预保护等），划分不同阶段需要考虑的要素和目标（包括实时感知增强、自动介入保护等），是当前研究和设计要素分类的主要焦点。结合现有文献，本节总结了以用户为中心的隐私需求（主要围绕用户对智能设备行为的知情权与控制权），如表 7.2 所示。

表 7.2　以用户为中心的隐私需求

当前存在的问题	相关的设计问题	相关的用户需求
在做决策前，用户对隐私概念认识缺失，被剥夺了隐私控制权	隐私概念未被完整定义	在隐私概念可感知设计中，全面地定义隐私概念
在做决策时，用户存在隐私顾虑，但未能正确评估隐私风险	隐私概念语义模糊	在隐私决策阶段，隐私概念被清晰地呈现出来
在有传感器的环境，用户有隐私方面的顾虑，但未能正确评估隐私风险	传感器实体无处不在，却无法被感知	辅助用户感知传感器并量化风险
用户对隐私泄露保持警惕，但不了解智能产品与服务如何处理数据	信息采集和处理逻辑不透明	监控并可视化呈现信息采集与处理逻辑
用户在多种产品与服务中感知到过多的信息，造成认知负担	各产品与服务的隐私政策内容烦琐，难理解，难管理	预测用户的隐私偏好，并给出个性化的隐私建议

7.1.4　人工智能时代下的用户隐私风险

在人工智能时代背景下，确保终端用户的个人隐私信息安全，是研发符合伦理道德标准的人工智能产品与技术的核心原则。因此，对于智能产品设计领域的从业人员而言，深入理解智能技术的发展如何在相关产品与服务中引发隐私风险，具有重要的意义。

为探究 AI 技术是否以及如何加剧或重新定义隐私分类理论，Lee 等对 AI、算法和自动化事件引发的相关事件和争议存储库里 321 条真实的 AI 隐私风险案例进行了逐一分析，回答了“AI 和机器学习的进步如何改变隐私风险”这个问题[5]。本小节将主要介绍 Lee 等的相关结论。该研究以索洛夫的隐私分类理论作为初始码本，两位编码专家通过迭代编码分析，不断更新迭代编码本，最终构建得出了 12 种 AI 隐私类别，如图 7.1 所示。其中，紫色框部分展示了 AI 的强大能力可能带来的新型风险，如识别、扭曲以及骨相学风险等；蓝色框部分展示了因 AI 技术对数据的高度依赖而加剧的监视、二次使用、排外风险等。

图 7.1（彩图）

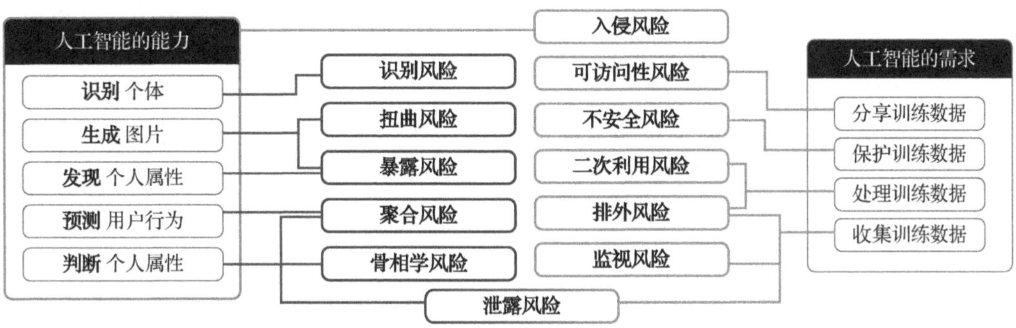

图 7.1　人工智能的能力和要求可能带来的 12 种隐私风险

经过综合分析 AI 技术与终端用户及数据持有者三者之间的关系，Lee 等按照数据流走向将研究得出的由智能技术引起的 12 种隐私风险归纳为四大类：入侵风险、数据收集风险、数据处理风险及数据传播风险，如图 7.2 所示。

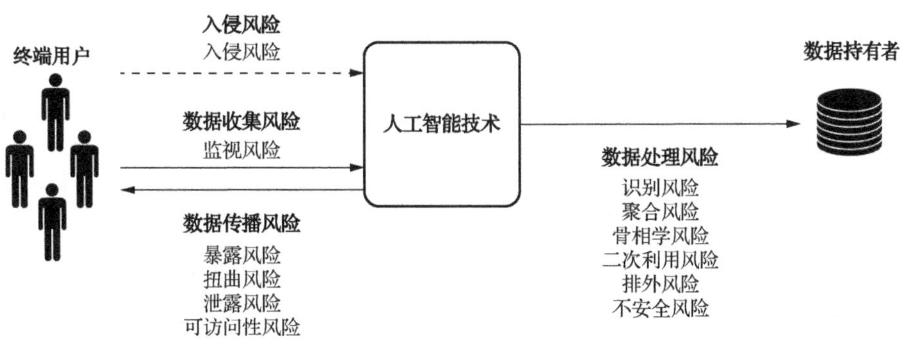

图 7.2　按数据流向分类后的 AI 隐私风险

1. 入侵风险

入侵风险是指对个人隐私空间、选择或活动的不必要的侵犯。AI 技术的广泛应用使得原本普通的家用设备（如智能门铃、智能手表等）变成无所不在的监控节点。例如，智能门铃允许用户监控门前活动，但其强大的数据捕获能力引发了关于邻里隐私的广泛担忧。

2. 数据收集风险

数据收集风险源于 AI 在收集用户数据时可能产生的隐私问题。AI 技术通过大规模收集和整合用户数据，显著加剧了监视风险。例如，AI 可以通过跨数据源链接信息，从而扩大监视范围和深度，加剧隐私威胁。

3. 数据处理风险

数据处理风险是指 AI 在处理、存储和使用个人数据时潜在的隐私风险，具体包括六种：识别风险、聚合风险、骨相学风险、二次利用风险、排外风险和不安全风险。

1）识别风险

AI 在实时性、普适性、泛化性方面的能力提升，使其更易识别个体身份。例如，智能摄像头和面部识别技术可能被用于追踪和监视个人，从而导致用户的个人信息、行为习惯、位置轨迹等敏感数据被泄露给未经授权的第三方。

2）聚合风险

聚合风险是指将多个来源的数据结合，用于推断其他信息的可能风险。例如，将多种互联网支付方式整合起来的支付接口，为商户和消费者提供了便利。然而，聚合支付机构在整合多种支付方式的过程中，会接触到并处理大量的用户数据，包括用户 ID、用户账户、交易流水，甚至用户手机号等敏感信息。这些敏感信息若被不法分子获取或滥用，将可能引发严重的隐私泄露和资金安全风险。

3）骨相学风险

骨相学风险指 AI 基于个体身体特征推断其社会或情感属性。例如，人工智能可能通过分析个体的身体特征来预测其健康状况或潜在疾病风险，这种信息若被不法分子获取，可能用于实施诈骗、身份盗窃等犯罪行为。

4）二次利用风险

二次利用风险是指未经用户同意，将原用于某一目的用户数据用于另一目的。使用同一数据集，AI 技术可实现不同功能的模型构建，从而加剧了二次利用风险。例如，某些 App 在用户不知情或未明确同意的情况下，将用户提供的面部识别数据用于广告推送或社交分析，而非仅限于用户最初同意的登录验证目的。

5）排外风险

排外风险指的是未经用户明确许可，就擅自使用用户的个人信息，并且剥夺了用户对自己信息应有的控制权。例如，某些社交平台在用户不知情的情况下，利用收集到的用户数据进行商业分析，并将用户信息出售给第三方广告公司，用户既未授权也未被告知，且无法有效管理或删除这些数据。

6）不安全风险

不安全风险是指由于数据存储、处理或使用过程中的安全措施不足或不当，导致个人数据面临泄露、篡改或未经授权访问的威胁。这种风险可能源于系统漏洞、不安全的通信协议、不充分的访问控制等多种因素，严重威胁用户的隐私安全。例如，某医疗机构因 AI 系统安全防护不足，导致数万患者的医疗记录被非法获取，造成严重隐私泄露事件。

4. 数据传播风险

当数据收集者向第三方泄露或共享用户的敏感数据（如位置信息、聊天记录等）时会产生数据传播风险。AI 技术在数据传播过程中引入了四种主要风险：暴露风险、扭曲风险、泄露风险和可访问性风险。

1）暴露风险

暴露风险指的是敏感私人信息因生成技术或图片优化技术的运用而意外泄露。AI 技术能够重建原本需要审查的内容，进而暴露敏感数据，从而带来了新的暴露风险。例如，TecoGan[6]作为深度学习视频优化的工具，在日本却被不当用于提升本应经过审查才能公开的隐私敏感图像的清晰度。

2）扭曲风险

扭曲风险涉及散布关于个人的虚假或误导性信息。由于 AI 技术能够生成高度逼真的虚假图片和声音，使得人们难以分辨真伪，进而催生了一种新的扭曲风险。现实中的扭曲风险例子可以是“深度伪造”（DeepFake）技术的滥用。例如，利用这一技术生成逼真的虚假语音，用于电话诈骗、身份冒用等非法活动。

3）泄露风险

泄露风险是指对个人数据的非授权共享。人工智能技术可以从原始数据中推断出额外信息，造成了新的泄露隐患。例如，一些医疗机构或健康管理机构可能会未经用户授权或未遵守相关法律法规，将用户的医疗健康数据共享给第三方机构，用于医学研究、药物研发等目的。然而，用户的医疗健康数据一旦泄露，AI 技术可以从数据推断出患者的个人生活方式、偏好和疾病风险等，这不仅对其个人隐私造成侵害，还可能影响其就业、保险等方面的权益。

4）可访问性风险

可访问性风险是指由于技术特性导致潜在敏感信息被更广泛、非预期的群体轻易获取的风险。为构建和改进 AI 模型，公布包含个人信息的大型数据集会加剧可访问性风险。例如，OkCupid 是美国一个免费的在线征婚交友和社交网站，为了促进对约会行为建模的研究，OkCupid 数据集被上传到了一个免费的开发平台 OSF。然而，这个数据集包含了用户的位置、人口特征、性偏好和药物使用等个人敏感信息，这种开放性极大地增加了隐私风险。

Lee 等预测了未来可能出现的几种隐私风险类型，包括审讯、勒索、保密性违背和决策干预[5]。未来的智能设计从业者需充分认识到 AI 技术所伴随的隐私风险，在提升

AI 赋能的用户体验与强化隐私保护之间达成有效平衡。随着 AI 技术的持续演进，隐私保护不仅将成为推动技术健康发展的重要保障，也是赢得用户广泛信任的关键所在。

7.2　以用户为中心的隐私感知设计

7.2.1　基本概念

人类可感知的信息大部分来自于视觉，感知个人隐私的需求主要以视觉为导向，用户通过图形界面直观地接收隐私相关信息并做出隐私决策。由于各种主观或客观原因，隐私政策的各项内容很难以一种容易理解的形式传递给用户。例如，现有的隐私政策在视觉设计方面往往做得不够，难以确保用户能够充分理解隐私政策的内容，也无法为用户提供有效的隐私信息管理选择，导致用户在诸如账户注册、隐私决策等过程中产生负面体验。Privacy Bird 是一个浏览器扩展程序，它通过增加醒目的视觉传达、清晰的语音提示以及简短易懂的标准化文字提示，改善了用户对其隐私活动的感知效果[7]。

提升个人隐私感知性的设计方法可以被归纳为三种类型：隐私信息简化方法、隐私信息图形化方法和隐私信息有形化方法，如表 7.3 所示。

1）隐私信息简化方法

隐私政策条款总以冗长复杂的文本形式呈现，用户在阅读时认知负担过重。在大多数情况下，用户往往会跳过阅读环节直接按下“是”或“同意”按钮。隐私信息简化设计则致力于提取隐私政策中的核心内容，提供简单明了的凝练版本。这帮助用户在了解重要隐私概念的基础上，做出是否接受相关隐私条款的决策。

2）隐私信息图形化方法

面对一些晦涩难懂的专业隐私概念，图形化的表达方式可以更有效地帮助用户理解。隐私政策营养标签（privacy policy nutrition label）[8]参考食品包装上的营养标签设计，为隐私条款提供了图形标签化的呈现方式。类似于食品购买，当用户在应用商店寻找应用程序时，可以基于这些标签化和量化的隐私条款细则，做出更加明智的应用程序安装决策。

3）隐私信息有形化方法

随着智能家居设备的普及，如智能摄像头和语音助手等，它们对日常空间的“入侵”对旁观者的隐私构成了重大威胁。大众迫切地需要一种方法，使这些设备以及与隐私相关的信息变得可被感知，清楚地知道他们所处的空间是否被监听、个人信息是否被暴露。PriView 是一个通过热成像装置来实现隐私信息有形化的方法原型[9]，借助手机或其他手持式热成像装置，扫描物理空间中的通信讯号和耗电设备，并最终通过可视化方式显示出来。

表 7.3　提升个人隐私感知性的设计方法

方法类型	优点	缺点
隐私信息简化	为用户提供简单可读的隐私通知，为用户节省理解时间	由于算法原因，信息简化过程中有的重要信息可能未被保留
隐私信息图形化	将复杂且专业的文本内容转化为易于理解的图形	由于图形理解上的差异，可能会造成误解
隐私信息有形化	通过各种技术手段使与隐私有关的数据与设备变得可直观感知	在多模态多设备环境下，隐私的边界变得模糊，用户认知负担增加

7.2.2　实例 1：基于交互可视化的联邦学习隐私感知设计

无处不在的个人数据收集引发严重的隐私泄露问题，迫切需要为用户提供交互可视化设计方案，辅助用户进行实时隐私分析和可控隐私保护。联邦学习（federated learning，FL）是一种新兴的分布式机器学习范式，让各方利用本地数据训练局部模型，仅上传模型参数至服务器，通过聚合获得全局模型，从而实现“数据可用不可见”。这种方式能够在保护用户隐私的同时，有效地将用户纳入协作性的知识发现过程中。尽管联邦学习的本质上是为保护隐私而提出的，但仍然存在着严重的隐私漏洞。

以智慧医疗为例，疾病诊断 AI 模型可以为医生提供更加便捷和准确的医疗辅助服务。AI 模型的训练依赖大规模诊疗数据，虽然采用联邦学习框架可以避免将原始疾病数据直接提供给医疗机构，但用户上传的本地模型参数是个人本地数据的特征表示，攻击者仍然可以推断数据的敏感属性（如用户数据中是否存在特定疾病的图像），甚至可以根据定期发布的模型参数有条件地重构训练图像。重新构建的人脸图像可能被用于恶意的面部篡改，医疗机构泄露的个人医疗信息可能导致药物广告定向骚扰患者。对一般用户而言，AI 模型本身相当于一个“黑匣子”，用户不了解数据怎么被使用，也难以识别隐私暴露的风险。通常，提供的数据细节越多，得到针对性的 AI 模型诊断的可能性更大。然而，用户对于训练样本的隐私敏感性不强，不同用户之间的效用期望（如激励、模型性能等）存在较大差异，构建既能保护用户隐私又能提升 AI 模型性能的系统存在挑战。

针对上述问题，Guo 等提出利用交互可视化技术，辅助用户理解和探索联邦学习范式存在的隐私风险，并提出联邦学习隐私可视化方案[10]，这是第一项以用户为服务对象的联邦学习隐私可视化研究。该方案从用户的角度出发，调研分析参与联邦学习的用户在视觉隐私解释和隐私增强上的期望和益处。

1. 需求分析与问题定义

目前的联邦学习实践仍缺乏关于用户对联邦学习隐私认识的调研。研究人员采用定性调查的方法，围绕以下五个方面展开调研：①用户对模型参数隐私性的感知；②用户常用的训练集选取方式；③用户对联邦学习安全攻击的关切程度；④用户抵制潜在风险的常用手段；⑤用户处理数据隐私和模型准确率权衡的方式。根据收集的问卷结果，分析总结得出以下发现，即联邦学习隐私可视化设计将面临的挑战。

挑战 1：粗粒度的训练数据选择。在模型训练过程中，不同训练样本对模型优化的贡献通常不同，隐私敏感性也存在差异。这导致大多数用户很难在训练时选择合适的训练样本。随机选择训练样本，将难以满足用户期望的模型性能和隐私需求。

挑战 2：有限的隐私风险评估知识。即使用户意识到并担心存在个人敏感信息泄露，但是用户通常不知道如何着手构建相关的攻击模型并度量当前的隐私风险。

挑战 3："全有或全无"的保护干预。联邦学习通常要求用户在给定时间内上传本地更新，因此用户仅有有限的时间用于制定抵制攻击的隐私保护干预策略。这导致用户倾向于对所有训练样本进行统一且严格的隐私干预，甚至索性拒绝参与联邦学习。各个训练样本的隐私敏感性不同，如何辅助用户采取针对性的隐私干预操作仍有待研究。

团队提出面向可解释联邦学习隐私的交互可视化方案，以辅助参与联邦学习的用户探索联邦学习中的隐私安全。图 7.3 所示为该方案的工作流程。该流程的主要步骤为隐私敏感的数据预处理、基于隐私数据的模型训练、数据隐私风险评估与可视化、可交互的隐私增强以及隐私-效用权衡。用户往往需要与可视化系统进行多次迭代交互，以校准保护强度并判断其个人隐私需求和模型效用预期是否得到满足。

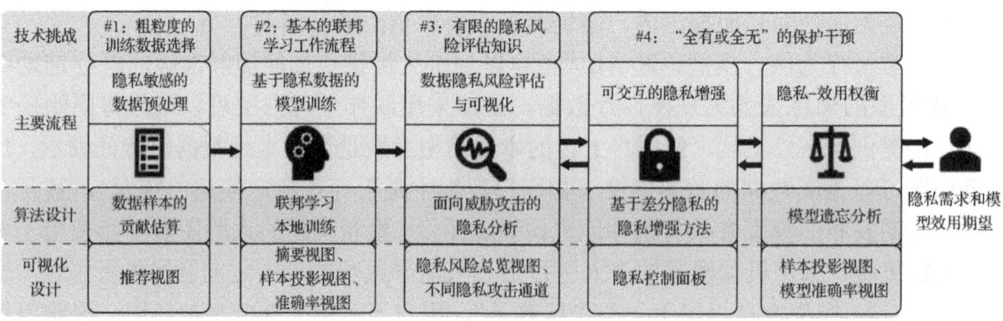

图 7.3　可视化方案的工作流程

2. 面向医疗机构的可视化

在本实例中选择基于面部图像的遗传病诊断作为研究对象。出于患者隐私考虑，医疗机构希望采用联邦学习方式协作训练他们的患者面部图像，以获得高精度的诊断模型。考虑到联邦学习的潜在隐私漏洞，医疗机构需要评估共享其本地疾病诊断模型的隐私风险，并采取举措加强隐私保护。此处医疗机构被视为本例可视化方案的目标用户，故而下文中用用户指代医疗机构。

1）隐私敏感的数据预处理

在数据预处理过程中，用户缺乏关于本地数据对机器学习模型训练的贡献的理解（在本例的案例研究中，即为每张患者面部图像对遗传病诊断模型的贡献）。这将导致选取训练数据的盲目性。因此，本例首先采用沙普利值方法[11]计算分析各个数据样本的贡献值，为用户选择训练集提供推荐服务。

为便于用户直观选取训练数据样本，团队设计训练数据选取的推荐视图，如图 7.4

所示。在该页面中，本地数据将根据其贡献值的高低进行排序并推荐给用户。每个图像数据下面的序列表示患者的遗传疾病，以及其对模型训练的贡献值。这些信息可以帮助用户大致了解当前模型可能需要哪种类型的训练数据。他们可以单击推荐列表中的图像数据自定义自己的训练数据集，或单击“全部”按钮选择所有图像用于训练。最后，用户可以单击“确认”键进入下一个视图，也即本例可视化方案的主视图。

图 7.4　训练数据选取的推荐视图

2）基于隐私数据的模型训练

本地模型训练完成后，用户将进入本例设计的面向可解释联邦学习隐私的可视化主界面，如图 7.5 所示。可视化主界面包含多个视图信息，包括摘要视图（图 7.5-A）、样本投影视图（图 7.5-B）以及准确率视图（图 7.5-C），以反映当前参与联邦学习的模型训练状态。当用户在推荐视图单击“确认”键后，其选择的训练样本将用于优化联邦学习中的本地模型。

具体而言，摘要视图主要呈现关于训练数据和模型的基本信息，如数据集的名称、大小和类别数量，以及模型训练的迭代次数和批处理大小。样本投影视图采用 t-SNE 方法将训练数据图像从高维的机器学习参数投影到二维平面坐标，具有相同类别（即相同遗传疾病的患者面部图像）标有相同颜色。理想的训练状态是具有相同颜色的图像形成单独的簇。然而，这也意味着泄露训练样本的成员信息和属性信息的风险概率更大。根据先前的调查和分析，发现用户在进行隐私保护-模型效用权衡时，最关心的模型效用指标是模型的推理准确率。因此，可视化主界面中设有准确率视图，用以反映参与联邦学习的历史模型推理准确率以及当前准确率。投影视图和准确率视图将有助于用户理解模型效用和隐私保护之间的矛盾，调整隐私保护强度以达到期望的隐私-效用权衡。

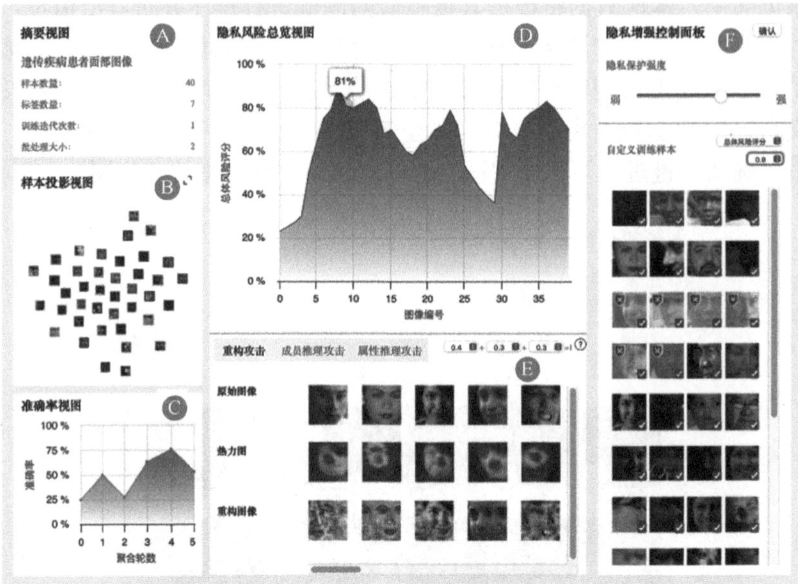

图 7.5　面向可解释联邦学习隐私的可视化主界面

3）数据隐私风险评估与可视化

图 7.5 中的 D 和 E 视图着重展示联邦学习中存在的隐私风险。该方案选取联邦学习中三类经典的隐私攻击，即重构攻击、成员推理攻击和属性推理攻击。

（1）重构攻击。该攻击是指通过交互的机器学习模型参数重新恢复出原始训练数据，如图 7.5-E 所示。该视图分为三栏图像，分别显示原始图像、热力图和重构图像。图像的热力图由 Grad-CAM[12]生成。它可以突出图像中用于遗传疾病目标检测与分类的重要区域，也意味着图像中更容易被重新构建的区域。在数据栏中越靠前的图像，则表明重构图像与原始图像越相似，其重构风险评分越高。

（2）成员推理攻击。该攻击是指推测目标样本是否包含在某个样本集合中。为展示数据样本被推断出成员信息的风险评分，如图 7.6 所示。该视图采用折线图的形式来反映成员攻击的风险评分，并提供两种交互方式。当用户单击折线上的任意点时，该点所对应的图像及其风险评分值将显示在视图的右侧。同时，具有相同风险评分的其他图像也展示在下方，向用户提供警告提醒。

（3）属性推理攻击。该攻击是指推测某个样本集合中存在样本具有目标属性，如图 7.7 所示。该视图采用直方图的形式来反映属性攻击的风险评分。直方图中的每个柱分别显示属性推理攻击中每个属性的风险评分，这表明攻击者识别目标属性是否包含在训练数据集中的概率。当单击其中某个柱时，将显示具有相应属性的图像，其中的一张图像显示在顶部，其余图像将显示在下方。

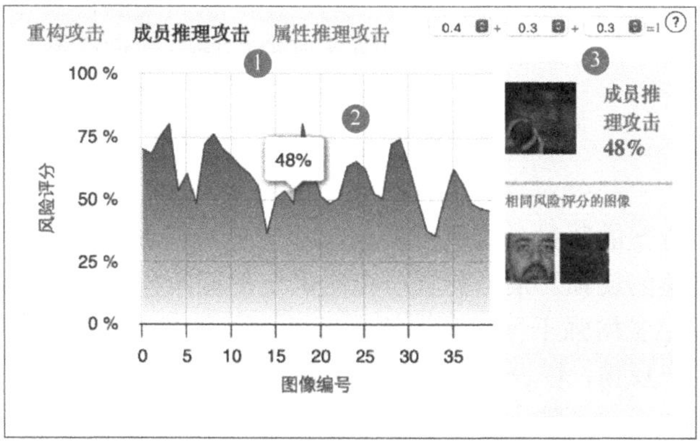

图 7.6　成员推理攻击视图

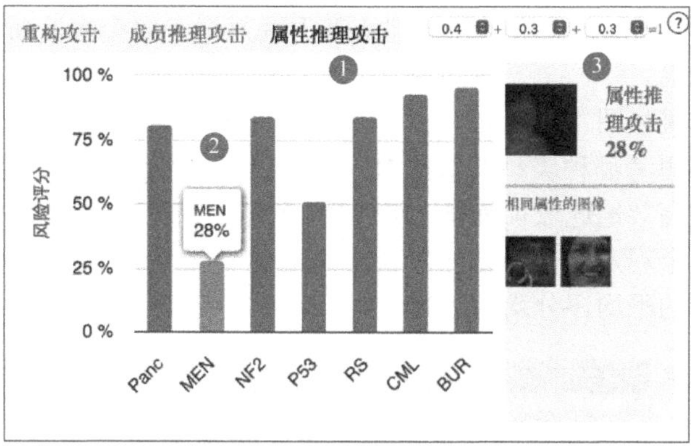

图 7.7　属性推理攻击视图

隐私风险总览视图如图 7.5-D 所示。该视图说明了每个数据图像的总体风险评分，这是上述三次攻击中风险评分的加权和。由于用户对不同隐私漏洞的关切程度是不同的，用户可以基于自身隐私需求设置各类攻击权重。该视图采用折线图显示总体风险评分。用户可以单击折线中的某具体值进行交互，这与“成员推理攻击”通道视图类似。当单击特定图像时，各类攻击的通道视图将同步定位到该图像。

4）可交互的隐私增强

图 7.5 右侧控制面板为用户提供隐私增强控制。该可视化方案将用户主观偏好与自动化隐私保护技术相结合，以灵活地缓解隐私泄露问题，而不是严格地对所有图像数据施加同样严格的隐私增强措施。具体来说，该方案设计了一个具有两种接口的交互式控制面板。首先，用户可以通过图 7.5-F 中的滑动键调用差分隐私机制，并控制差分隐私噪声强度。其次，用户可以设置阈值来过滤易受攻击的高风险图像。用户可以根据自身偏好/经验来增加或减少训练样本。

5）隐私-效用权衡

当用户完成隐私增强控制修改后，单击“确认”键，自动执行差分隐私保护机制和模型遗忘学习方法，快速预估出当前设置下的模型推理准确率。同时，也会基于新获取的模型重新评估其面临的隐私风险，并同步至数据隐私风险的可视化视图。这将为用户提供直观的视觉解释，以便在采取额外的隐私保护措施时观察模型性能的波动，高效地进行隐私-效用权衡。

3. 系统评估

为定性地评估方案的质量，本例招募面向需求分析问卷的参与者 31 位，收集并分析用户对可视化方案的反馈。根据前置研究所确定的四阶段划分（隐私数据预处理、数据隐私风险评估、隐私增强干预以及训练期间的隐私需求与模型效用平衡），收集并分析关于各阶段的用户反馈，以评估该可视化方案的用户满意度。调研问卷提供十条有关该系统的观点，并使用李克特七级量表来分析参与者对这些观点的认可度。

1）数据预处理功能

观点 1：推荐视图辅助思考哪些类型的面部图像对遗传疾病诊断模型的贡献更大。

观点 2：当选取面部图像数据用于训练基于联邦学习的疾病诊断模型时，推荐视图支持高效选取训练集。

问卷的统计结果如图 7.8 所示。大多数参与者（77.4%～77.5%）同意这项功能激发他们思考哪种类型的数据对模型训练贡献更大，同时认为该功能可以支持他们高效地选取训练集，如图 7.9 所示。对于知道如何选择训练集的参与者，两个观点的平均评分为 4.9 和 5.3。对于不知道如何选择的参与者，两个观点的平均评分均为 5.3。

图 7.8（彩图）

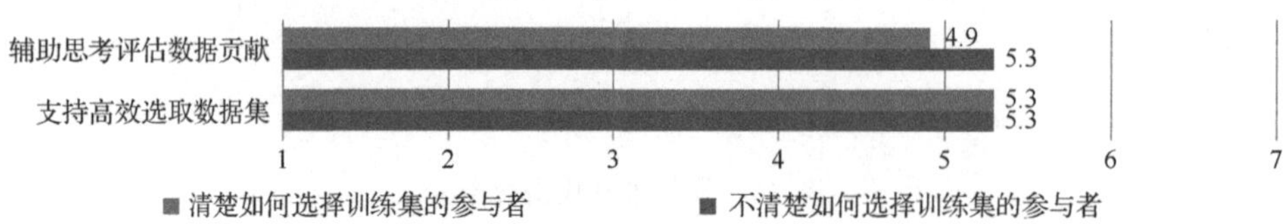

图 7.8　关于数据预处理功能的用户反馈

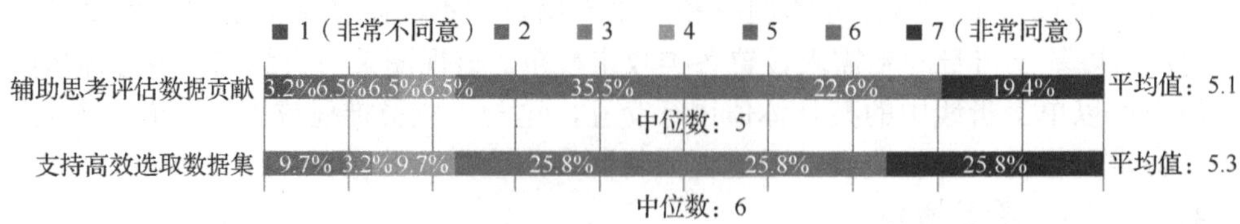

图 7.9　不同参与者群体对数据预处理功能的平均评分

图 7.9（彩图）

2）隐私风险评估和可视化功能

观点 3：该可视化方案协助直观感知联邦学习的隐私漏洞。

观点 4：该可视化方案协助思考哪些面部图像更容易被泄露。

观点 5：该可视化方案协助反思联邦学习能否满足隐私需求。

问卷的统计结果如图 7.10 所示。96.8%的参与者同意该可视化方案将直观地提升他们对隐私信息泄露的感知，并有 35.5%的参与者表示高度认同（7 分）。通过浏览和分析这些数据泄露的隐私风险概率，87.1%的参与者认为该方案将促使他们思考哪些数据更容易遭受攻击泄露。在反思联邦学习是否能够满足用户隐私需求方面，96.8%的参与者同意该观点，并有 41.9%的参与者表示高度认同。

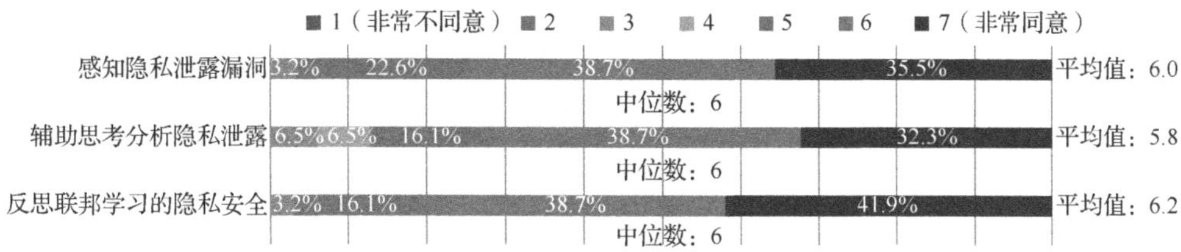

图 7.10　关于隐私风险评估与可视化功能的用户反馈

3）隐私增强保护功能的反馈

观点 6：可交互的隐私增强控制面板易于理解和操作。

观点 7：该可视化方案有助于医疗机构利用患者数据进行联邦学习时的隐私风险评估和隐私增强保护。

图 7.10（彩图）

观点 8：如果医院等机构在参与联邦学习过程中采用该可视化方案，我将更愿意贡献个人数据。

观点 9：我愿意使用该方案评估隐私风险和增强联邦学习中的隐私保护。

图 7.11 展示了关于隐私增强保护功能的用户反馈。对于隐私增强控制的易操作性，74.2%的参与者同意该观点。高达 96.7%的参与者认为，该可视化方案将有助于隐私风险评估和增强隐私保护。当该可视化方案集成到他们参与的联邦学习过程中，87.1%的参与者将会更愿意提供他们的敏感数据。这意味着改善隐私感知和增强隐私控制对于鼓励用户和机构参与联邦学习具有巨大潜力。

图 7.11（彩图）

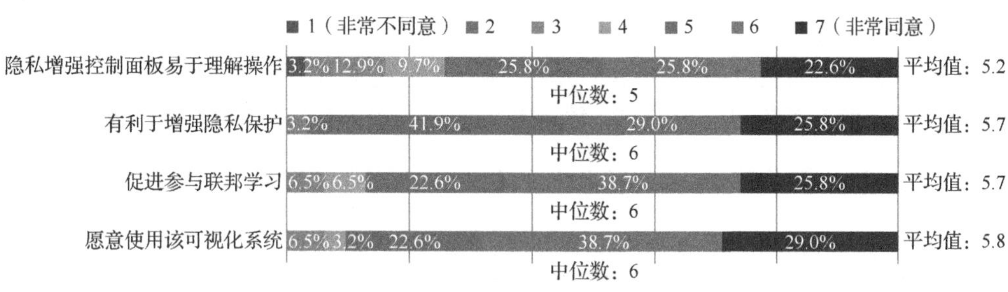

图 7.11　关于隐私增强保护功能的用户反馈

根据参与者常用的隐私增强方法将其分组，并进一步讨论他们的反馈，如图 7.12 所示，对于不知如何防护的参与者而言，这种隐私增强控制设计仅粗略地满足他们的需求，仍有很大的改进空间。对于删除敏感数据和应用差分隐私机制的参与者，这种控制基本上符合他们的行为偏好，平均评分在 5.2 至 5.9 之间。对于通过拒绝参加联邦学习来增强保护的参与者，他们能够很好地熟悉隐私控制面板的操作设计，各项观点的评分也最高（6.3～6.67），并认为他们会改变之前拒绝参与的决定。

图 7.12（彩图）

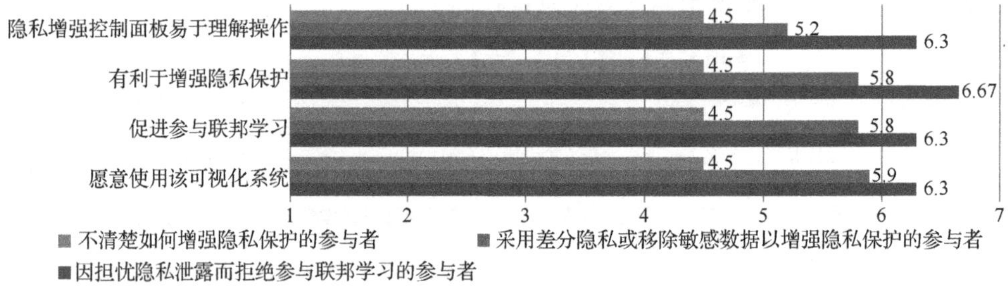

图 7.12　不同参与者群体对隐私增强保护功能的平均评分

4）隐私-效用权衡功能的反馈

观点 10：该可视化方案将有助于实现隐私保护和模型准确率的权衡。

图 7.13（彩图）

图 7.13 展示参与者对该观点的反馈。93.5%的参与者同意该方案有利于他们在隐私保护和推理准确率之间进行权衡。

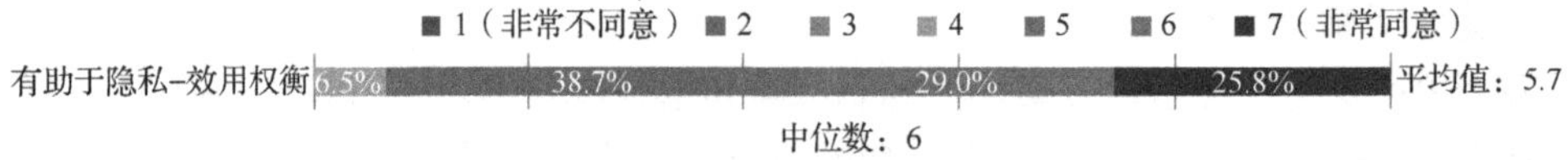

图 7.13　关于隐私-效用权衡功能的用户反馈

从结果可知，该可视化方案可基本满足用户在联邦学习中探索数据隐私的需求。推荐视图可以帮助用户思考需要何种类型的数据，并减小用户在选择适当训练集上的工作量。对于隐私风险评估方面，可视化的隐私风险有助于用户感知到信息泄露并反思联邦学习的安全性。特别是，对于通过理解攻击理论来评估风险的用户，他们非常支持隐私风险可视化的相关视图。为增强隐私保护，大多数用户都愿意采用该方案的可交互隐私增强控制。该控制面板将促进他们参与联邦学习，特别是对于那些出于隐私考虑而拒绝参与的用户。绝大多数用户都同意，该方案协助他们更好地实现隐私-效用权衡。

4. 面向用户实时数据采集的可视化方案

与以医疗机构为对象的可视化方案不同，用于训练的数据不仅有用户的医疗数据，同时也可能涉及用户的实时身体数据。这些数据通常基于用户本地终端设备，如手机、手环、可穿戴医疗设备等采集，并将数据上传到更高层数据平台中进行训练。此类数据由于采集了用户实时身体数据，更加需要隐私的保护，提供实时暂停或开启训练的功能。Guo 等设计了针对用户医疗数据的隐私保护可视化方案[13]，提出云-边（医疗机构边缘服务器）-端（终端设备）三级架构，如图 7.14 所示。本地终端设备采集用户数据，在终端设备对数据进行第一层网络训练，然后将训练的模型添加差分扰动传递给医疗机构边缘服务器，医疗机构边缘服务器对终端设备传递过来的模型进行再次训练，并将参数传递给云中心服务器，同时云中心服务器根据医疗机构边缘服务器的参数更新自己的模型，将结果反馈给医疗机构边缘服务器和终端设备。

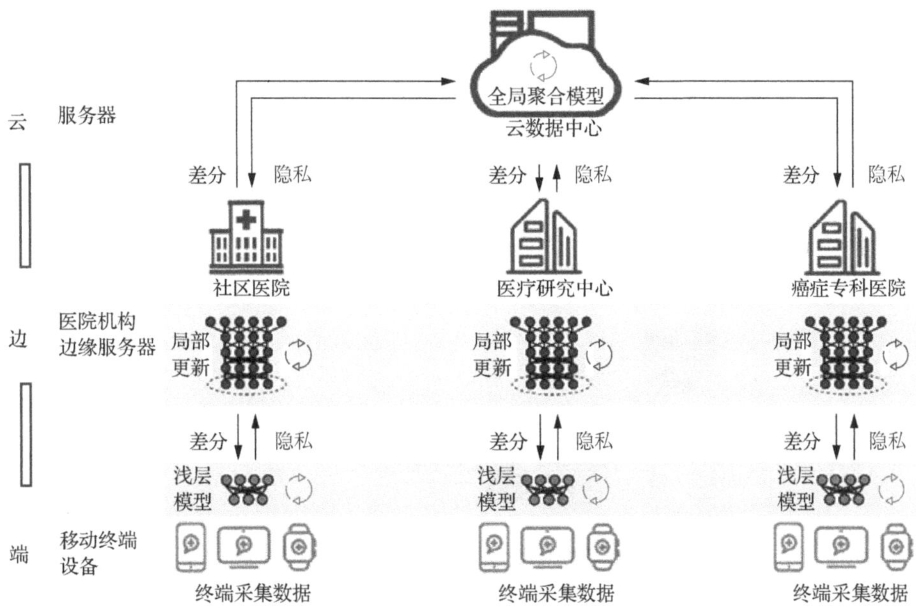

图 7.14　系统框架概览

1）边缘加速的高效医疗模型训练

移动终端设备不断收集用户的生理数据。通常有两种处理数据的典型方案。第一种方案是设备将收集到的数据上传到医疗机构边缘服务器，然后服务器进行基于这些数据的模型训练。该服务器应该具有较强的数据处理和分析计算能力，可以很好地保证模型训练的效率。但是，服务器通常被认定为不值得信任的设备。因此，由服务器直接访问本地数据会增加安全风险。第二种方案是推动设备在本地完成模型训练任务。它可以阻止服务器获取本地数据，但由于计算资源的限制，大大降低了训练效率。考虑到两者的优缺点，团队提出将模型的前一部分保留在终端设备上，后一部分迁移在医疗机构边缘服务器上。图 7.15 描述了这个流程，终端设备负责前 k 层的训练，服务器完成剩下的终端设备部分。这个过程主要涉及程序客户端和过程服务器。

2）基于联邦学习的模型聚合

该模块中从分布式医疗机构边缘服务器聚合模型，形成一个医疗全局模型。它的目标是在数据传输与交互的过程中最大程度上保证用户数据隐私。为了从分布式数据获取有价值的知识，理想的方案是收集原始数据并进行训练。然而医疗数据极其敏感，一旦泄露将严重危及个人隐私，甚至社会稳定。团队采用分布式收集模型，无须采集所有原始数据就能训练全局模型，以满足用户数据的隐私要求。

3）差分隐私增强的模型交互

本模块提出运用差分隐私方案增强数据传输过程中的安全性。差分隐私是针对统计数据隐私泄露问题提出的一种新的隐私保护定义，通过在统计结果中加入随机噪声来避免由于数据变化导致的结果差异，从而泄露数据中的隐私信息。通俗来讲，差分隐私就是确保任意单个记录在数据集中的变化（添加、删除、修改等），随机扰动的加入对于查询结果的影响微乎其微。攻击者无法通过观察由于某一个记录的变化导致的查询结果的变化来推测出个体的信息。它基于严格的数据理论，并假设攻击者可以使用任何背景知识来进行攻击，因此提供了很强的隐私保护能力。在本研究中，差分隐私交互通过削弱单一医疗机构和用户在模型培训过程中的贡献来加强医疗神经网络的隐私保护。终端设备、医疗机构边缘服务器与云数据中心之间存在两种类型的信息交互。

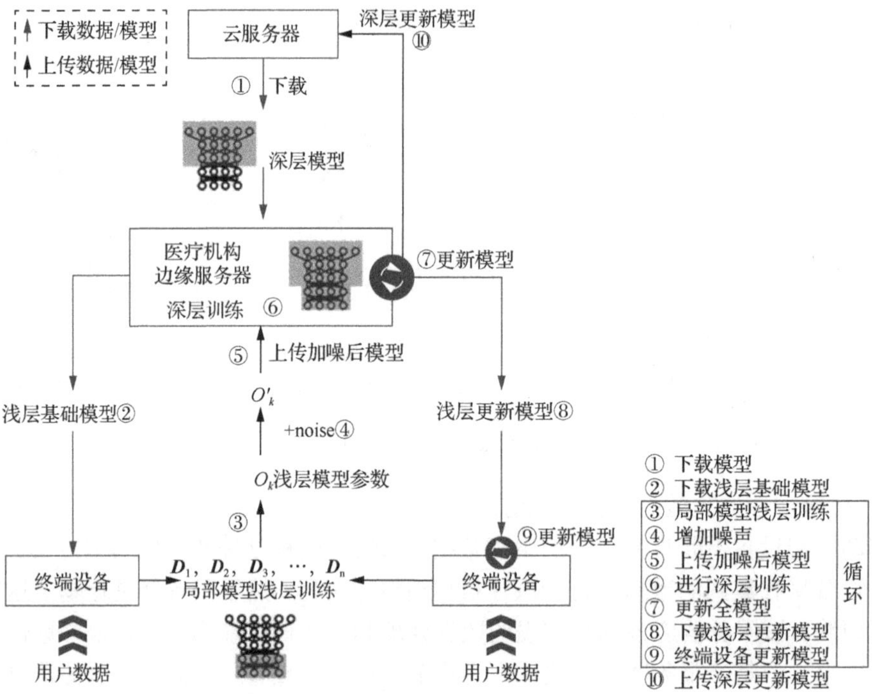

图 7.15　边缘加速的高效医疗模型训练

4）三方协同的隐私保护模式

研发团队和设计团队合作，设计了该技术的服务体系，并将其命名为“知隐”，强调用户对于隐私数据理解和掌控的重要性。数据模型基于三方协同的隐私保护模式构建，强调用户和其他利益相关群体之间的信息交互。此举可以优化数字医疗服务全流程，通过用户、医院和政府之间的三方协作，共建智慧医疗体系。

知隐利用联邦学习与边缘计算技术，实现了在用户数据存储于本地的同时，对模型进行训练。这种数据“可用不可见”的方法可以使多个医疗机构参与数据训练，从而打破数据孤岛，促进知识共享。同时，数据训练的成果对于用户来说具有较高的价值。越精准的模型，可以辅助医生提供越准确的医疗诊断。基于实时生理数据的建议同时可以打破用户在诊疗过程中时间和空间上的限制，特别是面向不便于出门，或居住在距离医院较远地方的用户，实现足不出户、居家诊断的新时代智慧医疗服务。

为了提升用户在参与数据训练过程中的体验感与获得感，同时增强用户对自身健康数据的认知与掌控，本例开发了用户终端设备交互界面，如图 7.16 所示。通过终端交互，用户能够获知自身被读取的数据、训练和模型传输的详细过程以及在参与训练时的能耗状况。

（a）首页　（b）医院发来邀请　（c）调节训练参数　（d）选择不同训练模式　（e）正在训练

图 7.16　用户终端设备交互界面

为了便于医疗机构边缘服务器（即参与数据训练的医疗机构）更高效地处理数据，提升数据处理过程中的安全性，增强数据交互过程中的可操作性，并体现数据训练的过程，我们开发了医疗机构边缘服务器和云服务训练中心的交互页面。通过可视化的形式将复杂的训练过程以及参与节点以科学宏观的形式展现在交互页面，通过简单的操作就能实现数据管理。

7.2.3　实例 2：表格数据隐私分析与实时交互可视化设计

1. 需求分析与问题定义

个人用户向服务提供商供给信息，并相应地获取到持续升级的信息服务。然而，数据保护机制的缺失引发了严重的隐私风险，导致个人数据频繁遭受泄露与滥用。在此背景下，数据收集和持有者，尤其是政府、企业及非营利组织，在公开分享数据时必须承担起保护用户隐私的重任。数据发布之前，一个至关重要的挑战在于如何高效地识别并评估数据中的隐私风险，进而将这些风险限制在合理的范围内。

数据持有者期望一种支持实时分析隐私风险的交互可视化设计，结合隐私模型提供合理的隐私保护。先前的工作关注的重点是如何保护隐私，匿名技术、差分隐私技术、噪声合成技术等广泛应用于脱去敏感信息或叠加噪声以混淆原始数据，以扰乱攻击者对用户的身份识别。然而，即使在数据发布之前消除了大多数隐私风险，保护操作的粒度也会极大地影响数据发布的质量。也有研究展示了隐私保护的可视化设计并证明了用户使用过程中的认可度，然而它们的框架完全基于隐私模型，用户数据聚合顺序固定，缺乏对保护操作的粒度控制，易造成过度保护，影响数据的效用。由于缺乏对隐私数据中多维属性关系的探索，用户在未知数据特征的情况下不加区分地应用保护操作同样是不合理的。

面对上述问题，Liang 等针对最常见的表格数据设计了一种支持隐私分析与实时交互的可视化方案[14]。作为一种结构化数据，表格中每一条数据属性都可以表示一种维度信息。通过前置的领域专家访谈，讨论了现有隐私保护工作的缺陷，对设计一个隐私保护可视化工具的具体需求进行归纳，在此基础上，确定了以下四项主要需求。

需求 1：用户数据能够以不同粒度和聚合顺序进行交互。在数据保护操作中，不同的聚合顺序与保护操作中不同数据粒度相关，聚合顺序不仅影响保护操作的效率，也影响隐私保护结果的质量。

需求 2：多维属性关系分析。用户的先验知识在风险分析中非常重要，而建立属性之间的关系并非易事，已有的启发式风险评估算法在未知语义知识的前提下得到的结果并不可靠。从专家访谈中可知，在风险评估方面，一种探索维度关系的方法比自动识别风险的方法更重要。

需求 3：隐私风险感知设计。先前的隐私保护研究已经提出很多隐私风险感知的可视化设计，但它们并不直观。用户能被提醒存在风险，但很难直接映射到表格数据中的具体记录。用户若缺乏在视觉上对隐私数据的直观感知，则很难理解和适应设计师为某个任务专门制作的可视化设计。

需求 4：评估操作之间的效用损失。数据处理不可避免地会丢弃一些信息细节，它会模糊数据，使数据统计结果偏离，并降低发布的实用性。特别是由于不同的聚合顺序和保护操作会导致不同程度的效用损失，用户希望对当前表格数据的效用进行分析。

2. 方案与原型设计

本案例设计了一个表格式隐私助手工具（tabular privacy assistant，TPA），通过数据立方体（data cube）技术来构建灵活的数据结构，以允许实时调整聚合顺序。根据用户兴趣，可以帮助用户多角度分析数据的隐私风险，并支持多粒度的保护操作，避免效用损失。

TPA 可视化过程简单概述如下。

（1）用于动态调整聚合顺序的 UI 设计。

（2）用于总体分布分析的不同属性的全局摘要。

（3）主视图中的表格数据表示（箱形图表示包含多个记录的摘要）和交互式隐私增强（例如，选择五个记录合并）。

（4）当前属性顺序下的隐私风险树。

（5）历史视图，记录历史状态及保护操作（容许回溯以及效用比较）。

（6）交互过程中的数据动态效用分析。

TPA 包含五个流程，分别为导入、构建数据立方体、数据分析、隐私保护和导出。其中数据分析和隐私保护是用户最关心的核心流程。基于所提供的可视化和交互的环节，用户可以不断迭代分析数据和处理隐私风险。

1）导入

在交互流程的第一步，用户上传带有详细信息的表格数据。TPA 先尝试自动识别属性类型（分类或数值），用户也可以手动设置类型来纠正可能的错误识别的类型。

2）构建数据立方体

服务器在接收到导入的表格数据和数据类型之后，TPA 将构建用于管理数据聚合的数据立方体并创建连接会话。创建的会话用于响应聚合顺序的请求，并跟踪操作树的更新。

3）数据分析

（1）摘要可视化设计。尽管聚合过程已经根据给定顺序对等价类中的记录进行了排序，但用户依然很难直接对数十行甚至数百行记录进行汇总。为了帮助用户理解和分析属性之间的关系，TPA 提供了摘要可视化的设计，同时支持属性的全局摘要以及用户自选聚合的摘要。数据行左侧支持单击以折叠或展开聚合，并为折叠的聚合绘制摘要信息。摘要分为分类型和数值型两种，如图 7.17 所示。

图 7.17（a）表示分类型的摘要，其取值分布用各色块面积占比表示。对于模糊值，如空值或应用合并操作的值，占比将在所有可能的颜色块中平分。色块的低饱和度部分是指不确定值的占比。通过观察低饱和度区域的占比，用户可以知道有多少记录应用了保护操作。

图 7.17（b）表示数值型的摘要，采用了基于箱线图的设计。箱线图清楚地显示了数值集合的极值、四分位数和平均值。通过摘要，用户能快速掌握所选聚合中的数据特征以及各维度间数据的关系，便于数据分析任务。

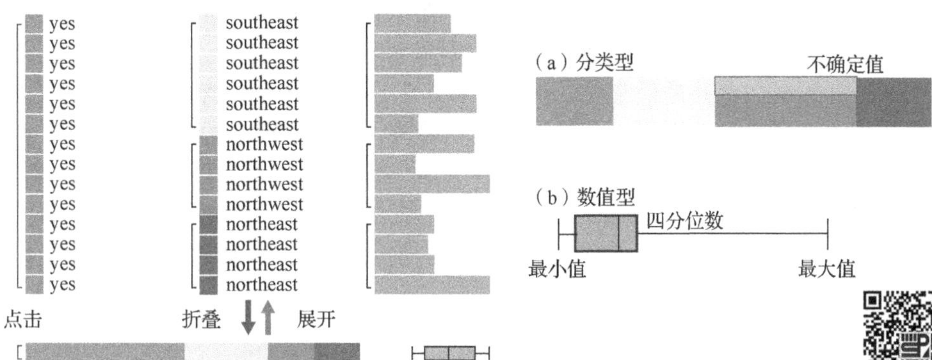

图 7.17　用于汇总聚合信息的摘要设计

图 7.17（彩图）

（2）隐私风险树。用户期望一种可以直接定位哪里存在隐私风险的技术（对应需求 3）。TPA 提出一个更直观的视觉设计——隐私风险树，根据匿名技术定位隐私风险。如图 7.18 呈现了隐私风险树组件，左上角的选择器允许用户从 k-anonymity、l-diversity 和 t- closeness 三种约束中选择特定的匿名技术，约束参数由下面的滑块设置。隐私风险树由分层饼图组成，分层饼图由内到外依次对应给定的属性和顺序。每层饼图的划分表示该属性值的分布，每一块可以对应到操作树中相应的节点（聚合）。根据用户设置的参数计算每个块是否满足约束，并将聚合的隐私风险映射到不同的颜色。当块不满足约束时，通过线性插值计算颜色，颜色可以传递每个聚合的风险程度。用户可以悬停查看特定的聚合信息，然后跳转到主视图中的记录的位置。

由于每一层的粒度不同，聚集的实际风险的优先级也不同。显然，外层的聚合节点包含的记录较少，很容易暴露细粒度的隐私风险。内部聚集节点处的高风险颜色说明聚集处有较为严重的泄露风险，提示用户应予以重视。一个简单理解是内部聚合的风险意味着攻击者可以使用更少的信息来识别数据记录，所以应该首先处理。

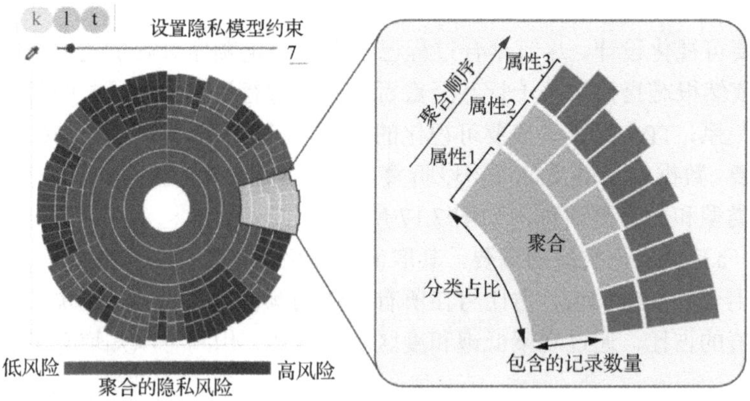

图 7.18　用于感知聚合中的隐私风险的隐私风险树设计

4）隐私保护

当数据分析中识别到隐私风险，将在此步骤实施隐私保护。TPA 提供了四种隐私保护操作：合并聚合、数据加噪、添加合成数据和删除数据。

（1）合并聚类。合并是最常见的保护操作，它通过使属性的值模糊来防止攻击者识别数据。当两个聚合的前缀属性都具有相同的值时（即操作树中的两个节点具有相同的父节点），则满足合并条件。如图 7.19（a）所示，拖动聚合与另一个聚合合并，则这两个聚合的值从一个具体值变更为一个不确定值。被合并的两个聚合将作为一个新的聚合存储在操作树中，用户可以继续将其与具有相同前缀属性的其他聚合进行合并。

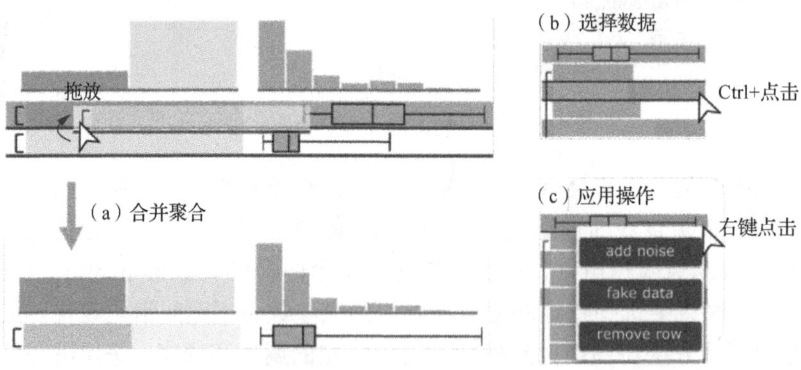

图 7.19　TPA 中的保护操作

（2）数据加噪。数据加噪适用于数值型属性。加噪操作会在图 7.20 的视图中进行，该视图显示了所有数值属性的直方图，直方图中图柱的数量决定了分段的粒度，可以通过调整上方的滑块来设置。噪声操作在差分隐私的基础上对数据加入拉普拉斯噪声。启动噪声设置后调节设置参数，拖动图 7.20（b）中的白点可以为每个分段调整其λ值。完成设置后，图 7.20（a）会提示一些红色的线，表示加噪后每个分段的预计波动。

图 7.20（彩图）

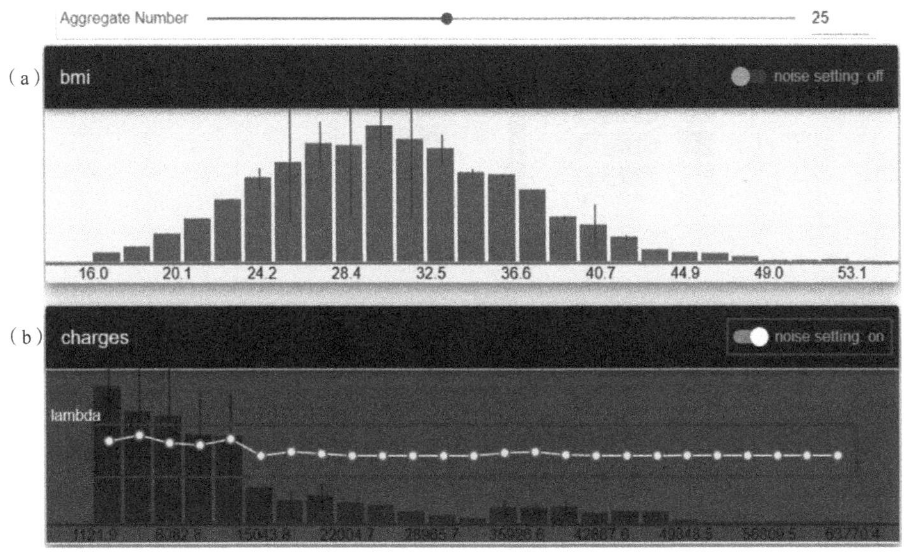

图 7.20　基于拉普拉斯机制添加差分隐私噪声的视图设计

（3）添加合成数据。添加合成数据操作使用 CTGAN 生成拟合数据，并添加到表单中以迷惑攻击者。TPA 将用户选中的记录作为训练集输入，生成合成数据。尽管合成数据在防止泄露方面并不总是有效的，但它提供了一种无须其他先验知识的方法。合成数据与输入数据具有相似的分布，一定程度上保持了效用损失。

（4）删除数据。有的用户希望直接删除条目（如离群数据）以隐藏部分数据，TPA 支持用户通过删除操作从表格数据中删除所选记录。

历史视图记录了所有应用的隐私增强操作。如图 7.21 所示，视图列出了历史状态及其详细信息，允许用户回溯到之前历史状态。它还向用户提供受影响的记录数量，这有助于用户理解每个操作的粒度。此外，用户可以通过选择两种历史状态来比较效用损失。

前文所述的所有数据保护操作（增删改），都会导致数据效用的损失。用户希望看到效用如何随着每个保护操作而变化（对应需求 4）。TPA 通过计算距离和分布来估计效用损失。为了比较每个操作中的效用变化，本例提出了效用比较视图设计（图 7.22）。用户可以从历史视图中选择两个历史状态进行比较。TPA 计算用户选中的历史状态，然后计算输出结果与原始数据的效用差异。为了比较两个不同的状态，TPA 利用一个叠加矩阵来可视化两个历史状态的变化。行表示要比较的特征，列表示属性。每个单元格被划分为一个外部区域和一个内部区域，背景颜色饱和度表示该效用在两种历史状态下的差异。饱和度越高，该属性与原始数据的差异越大。该视图旨在帮助用户理解效用在应用保护操作后的变化。

5）导出

如果数据持有者认为隐私和效用情况是令人满意的，则分析和保护的迭代过程停止，下载并发布相应的表格数据。

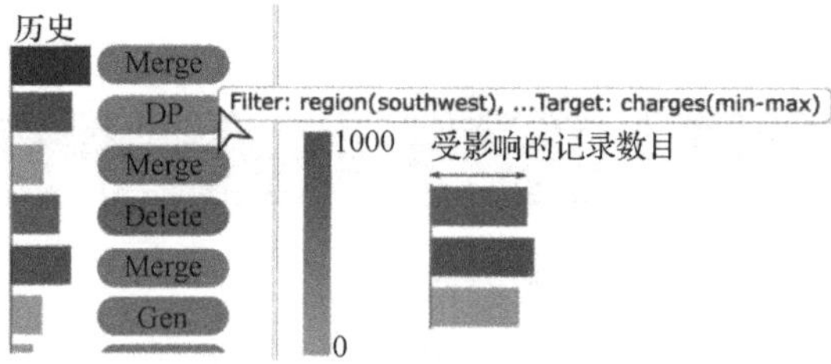

图 7.21　历史视图

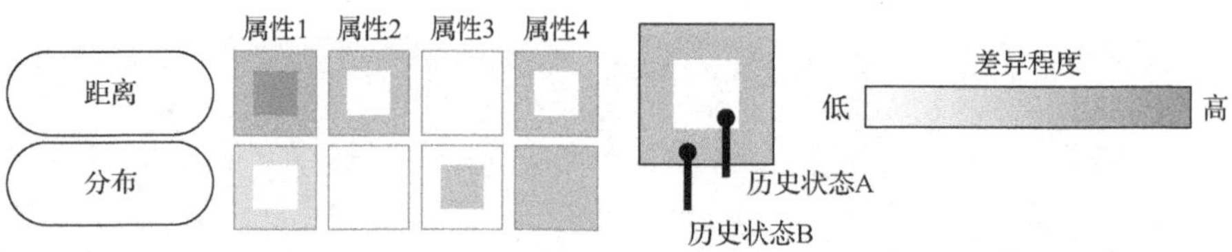

图 7.22　比较保护操作效用损失的效用视图设计

3. 实验评估与效果验证

为验证 TPA 的有效性，团队以保险领域的公开数据集为例进行了实验评估。

本例的个人医疗费用的保险账单表格数据由著作 *Machine learning with R* 发布，包括 1339 条个人信息，包含年龄（age）、性别（gender）、拥有孩子数（children）、是否吸烟（smoker）、地区（region）以及费用（charges）7 个属性。该数据集已删去 ID 信息。

将“charges”和“smoker”调整到顺序最前面，并折叠“smoker”的聚合。图 7.23（a）显示了一个现象：吸烟者的保险费用要比不吸烟者高得多，因此攻击者可能通过病人是否吸烟预测其费用高低。为了防止潜在的背景知识攻击，应更关注吸烟者的隐私，因为他们是少数群体。因此，在图 7.23（b）设置一个过滤器，找出不吸烟者和吸烟者中有较高费用的人群，合并聚合。图 7.23（c）表示 TPA 模糊对高费用的记录进行模糊，保护了吸烟者的隐私。在这个过程中，保留低费用人群的数据是合理的，这些数据大部分是占比大的不吸烟者。

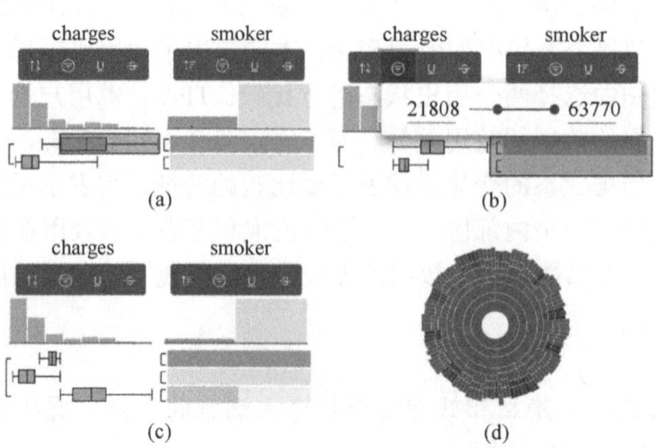

图 7.23　通过摘要识别潜在的风险

4. 洞察与讨论

团队邀请了四位隐私保护和数据处理领域内的专家，对 TPA 在实际场景中的实用性和有效性进行了评估。专家指出，TPA 在数据分析上很有效，特别是在摘要设计方面，能够极大地助力用户深入理解数据集中各维度的取值分布以及维度间的复杂关系。其次，专家对 TPA 支持实时调整聚合顺序的特性表达了赞赏，认为这一功能为数据集的分析与处理带来了更高的灵活性。用户群体同样对 TPA 处理大数据的高效能力给予了认可。有用户反馈，以往在处理高维数据集时，往往难以有效识别并分析数据集中潜藏的风险，而 TPA 凭借其交互性能，使用户能够从多个角度深入探索数据集，特别是在配合隐私风险树使用时，通过动态调整聚合策略，能够更直观、更准确地感知并评估隐私风险。此外，相比其他可视化工具，TPA 提供了更丰富的保护手段，并允许用户精细控制操作的粒度，极大地提升了工作效率，为用户节省了宝贵的时间成本。

7.3 以用户为中心的隐私保护提升

7.3.1 基本概念

隐私服务不仅要支持对存在的隐私相关事件进行感知，也应具备介入式隐私数据管理或保护的能力。用户期望有可信的个人隐私管理工具，以减轻对隐私问题的担忧和干扰。智能的隐私控制管理工具旨在协助用户实现细粒度隐私数据管理和实时监控，并提供个性化隐私偏好服务。随着智能技术的不断进步，涉及大规模的数据获取与个人隐私数据保护的相关技术也在持续演进，隐私保护水平的提升需要智能技术和相关设计方法的助力。

隐私保护阶段，用户的数据应在用户信任的数据空间进行存储和处理。任何需要访问用户数据的第三方产品或服务，都必须通过隐私偏好管理工具来获取用户许可的数据。过去，Android 系统采用的应用权限控制策略为 Ask-On-Install（AOI），即在应用程序安装时立即请求授权，显然这种在批准授权与放弃安装之间进行的两难选择给用户带来心理负担。尽管如此，先前的研究表明，大多数用户在安装时都不会注意或拒绝这些权限请求提示。为了细化应用程序的权限管理的粒度和提供更柔性的服务，Android 系统后来采用了 Ask-On-First-Use（AOFU）策略。当用户首次使用某个特定功能时，应用程序根据数据访问配置需要，在当前上下文中实时请求相应粒度的数据或设备访问授权。

现有的设计中，除非用户主动干预，否则一旦用户做出授权决定，大部分权限管理工具将一直沿用当前隐私设置来处理未来的权限请求。这种模式可能无法充分反映用户的隐私偏好，因为后续的权限请求可能会在不同的情景下发生。Wijesekera[15]引入了基于机器学习的情境感知设计，使隐私权限控制和隐私偏好管理更符合用户所处的上下文环境，实现动态权限管理和隐私活动提示。此外，有研究引入了名为“轻推”（Nudges）的隐私设计[16]，通过实时告知用户当前智能手机的隐私保护状态和可选的决策选择，鼓励用户积极参与实时权限管理的过程，研究发现这种设计显著增强了用户对隐私数据的感知和对隐私权限的管理。

选择退出（Opt-out）同样是一项重要的权限控制隐私设计，它为用户提供了不接受某一项单独服务或回收授权的选择。Vinayshekhar[17]设计了自动隐私政策 Opt-Out 退出选项的提取工具 Opt-Out Easy，该工具利用自然语言处理技术，对网站所提供的隐私政策进行文本分类和特征训练，根据用户隐私偏好，提供用户最关心的退出选项。Liu 的研究通过学习用户行为，建立隐私偏好档案，为手机端用户推荐合适的隐私偏好设置[18]。这种方法在实现权限控制和隐私偏好预测的同时，也不会牺牲用户的隐私体验。

7.3.2　实例 1：面向艺术作品约稿管理的隐私保护设计

1. 需求分析与问题定义

当前，以 Artistree、MadeMay 和米画师等为代表的艺术约稿平台，为艺术爱好者提供了一个便捷途径，来向艺术家定制自己喜爱的艺术风格作品。在这些平台上，用户可以发布作品定制需求，等待艺术家应征。同时，艺术家也可以在平台上展示自己的部分作品，以独特的个人艺术风格吸引潜在客户。个人艺术风格不仅是艺术家对其艺术理念的独特表达，也是区分其作品与他人作品的重要因素，常作为艺术家的代表性标签被大众熟知。然而，当客户清楚自己的约稿需求时，他们往往由于缺乏艺术专业知识，而难以准确描述或记忆定制作品的风格需求。即便他们找到相似风格的参考图，也常常需要花费大量时间浏览和比对艺术家展示的作品，以确定合适的约稿对象。或者，他们可以选择在平台上发布需求，等待艺术家主动应征。显然，对于那些有明确约稿目标并能找到参考风格图的客户而言，缺乏一种基于参考图片风格的艺术家检索方式，以便他们能够直接从众多艺术家中找到风格最接近的艺术家。

对于上述问题，基于内容的图像检索技术可能是一个解决方案。尽管现有的图片视觉搜索引擎（如 Google Lens 和 Yandex）已经非常成熟，并为用户提供了图片输入形式的搜索服务和图片来源信息，但很少有约稿平台将这类技术融入其检索服务中。目前，大多数平台主要依赖文本输入进行检索，这对缺乏艺术专业知识的用户来说，难以用文字准确描述抽象的艺术风格需求，从而难以找到合适的艺术家。此外，收集来自多个当代艺术家的大量艺术作品图像是训练高精度检索系统的关键之一。

然而，这种集中式的数据收集面临许多挑战。首先，将个人艺术图像上传到集中式服务器存在数据泄露风险，这削弱了艺术家主动参与的积极性。其次，人工智能生成艺术及其微调技术的普及也降低了艺术家在社交平台上自由分享作品的意愿。尽管一些艺术家在网上发布图像，他们通常采取措施防止作品被用于大模型训练，例如使用图像水印[19]和添加像素级细微扰动[20]，这使得图像风格特征提取更加困难。

为了应对这些挑战，Ran 等提出了一种基于联邦学习的艺术作品约稿隐私保护方案[21]，能够在不直接获取艺术家原始作品数据的情况下，训练个性化的艺术风格 AI 模型。作为一种保护隐私的分布式学习范式，联邦学习被广泛应用于医疗保健、金融和广告等领域[22]。大多数现有方法假设每个客户端有两类或更多数据，但未考虑客户端之间数据完全不重叠的情况。而在艺术家数据场景中，每个艺术家仅有其个人作品，因此存在极端的数据异构问题。

2. 研究方法和方案设计

1）相关因素探究实验

在生成式人工智能技术不断发展的背景下，艺术家和设计师们越来越重视个人作品的版权保护。为了防止作品被未经授权地用于模型训练，他们往往在公开发布的作品上添加水印。然而，水印会破坏视觉效果，影响观赏体验。本研究团队进行了预实验，以探讨水印图像比例对训练模型性能的影响，以及经典联邦学习模型 FedAvg 在不同数据异构情况下的表现。

图 7.24（a）显示了当水印图像占据数据集不同比例时，模型的分类性能。结果表明，水印图像的加入降低了模型的学习能力，测试准确率随着水印图像比例的增加而下降。随着数据隐私关注的增加，艺术家们可能更倾向于发布水印图像，但这会影响模型的训练效果。因此，需要一种分布式、众包的解决方案，以支持艺术家在无须大规模公开发布或共享作品的情况下，协同训练个人艺术风格分类模型。

图 7.24(b)展示了在不同数据异构程度下使用 FedAvg 算法训练后的全局模型性能。evenly 表示数据在客户端间均匀随机分布。dirichlet 分布指数 Dir(α)用于模拟异构设置，α越小，异质性越高。sorted 表示每个客户端仅有数据集中的唯一一类数据，代表极端数据异构性。结果显示，当数据按 sorted 分布时，准确率最低，而均匀分布时，准确率最高。显然，高度异质性导致严重的模型漂移，并对聚合后的全局模型产生显著负面影响。因此，在这种情况下，需要解决极端数据异质性的问题。

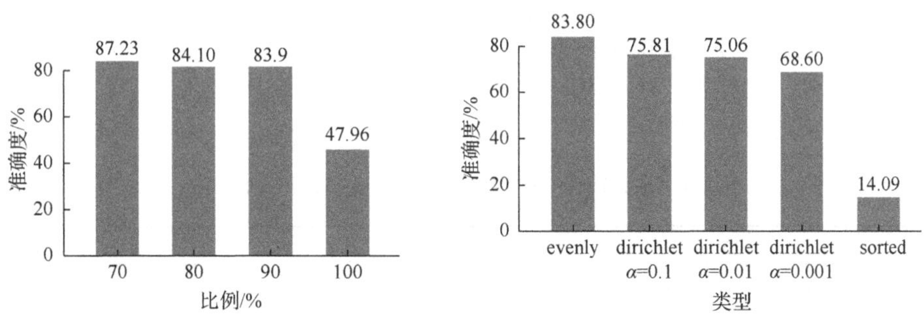

（a）　（b）

图 7.24　模型在不同比例的水印图像和不同异构程度的数据集下训练的准确率

2）系统框架设计

为解决上述挑战及模型训练困难，Ran 等设计了系统 FedStyle。联邦学习是一种分布式学习的范式，它的引入使得艺术家们只需在本地用个人数据来训练自己的风格分类模型，通过与服务器共享自己的模型参数而非原始作品数据，使得聚合后的全局模型具备对输入图像进行相似艺术风格分类的功能，因此从源头上保护了艺术家的作品数据安全，同时实现了风格匹配的艺术家推荐。由于每个艺术家都仅有自己的艺术图像数据，本地训练的模型很容易过拟合，失去区分本地艺术家风格与其他风格的能力。

此外，不同艺术家之间的局部模型收敛方向差异显著，导致聚合后的全局模型性能不佳。针对这一数据极端异构问题，FedStyle 通过原型学习抽象每个艺术家的风格并学习其风格表示，进而与服务器进行对齐以解决该问题。另外，FedStyle 引入了对比学习来构建风格表示空间，使得相似风格的艺术品在嵌入空间中更接近，而不同风格的艺术品则相互远离。

3. 实验评估

1）系统性能分析

研究人员开展了对比实验和可扩展性实验，以评估系统性能。实验数据集包括两个由专业人员筛选的艺术图像数据集：Artiststyle 和 Conllustration。其中，Artiststyle 包含 5624 张艺术图像，涉及 26 位艺术家；Conllustration 包含 3238 张插画作品，来自 18 位当代著名插画师。

FedStyle 与多种方法进行了比较：①Local，指使用公共数据集进行训练的模型；②FedAvg[23]，这是一个经典的联邦学习方法，通过平均局部模型参数得到全局模型参数；③FedProx[24]，该方法利用全局模型参数与局部模型参数之间的欧氏距离作为损失函数的附加惩罚项；④FedProto[25]，该方法共享每个数据类别的原型，而不是共享模型参数；⑤FPL[26]，该方法引入一致性正则化，以更好地聚类原型和构造无偏原型。

FedStyle 在两个数据集上都获得了最佳或次优的准确率（Accuracy）和 F1 分数（F1-score）。在最后 10 轮训练中，FedStyle 的平均准确率为 75.12%。此外，与 FedProx、FedAvg 和 Local 相比，FedStyle 以更少的通信轮数和更高的稳定性实现了模型的收敛。结果表明，FedStyle 在协同艺术风格学习和分类场景中表现更为有效，能够在一定程度上克服数据极端异构的问题。

随后，研究人员评估了模型在不同客户端数量下的性能。结果如表 7.4 所示，其中 N 表示类别数量，也即客户端数量。根据表格可知，与其他方法相比，FedStyle 在大多数情况下始终实现了最高的准确率和更高的 F1 分数，这验证了所设计系统的可扩展性。

表 7.4　在不同客户端数量下模型的准确率和 F1 分数

方法	N=20		N=22		N=24		N=26	
	Acc	F1-score	Acc	F1-score	Acc	F1-score	Acc	F1-score
Local	61.96	60.88	58.13	57.29	48.42	47.69	53.51	59.41
FedAvg	61.86	60.91	59.75	57.55	52.30	51.50	52.36	51.44
FedProx	69.36	69.62	59.72	57.60	56.96	55.40	58.27	56.45
FedProto	55.31	54.10	57.92	55.43	51.15	49.90	49.18	47.78
FPL	57.93	56.23	56.96	55.56	50.95	50.46	51.58	49.59
FedStyle	69.68	69.23	64.78	63.64	63.53	62.12	62.22	60.97

2）用户研究

研究团队邀请了 4 位拥有超过 10 年专业绘画经验的艺术家和 5 位有定制艺术品需求的买家来评估 FedStyle 的性能。研究人员从两个数据集的每个类别中随机选择一个图像作为查询图像，并要求参与者使用李克特五级量表对 FedStyle 生成的测试结果的合理性进行评估。随后，参与者还参与了系统测试后的半结构化访谈。

统计分析结果如表 7.5 所示，包括平均值、D 值（标准差差异效应大小）和标准差。

所有平均分均超过 3 分（中性值），这表明 FedStyle 系统测试结果在合理性方面得到了认可。

表 7.5　用户满意度评估结果

参与者	数据来源	平均值	D 值	标准差
买家	Artiststyle	4.52	3.00	0.79
	Conllustration	3.82	3.00	0.85
艺术家	Artiststyle	4.68	2.00	0.55
	Conllustration	4.17	3.00	0.91

7.3.3　实例 2：面向兴趣点推荐的隐私增强设计

1. 需求分析与问题定义

随着移动智能终端设备的迅速发展和普及，人类社会生活数据被全天候、全方位地采集。大数据和人工智能等技术深入挖掘这些数据的价值，为用户提供智能化的应用服务。其中，兴趣点（point of interest，POI）推荐是基于地理位置的社交网络的一项主要任务。通过分析用户的地理位置签到记录，提取用户偏好和兴趣点的流行度，为用户推荐新的兴趣点。这不仅大大节省了用户在节假日出行时寻找符合个人兴趣的新场所（如餐厅）的精力，还有助于新开业场所定位广告推送的目标客户。

现有研究主要集中于构建强大的推荐模型以提高推荐质量，将地理位置的类别、距离、时间和社交关系等与 POI 相关的因素整合到 POI 推荐模型中。然而，整个推荐过程不仅包括模型构建，还涉及数据收集和推荐结果反馈。大多数研究忽略了这两个阶段的影响，仅简单地采用集中式学习框架。具体如图 7.25 所示，用户的签到记录被集中收集到云中心，用于模型的训练和预测。

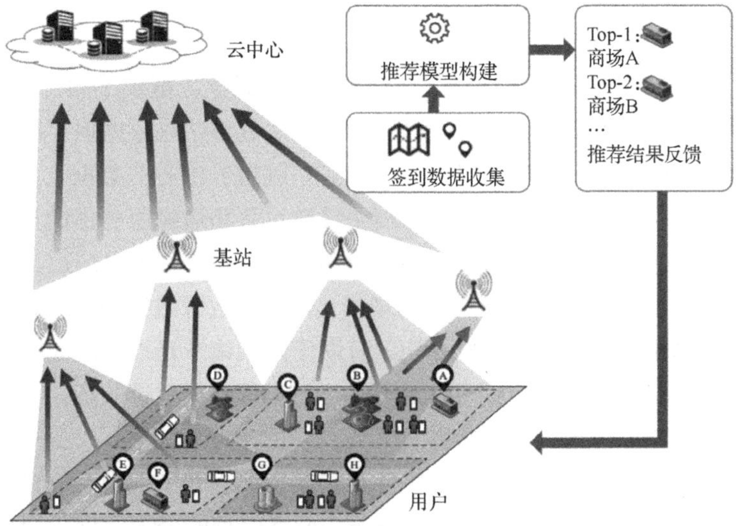

图 7.25　集中式学习框架下的兴趣点推荐过程

然而，这种方式存在着严重的隐私风险和效率低下问题，具体阐述如下。

关键问题 1：隐私风险。地理位置的签到数据具有隐私敏感性。通过线上爬取此类数据，攻击者可以很容易地推测目标用户的日常活动范围和未来吸引该用户前往的地点，然后在这些地点蓄意蹲守并跟踪。

关键问题 2：低效问题。数据收集和推荐结果反馈严重依赖于网络质量。当用户和云之间的网络带宽受限且不稳定时，例如在节假日期间人流量高的景点，发送推荐请求和接收反馈的延迟将会难以容忍。此外，在推荐服务使用的高峰期，云中心构建推荐模型，将会产生大量能耗。

针对上述隐私风险，已有研究采用一些数据扰动机制，如 K-匿名和差分隐私，以增强隐私保护。但它们仍有三点不足，包括：

（1）数据暴露：当应用数据扰动机制保护地理位置信息时，其保护的有效性严重依赖于所处的环境。假设用户处在某座孤岛上，通过扰动地理位置信息后显示用户处在附近海域中，这并不能阻止攻击者获取用户的真实位置。

（2）效率低下：扰动地理位置信息带来额外的时间开销。此外，将这些扰动数据上传到云，仍然无法摆脱对网络质量的依赖。

（3）兼容性差：在分析噪声扰动对推荐质量的影响时，已有研究局限于讨论仅应用矩阵分解方法的基础推荐模型。在本章的后续实验研究中，发现当使用不同的推荐模型时，扰动对推荐质量的影响存在明显的差异性。隐私保护的推荐系统需要适应推荐模型的发展，兼容多类型的高阶推荐模型。

面对上述问题，Guo 等提出了一个面向兴趣点推荐的边缘联邦学习框架 PREFER[27]，我们将详细介绍该案例。

2. 方案与原型设计

PREFER 的框架图如图 7.26 所示。与传统的集中式学习框架不同，PREFER 不需要在云中心集中式地收集和处理用户签到记录数据，而是将这些数据保存在用户的本地终端设备上。因此，在兴趣点推荐过程中，PREFER 跳过云中心的数据收集阶段，直接进入推荐模型构建阶段。在模型构建阶段，利用终端设备和边缘服务器的计算资源，在网络边缘分布式构建推荐模型。目前网络边缘资源日益丰富，中国电信已正式启动全国边缘计算试点项目和数千个边缘数据中心的规模化建设。边缘数据中心靠近移动用户，通常与基站共存。网络带宽通常充足且稳定，有助于降低请求延迟。边缘服务器可以是边缘数据中心中的服务器或是城市或市区的基站。在推荐结果反馈阶段，利用终端设备中的推荐模型为用户推断生成兴趣点推荐列表。

PREFER 的核心主要体现在两方面：分布式模型训练和空间敏感的模型聚合。这两个模块分别部署在用户终端设备和边缘服务器。两者的目的分别为保护用户隐私和提高推荐效率。

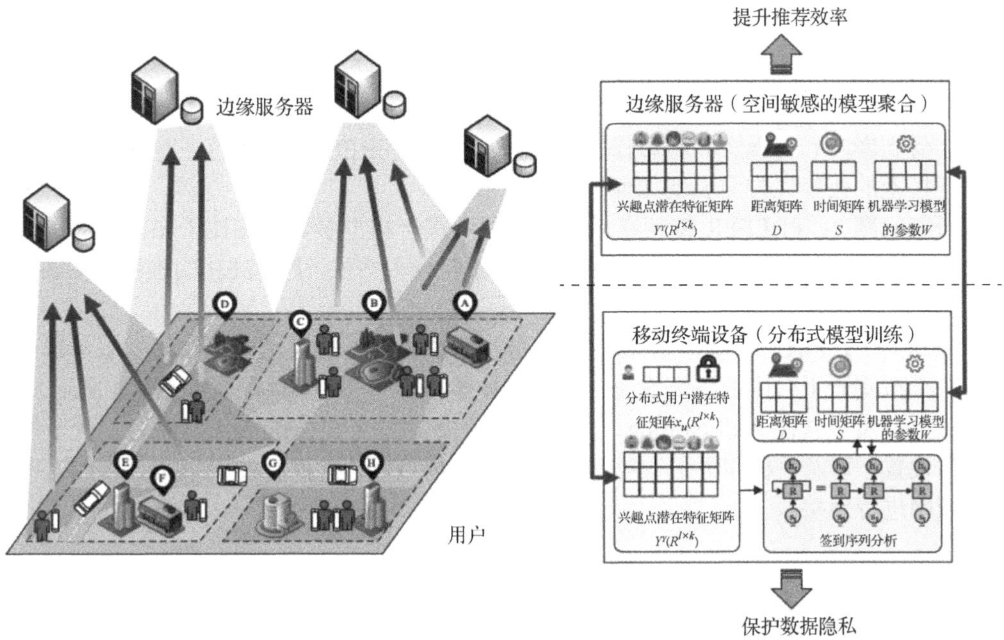

图 7.26　边缘联邦学习框架 PREFER 示意

1）分布式模型训练

不同于在云中心集中处理和分析数据，该框架采用了联邦学习范式，在分布式终端设备上本地训练签到数据。推荐模型通常采用矩阵分解方法，根据用户的签到记录构建兴趣点推荐模型，并将其解耦成用户和兴趣点的潜在特征矩阵。为了提升推荐质量，框架引入马尔科夫链、循环神经网络等机器学习方法，分析用户签到中的时空因素，并将时空相关矩阵纳入推荐模型的学习过程。由于用户潜在特征矩阵仍存在较大的隐私风险，该框架建议将用户特征矩阵参数与签到数据一起保留在终端本地，而只共享兴趣点潜在特征矩阵、时空矩阵和其他非用户敏感的模型参数。这样，框架在提升隐私保护的同时，也能兼顾推荐服务的质量。

2）空间敏感的模型聚合

传统的联邦学习在云中心聚合模型参数，这导致了大量的网络消耗和较高的延迟。基于边缘计算范式，该框架提出将聚合任务从远端云中心卸载到边缘服务器，由边缘服务器来聚合来自同一区域用户的非用户敏感模型参数。具体而言，边缘服务器会创建一个推荐模型基底，并将其下发给其覆盖范围内的用户终端设备。分布式终端设备会基于该基底进行模型训练，完成后将非用户敏感的模型参数返回给边缘服务器。边缘服务器随后聚合这些模型参数，更新全局模型参数，并再次下发以迭代优化推荐模型。与云中心相比，边缘数据中心更接近移动用户，因此通常具备更优的网络通信带宽条件，有助于提高服务的实时响应能力。此外，由于用户具有移动性，边缘服务器能够更有效地捕获这些移动用户的有价值信息，为用户提供高质量和实时的推荐服务。

3. 实验评估与验证

通过两个真实签到数据集和两个高阶兴趣点推荐模型，对 PREFER 框架进行广泛的实验评估，以回答下列研究问题：

研究问题 1：PREFER 框架通过不向第三方公开用户签到数据来增强隐私保护。相比于要求所有用户签到数据都必须公开和上传的集中式推荐框架，PREFER 的推荐质量是否会受到影响？与现有的隐私保护推荐框架相比，PREFER 在推荐质量和与高阶兴趣点推荐模型的兼容性方面表现如何？

研究问题 2：PREFER 框架在边缘服务器中聚合模型参数。相比于在云中心训练模型的传统推荐框架和在云聚合模型参数的传统联邦学习方法，PREFER 的推荐效率如何？

1）实验设置

在本例中，PREFER 原型的搭建中，智能手机、个人笔记本电脑和远程服务器分别被用来模拟实验平台中的终端设备、边缘服务器和云中心（具体配置如表 7.6 所示）。智能手机上安装了软件 AidLearning，为训练推荐模型提供了 Python 编程平台。关于网络连接的设置，智能手机和笔记本电脑位于同一个局域网内，而智能手机与云中心之间通过广域网进行连接。

表 7.6　实验平台配置参数

设备配置信息	相关资源		
	终端设备	边缘服务器	云中心
CPU	8*Snapdragon 660@2.2GHz	4*Intel(R)Core(TM) i5-4590 CPU@3.30GHz	20*Intel(R) Xeon(R) CPU E5-2660 v3@2.60GHz
内存	4GB	8GB	62GB
操作系统	Android 7.1	Windows 10	Ubuntu 16.04

2）实验数据集与兴趣点推荐模型

实验评估基于两个签到数据集：Foursquare 和 Gowalla。Foursquare 数据集包含 1954 名用户对 2589 个兴趣点的 142105 条签到记录，而 Gowalla 数据集包含 2606 名用户对 2561 个兴趣点的 130594 条签到记录。在数据预处理过程中，本例参照现有研究，删除了访客人数少于 10 人的兴趣点和签到记录数少于 10 条的用户。处理后的数据集稀疏度分别为 0.9719 和 0.9804。在模型训练和测试阶段，采用留一法进行评估。

为模拟地理区域划分，本例使用 k-means 方法基于地理坐标将整个区域划分为 3 或 4 个不重叠的小区域。同时，若用户对某个区域的访问频率低于 0.1，则该区域不会获取该用户的签到特征，即该用户不参与该区域的联邦学习过程；否则，该区域能够获取该用户的特征。

本例选择了两个高阶兴趣点推荐模型案例，以验证 PREFER 框架的兼容性。这两个模型分别是：①PRME-G：该方法改进了传统的矩阵分解方法，使用马尔科夫链对签到顺序偏好进行建模，并结合空间偏好和用户喜好等元素优化推荐；②Distance2Pre：该方法同样基于矩阵分解技术，并使用 RNN 模型分析用户的签到顺序和空间偏好。

3）评估指标

为评估推荐质量，本例要求每种方案为每个用户在其未曾访问过的兴趣点位置中推荐 Top-20 个兴趣点，并提供这些兴趣点的排名。实验评估采用推荐应用场景中的两个通用指标，命中率（hit ratio，HR）和归一化折损累计增益（NDCG）。

为评估推荐效率，实验测量完成整个推荐过程所需的时间。在 PREFER 框架中，整个推荐过程可分为终端设备中的本地训练、终端设备与边缘服务器间的参数传输、边缘服务器模型聚合三个子过程，这三个子过程所花费的时间分别标记为 t_(train_end)，t_(trans_ee)和 t_(aggre_edge)，三者之和标记为 T。至于对比方案，t_(train_cloud)指在云中心训练模型所需的时间，t_(trans_ec)指向云传输用户数据或参数所花费的时间，以及 t_(aggre_cloud)指在云中聚合模型参数所花费的时间。部分对比方案通过扰动交互信息实现隐私保护，故而将此步骤所需的时间记为 t_noise。

PREFER 框架与已有研究工作的主要区别体现在训练实体、训练内容、聚合实体和聚合内容（表 7.7），其中 FL_cloud（Federated Learning in the Cloud）方案是没有考虑推荐效率问题的 PREFER 的初始版本。

表 7.7　实验对比方案

方案	训练实体	训练内容	聚合实体	聚合内容
CCL	云	用户数据	—	—
CCMF	云	目标域数据+扰动的辅助域数据	—	—
LLRec	端（学生）-云（教师）	公开用户数据（云）+私有用户数据（端）	—	—
PartialFL_cloud	端	用户数据	云	兴趣点潜在特征矩阵
NoisedFL_cloud	端	用户数据	云	扰动的用户潜在特征向量+扰动的兴趣点潜在矩阵
FL_cloud	端	用户数据	云	兴趣点潜在特征矩阵+时空相关矩阵+模型权重参数
PREFER	端	用户数据	边缘	兴趣点潜在特征矩阵+时空相关矩阵+模型权重参数

4）结果分析

（1）推荐质量对比（对应研究问题 1）。

这里主要分析 PREFER 框架与上述对比方案在 Top-K 兴趣点推荐列表中的推荐质量。实验结果如图 7.27～图 7.30 所示。

图 7.27（彩图）　图 7.28（彩图）

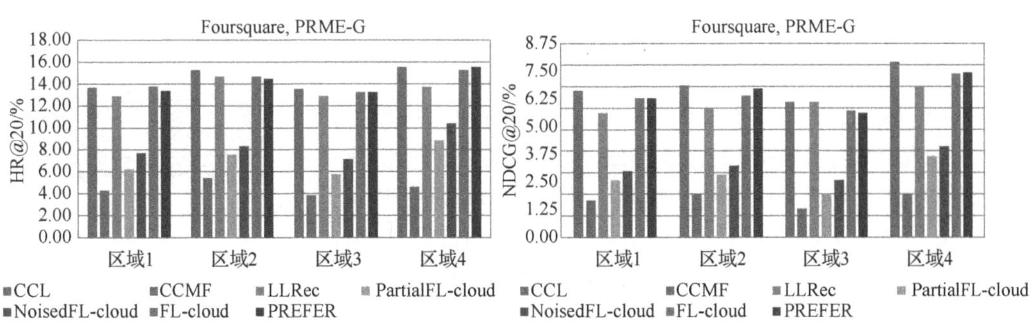

图 7.27　各方案使用 PRME-G 模型的 Top-20 推荐质量对比

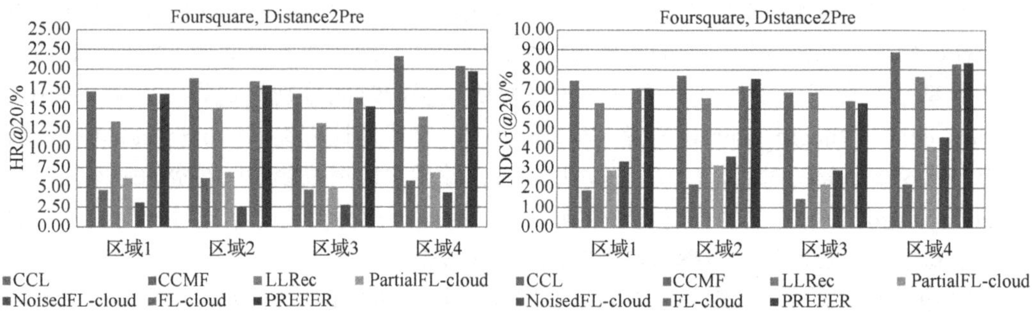

图 7.28　各方案使用 Distance2Pre 模型的 Top-20 推荐质量对比

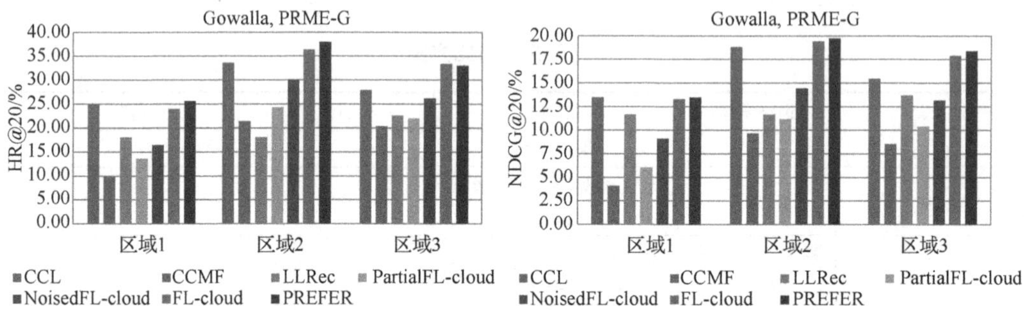

图 7.29　各方案使用 PRME-G 模型的 Top-20 推荐质量对比

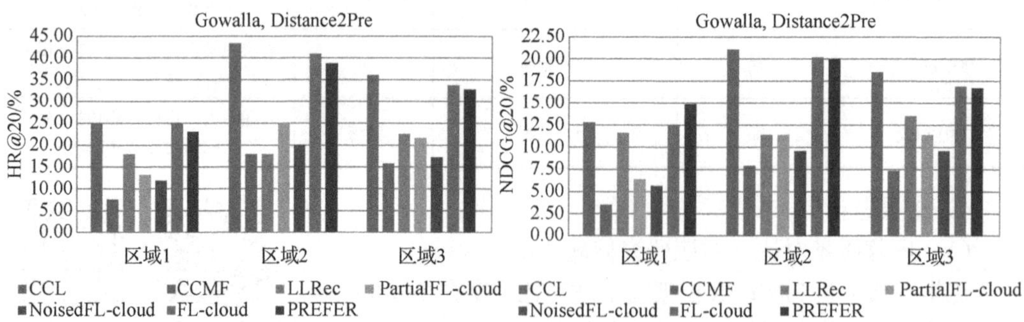

图 7.30　各方案使用 Distance2Pre 模型的 Top-20 推荐质量对比

图 7.29（彩图）　图 7.30（彩图）

与理想的 CCL 方案相比，尽管 CCL 方案能集中训练所有签到数据以达到最高的推荐质量，但它未能有效考虑推荐过程中的隐私泄露和效率问题。PREFER 框架的推荐质量非常接近 CCL 方案。无论采用何种数据集、推荐模型和评估指标，PREFER 框架与 CCL 方案的推荐质量比都在 0.90 以上。因此，FL_cloud 和 PREFER 框架有效加强了用户隐私保护，而对推荐质量的影响则很小且在可接受范围内。

相比 CCMF 方案，PREFER 框架在训练 PRME-G 模型分析 Foursquare 数据集时，HR@20 提升 1.69～2.35 倍，NDCG@20 提升 2.43～3.01 倍。相比 LLRec 方案，FL_cloud

和 PREFER 框架在训练 Distance2Pre 模型分析 Foursquare 数据集时，HR@20 提升 11%～34%，NDCG@20 提升 17%～43%。其他数据集和推荐模型的实验结果也显示了显著的推荐质量改进。在隐私保护方面，FL_cloud 和 PREFER 框架无须强制任何用户在云中暴露其签到数据，显示出更强的隐私保护力度。PartialFL_cloud 和 NoisedFL_cloud 方案的推荐质量均低于 PREFER 框架，这证明时空矩阵和模型权重参数的共享对于保证推荐质量非常重要。在这些隐私保护推荐框架中，FL_cloud 和 PREFER 框架实现了最高的推荐质量。

与 FL_cloud 方案的比较中，即使在 PREFER 框架中，边缘服务器仅聚合来自经常访问其区域的用户的模型参数，而 FL_cloud 方案中则由云端聚合所有用户的模型，PREFER 框架的性能几乎与 FL_cloud 方案相同。在每个区域内，PREFER 和 FL_cloud 方案的推荐质量比始终稳定在 97%～99%。这表明，不同区域用户的签到数据对提升本区域推荐质量的影响有限，在兴趣点推荐场景下，局部聚合模型参数是可行的。PREFER 框架实现了与 FL_cloud 方案几乎相同的推荐质量。

在不同隐私保护框架下对推荐模型的兼容性进行分析和比较时，通过观察 PRME-G 模型和 Distance2Pre 模型在不同框架下的推荐质量，可以看出，无论使用何种模型，FL_cloud 和 PREFER 框架总是表现得更好。当训练不同模型时，理想的 CCL 方案与现有隐私保护方案之间的推荐质量差距会有较大波动，而 FL_cloud 和 PREFER 框架始终保持更高且更稳定的推荐质量。这表明 FL_cloud 和 PREFER 框架对成熟复杂的高阶推荐模型具有更好的兼容性。

总体而言，在两个数据集和两个推荐模型上的实验结果表明，FL_cloud 框架和 PREFER 框架实现了接近理想训练方案的最佳推荐质量，并优于现有的隐私保护框架。鉴于推荐模型的逐渐成熟和隐私保护意识的日益增强，这两种框架将变得更为实用。

（2）推荐效率对比（对应研究问题 2）。

这里主要分析 PREFER 框架和上述对比方案的推荐效率。实验测量并比较在每个方案框架下推荐过程中每个步骤的时间消耗，实验结果如图 7.31 和图 7.32 所示。

① 与传统云中心训练框架（CCL 和 CCMF 方案）的比较。CCL 和 CCMF 方案代表传统的云训练框架。庞大的矩阵计算很容易占用云中心中的大量内存和 CPU 资源，并且需要很长时间才能完成计算。PREFER 框架利用分布式终端设备并行执行模型训练任务，这些任务对终端设备是可以负担的。相比于 CCL 和 CCMF 方案，对于 PRME-G 模型，PREFER 方案的平均总用时减少 96.29%和 96.36%；对于 Distance2Pre 模型，平均总用时减少 94.80%和 94.91%。因此，PREFER 方案显著减少了推荐的总时间消耗。

② 与单向的教师（云）-学生（终端）训练框架（LLRec 方案）的比较。LLRec 方案旨在减少终端设备的计算负担。实验结果显示，在这些方案中，LLRec 方案的训练用时最小。但是在云中心中预训练教师模型仍然需要很长的时间。PREFER 框架在 PRME-G 和 Distance2Pre 模型的平均总用时分别减少 78.66%和 41.37%。因此，PREFER 方案也显示出更好的推荐效率。

③ 与双向的云-端联邦学习框架（PartialFL_cloud、NoisedFL_cloud 和 FL_cloud 方案）的比较。PREFER 框架与这些对比方案的主要区别体现在聚合实体。这些对比方案

要求由云收集并聚合模型参数，而 PREFER 框架指定边缘服务器来代替云。实验结果显示，各方案的本地训练时间 t_(train_end)大致相等，传输时间 t_(trans_ee)远小于 t_(trans_ec)，聚合时间 t_(aggre_edge)也小于 t_(aggre_cloud)。其原因是边缘服务器离用户更近，而且仅聚合来自其服务区域中的用户参数。与对比方案相比，PREFER 将 PRME-G 和 Distance2Pre 模型的平均总用时减少 44.72%和 31.12%。因此，PREFER 方案利用边缘服务器缩短了参数传输和聚合过程的时间消耗。

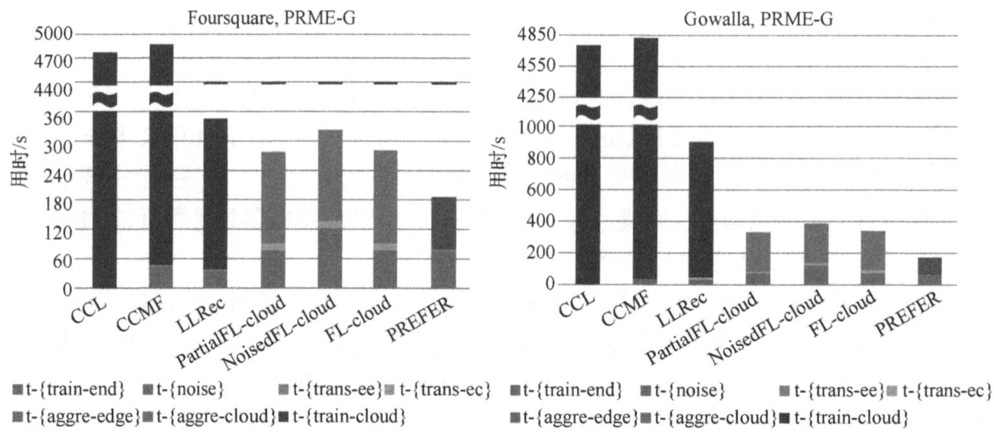

图 7.31　各方案使用 PRME-G 模型的时间开销对比

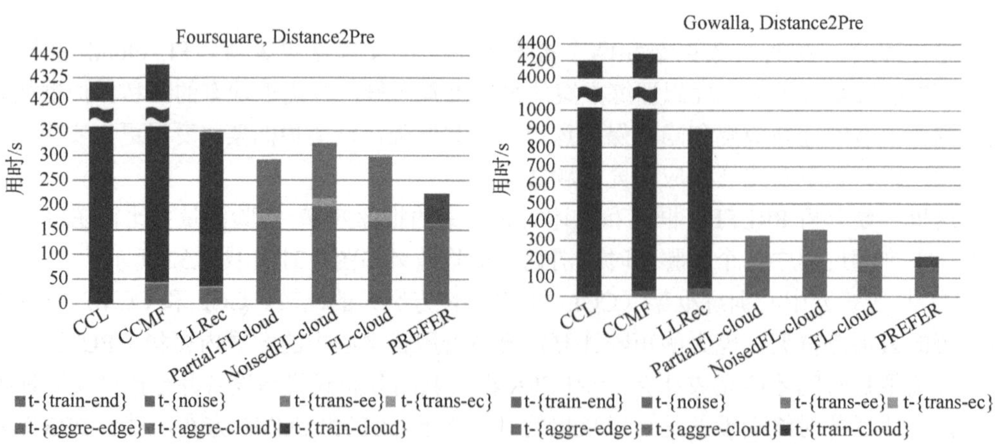

图 7.32　各方案使用 Distance2Pre 模型的时间开销对比

实验评估结果表明，PREFER 框架在推荐质量方面与集中式学习框架不相上下，但其在用户隐私增强方面实现了显著提升，并大幅提高了推荐效率。与现有的面向兴趣点推荐的隐私保护方案相比，PREFER 框架展现出更高的效率，且能更好地兼容高阶兴趣点推荐模型。

图 7.31（彩图）　图 7.32（彩图）

参 考 文 献

[1] YAO Y, BASDEO J R, KAUSHIK S, et al. Defending my castle: A co-design study of privacy mechanisms for smart homes[C]//Proceedings of the 2019 CHI Conference on Human Factors in Computing Systems. New York: ACM, 2019: 1-12.

[2] CHO E. Hey Google, can I ask you something in private?[C]//Proceedings of the 2019 CHI Conference on Human Factors in Computing Systems. New York: ACM, 2019: 101-109.

[3] CHALHOUB G, KRAEMER M J, NTHALA N, et al. "It did not give me an option to decline": A longitudinal analysis of the user experience of security and privacy in smart home products[C]//Proceedings of the 2021 CHI Conference on Human Factors in Computing Systems. New York: ACM, 2021: 1-16.

[4] WIJESEKERA P, REARDON J, REYES I, et al. Contextualizing privacy decisions for better prediction (and protection)[C]//Proceedings of the 2018 CHI Conference on Human Factors in Computing Systems. New York: ACM, 2018: 1-13.

[5] LEE H P, YANG Y J, VON DAVIER T S, et al. Deepfakes, phrenology, surveillance, and more! A taxonomy of AI privacy risks[C]//Proceedings of the CHI Conference on Human Factors in Computing Systems. New York: ACM, 2024: 1-19.

[6] CHU M, XIE Y, MAYER J, et al. Learning temporal coherence via self-supervision for GAN-based video generation[J]. ACM Transactions on Graphics (TOG), 2020, 39(4): 1-13.

[7] VU K P L, CHAMBERS V, CREEKMUR B, et al. Influence of the privacy Bird® user agent on user trust of different web sites[J]. Computers in Industry, 2010, 61(4): 311-317.

[8] KELLEY P G, CESCA L, BRESEE J, et al. Standardizing privacy notices: An online study of the nutrition label approach[C]//Proceedings of the SIGCHI Conference on Human factors in Computing Systems. New York: ACM, 2010: 1573-1582.

[9] PRANGE S, SHAMS A, PIENING R, et al. Priviewexploring visualisations to support users' privacy awareness[C]//Proceedings of the 2021 CHI Conference on Human Factors in Computing Systems. New York: ACM, 2021: 101-118.

[10] GUO Y, LIU F, ZHOU T, et al. Seeing is believing: Towards interactive visual exploration of data privacy in federated learning[J]. Information Processing & Management, 2023, 60(2): 103162.

[11] GHORBANI A, ZOU J. Data shapley: Equitable valuation of data for machine learning[C]//International Conference on Machine Learning. New York: PMLR, 2019: 2242-2251.

[12] PyTorch library for CAM methods[EB/OL]. (2021-01-01)[2025-03-14]. https://github. com/jacobgil/pytorch-grad-cam.

[13] GUO Y, LIU F, CAI Z, et al. FEEL: A federated edge learning system for efficient and privacy-preserving mobile healthcare[C]//Proceedings of the 49th International Conference on Parallel Processing (ICPP '20). New York: ACM, 2020: 1-11.

[14] LIANG F, LIO F, ZHOU T. A visual tool for interactively privacy analysis and preservation on order-dynamic tabular data[J]. CollaborateCom, 2022: 18-38.

[15] WIJESEKERA P, REARDON J, REYES I, et al. Contextualizing privacy decisions for better prediction (and protection)[C]//Proceedings of the 2018 CHI Conference on Human Factors in Computing Systems. New York: ACM, 2018: 1-13.

[16] MASAKI H, SHIBATA K, HOSHINO S, et al. Exploring nudge designs to help adolescent SNS users avoid privacy and safety threats[C]//Proceedings of the 2020 CHI Conference on Human Factors in Computing Systems. New York: ACM, 2020: 1-11.

[17] BANNIHATTI K V, IYENGAR R, NISAL N, et al. Finding a choice in a haystack: Automatic extraction of Opt-Out statements from privacy policy text[C]//Proceedings of The Web Conference 2020. Taipei: The Web Conference 2020, 2020: 1943-1954.

[18] LIU B, ANDERSEN M S, SCHAUB F, et al. Follow my recommendations: A personalized privacy assistant for mobile app permissions[C]//Twelfth Symposium on Usable Privacy and Security (SOUPS 2016).Denver: SOUPS 2016, 2016: 27-41.

[19] LUO Y, ZHOU T, LIU F, et al. IRWArt: Levering watermarking performance for protecting high-quality artwork images[C]//Proceedings of the ACM Web Conference 2023. New York: ACM, 2023: 2340-2348.

[20] SHAN S, CRYAN J, WENGER E, et al. Glaze: Protecting artists from style mimicry by {Text-to-Image} models[C]//32nd USENIX Security Symposium (USENIX Security 23). Anaheim: USENIX Association, 2023: 2187-2204.

[21] RAN C, GUO Y, LIU F, et al. FedStyle: Style-based federated learning crowdsourcing framework for art commissions[C]// 2024 IEEE Internatinal Conference on Multimedia and Expo(ICME), Los Alamitos: IEEE, 2024: 1-6.

[22] KARIMIREDDY S P, KALE S, MOHRI M, et al. Scaffold: Stochastic controlled averaging for federated learning[C]//International Conference on Machine Learning. New York: PMLR, 2020: 5132-5143.

[23] MCMAHAN B, MOORE E, RAMAGE D, et al. Communication-efficient learning of deep networks from decentralized data[C]//Artificial Intelligence and Statistics. New York: PMLR, 2017: 1273-1282.

[24] LI T, SAHU A K, ZAHEER M, et al. Federated optimization in heterogeneous networks[J]. Proceedings of Machine Learning and Systems, 2020, 2: 429-450.

[25] TAN Y, LONG G, LIU L, et al. Fedproto: Federated prototype learning across heterogeneous clients[C]//Proceedings of the AAAI Conference on Artificial Intelligence. Virtual: AAAI, 2022, 36(8): 8432-8440.

[26] HUANG W, YE M, SHI Z, et al. Rethinking federated learning with domain shift: A prototype view[C]//2023 IEEE/CVF Conference on Computer Vision and Pattern Recognition (CVPR). Vancouver: CVPR, 2023: 16312-16322.

[27] GUO Y, LIO F, CAI Z, et al. PREFER: Point-of-interest REcommendation with efficiency and privacy-preservation via Federated Edge leaRning. [C]//Proceedings of the ACM on Interactive, Mobile, Wearable and Ubiquitous Technologies. 2021(5): 1-25.

结 束 语

在当今这个数据驱动的时代，大数据与人工智能的融合正以前所未有的力量推动着设计领域的革新。数据的海量积累与智能算法的不断精进，为我们提供了前所未有的洞察力和创造力，使得设计不再局限于传统的框架与思维模式。

生成式人工智能 AIGC 技术的发展，为第四次工业革命提供了新动能。正如工业时代创造了大量就业与岗位，同时也要求工人们掌握新的技能与知识一样，AIGC 技术被视为知识型工作者的“工业革命”。《科学》杂志评价“AIGC 的出现，就像人类历史上接受织布机、照相机等发明过程一样”。对于任何一条产业链，一旦某个环节有可能出现大幅提高效率的新技术，这个领域的核心竞争力便会发生深刻变化。

新技术的涌现为各行各业注入了新的活力，开辟了更多的可能性。高效率的 AI 绘画平台的开源使用，为普通人提供了更低的使用门槛。利用 AI 生成技术，可以轻松地创造出复杂的图像、插图或其他设计元素，而不需要进行昂贵的培训或购买专业软件。这导致大量 AI 生成作品涌入我们的生活，给设计艺术领域带来了前所未有的冲击。

数智设计，专注于在创意与设计过程中深度整合大数据与智能算法，其应用范围广泛，涵盖了从用户需求精准分析、创意灵感激发、内容高效生成到设计方案科学评价等多个核心环节。人工智能在应对复杂度高、人类难以胜任的任务时，展现出了日益卓越的能力，不仅能够持续性地分析海量数据、精准预测未来趋势，更在激发创新潜能方面展现出非凡实力，与人类设计师携手共创出前所未有的设计方案。设计师群体正积极拥抱这一变革，将人工智能融入不同领域的创造性合作之中，如产品设计、海报设计、视频制作等，这为设计行业带来了前所未有的创新活力与深刻变革。

同时，一系列基于人工智能的创造力支持工具、资源库和平台应运而生，它们激励着艺术家、设计师、学生、教育工作者和创客群体深入探索数据、模型、材料、对象、语言和技术之间的融合与创新。这些融合创新实践，有望成为人类引领人工智能创造力发展的重要组成部分，也正是 Gaskins 所提出的 “Techno-vernacular Creativity”——指连接技术素养、公平和文化的物质创造力范式。许多当代学者指出，科学和艺术随着时间的推移在相互依存中不断发展，科学推动了艺术创新，而艺术文化则利用了科学发现。AI 技术已经开始对创意和创作领域产生深远的影响，它在灵感启发、创意产生、创作辅助功能和创造力提升方面发挥着重要作用，并且有潜力改变创作方式和开拓新的艺术形式。

然而，数智技术也带来了诸多值得深思的问题。在人工智能与人类创造力互补发展的进程中，AI 生成作品呈现出的单一化趋势令人忧虑——这是否会进一步削弱创意内容的新颖性与多样性？同时，对 AI 工具的依赖，是否会影响人类的创造力与独特感知力？人机关系已经从工具性寄生关系转变为竞争性共生关系，需要探讨如何规范技术应用边界，构建长效人机协作机制，以形成新的设计思维空间与设计创意结果。

在设计领域，设计师们长期以来采用多样化的设计工具作为创意激发与实现的重要媒介。近年来，许多融合了大数据与人工智能技术的创造力支持工具，为设计领域的创造性活动注入了新的活力。然而，这些工具虽然在一定程度上能够促进创意的产生，却也可能因为其直接相关或过于熟悉的特征，限制了设计师的创造力，导致其思维趋于僵化。这种现象，即人们在面对问题时倾向于采取既有的、熟悉的策略与方法，而忽视了探索未知领域的可能性，被形象地称为“思维定式”。在基于文本的图像生成模型中，设计师的思维定式问题尤为凸显。设计师们在使用提示词时，往往容易陷入“信息茧房”的困境，即过度聚焦于已有的认知框架，从而强化了自身的固有观念，限制了他们在创作过程中探索新颖设计思路的能力。因此，如何在充分利用这些先进工具的同时，保持设计思维的开放性与灵活性，成为了每一位设计师必须面对的重要课题。

《数智创新设计》一书，旨在为读者提供一个全面深入的视角，以理解大数据与人工智能如何为设计领域注入新的活力。随着技术的不断迭代与成熟，数智设计将不仅限于增强功能的鲁棒性、提升工具的易用性，更将深度重塑设计思维，推动设计理论迈向新的高度。尽管当前多数设计师仍沿用传统设计流程，但人智协作的崭新时代已经来临，只是尚需更加成熟完善的系统来支撑这一协作模式的深化发展。对于缺乏编程基础的设计师或艺术家，现有的一些智能设计功能仍存在一定的使用门槛，图形化与模块化的设计平台正逐步成为桥梁，连接着非技术背景的设计师与前沿的智能算法，让创意与技术得以融合。同时，我们也应意识到，技术的发展应始终以人为本，数智技术旨在服务于人类，确保所有决策的核心始终围绕着人的需求与福祉。

在新工科与新设计的浪潮中，大数据与人工智能技术无疑将成为推动设计方法与设计理论深刻变革的重要力量。展望未来，设计将不仅仅是形式与功能的结合，更是人类智慧与机器智能深度融合的艺术体现。在这个充满无限可能的新时代，数智设计将开启前所未有的创意空间，为人类社会的可持续发展贡献独特的价值。